進化の
原理と基礎

計算機シミュレーションで理解する
進化の物理

市橋伯一・金井雄樹 [著]

東京大学出版会

Principles of Evolution

Norikazu ICHIHASHI and Yuki KANAI

University of Tokyo Press, 2025
ISBN978-4-13-062628-6

はじめに

本書のねらいと構造

1　本書のねらい

　進化ほど魅力的な現象はなかなかないと思う．何か予期しないような素晴らしいものが誕生するイメージがある．生物進化では，単純な単細胞生物から，菌類，植物，私たち動物といった多種多様で今までにはない形や能力を持った生物が生まれてきた．もし，進化という現象がなければ，地球上は無味乾燥な世界が広がっていただろう．「歴史は繰り返す」というが，生物の進化はおそらく繰り返さない．それは，進化のおかげで生物の種類が時間とともに変わっていくからである．たとえば，現在では世界中に鳥類や哺乳類が分布しているが，2億年前には，これらの鳥類や私たち哺乳類を含む真獣類はまだ存在していなかった．おそらく，これからも地球に存在していない新しい生物が生まれてくるだろう．生物進化は未だに止まっておらず，また過去の繰り返しにもなっていない．これからどんな生物が生まれてくるか誰にも予想ができない．こうした予測不可能なところが進化の大きな魅力である．

　生物だけではない．巷でも，特に宣伝文句で進化という言葉はよく使われる．進化したスマートフォン，化粧品，などなど．今までより大きく改良された製品になっていることを期待してしまう．

　コンピューターゲームのキャラクターもしばしば進化する．初めは弱かったキャラクターも（往々にして弱ければ弱いほど）進化すると大化けしたりする．もちろん，こうした，商品やポケモンの進化は，本書で扱う生物学的な進化とは原理は異なる．しかし，いずれも今までの単なる延長線上ではない画期的なものが誕生するという期待が進化にはあり，それは本書で扱う生物学的な進化にも確かにある．

　進化はまた，現代社会を生きる上でも重要な意味を持つ．免疫系をかいくぐるウイルスや，薬剤耐性の病原菌の進化は私たちの健康を脅かしている．こうした脅威に対抗するためには，進化という現象に対する理解が必要である．そ

して今や，進化するのはこうした生物やウイルスだけではない．進化の原理は生物を超えて，酵素の改良やパラメータ推定，機械学習にも使われている．こうした新しい技術を利用していくためにも進化の理解は不可欠である．そして進化は人間にも関わる．これから人間はどう進化していくのか，きっと多くの人が気になるところだと思う．

進化の原理とは，端的に述べれば，変異によってバリエーションが生まれ，自然選択や遺伝的浮動により特定の個体および変異が集団内で子孫を増やしていくことだけである．この現象は，生物でなくても一定の条件（複製，遺伝する多様性など）を満たすものであればすべてのものに自動的に起こる．進化とは，いわば一定の条件を満たすものに不可避的に生じる物理現象である．

本書は進化の素過程であるバリエーションの創出と選択に焦点を当てた教科書である．その原理からどんな進化現象が起きうるのかについて，シミュレーション等を用いて構成的に理解することを目指した．物理現象に過ぎない進化が，いかにして自然界の驚くべき進化現象をもたらしうるのか，今までわかっていることと未だ謎として残されていることを解説する．進化という現象の原理を理解することで，自然界の進化現象の何が当たり前で，何が驚くべきことなのかがわかるはずである．本書は東京大学の前期課程で行っているアドバンスト理科「生命進化概論」および，総合科目「進化学」で行った内容を下敷きにしているが，書いているうちに内容が膨らんでいき，重複部分は半分もなくなってしまった．履修者も非履修者も気にせずに読んで欲しい．

このような教科書を書こうと思った理由は，過去に私自身が進化を理解したいと思ったときに，既存の教科書に物足りなさを感じたからである．初心者が進化を理解したいと思ったときに，最初に手にするのは進化生物学の教科書だろう．既存の学問体系では，進化は基本的に生物学で扱われているが，古生物学や，生態学，遺伝学，集団遺伝学という別々の（多くの場合重なりのない）学問領域でも少しずつ扱われている．そのため，進化生物学の教科書はいまひとつ統一感がなく，つぎはぎの知識の詰め合わせの印象を受ける．これは仕方がないところでもある．古生物学では過去の生物の主に形態の変化に興味があり，生態学では現存生物の分布や相互作用に興味がある．遺伝学は遺伝の分子メカニズムに興味があり，集団遺伝学では二倍体生物集団の遺伝子の多様性や時間変化に興味がある．いずれも，進化現象の一面を扱ってはいて，地球上で起きた（あるいは起きている）生物の進化の理解に役に立つ．

しかし，私は地球上の生物で起きた進化だけではなく，進化そのものの原理

や性質が知りたかった．進化という現象がどういう性質を持っていて，どういうしくみで現在の生物界を作り出したのか，それは当たり前のことだったのか，それとも驚くべきことなのかに興味があった．進化の原理を理解するにあたり，既存の分野でおそらく最も適切なのは集団遺伝学だろう．しかし，集団遺伝学でもやはり，基本的に二倍体の生物（多細胞動物や植物）を扱い，複雑な現存生物における遺伝的多様性やその時間変化についての記述に集中している．これは，生物学の枠組みで，生物を理解するために進化を理解する目的からすれば当然のことだと思うのだが，進化という現象そのものを理解したい場合には，扱う現象が少々複雑すぎるように思う．生物の複雑さや多様性にまぎれて進化現象の普遍的な部分が見えにくくなっていると感じる．このことは集団遺伝学の教科書でも指摘されていて，集団遺伝学者のギレスピーは，自身の著書 "Population Genetics A Concise Guide" の中でこう書いている．

> "Population genetics and its Great Obsession grew out of this fascination with variation in species we love, not out of a desire to explain the origin of major evolutionary novelties.（集団遺伝学が二倍体へ執着するのは，私たちが好む生物（人間，動物，植物など生物学者が好む生物）が二倍体だからであり，進化で新しい機能が生まれるしくみを説明したいからではない）" 括弧内は著者による意訳．

その興味を満たしてくれるような教科書を探していたが見つからなかったので，きっとこの世には同じ悩みを持っている人もいるかと思い，本書を書くに至った．そこで，本書では，人間や哺乳類など二倍体生物集団の進化を理解したいわけではなく，進化という現象そのものがどんな原理で動いて，なにをもたらすのかを，その基礎と原理をシステマティックに理解できるような教科書を目指した．

もう1つ，これまでの生物に特化した進化の教科書に対する不満は，生物がすべからく複雑な点にある．何しろ生物個体そのものがブラックボックスの多い複雑なシステムである上に，自然界の環境もまた変化する．さらに事態を複雑にするのは，生物自体が進化の産物であり，その進化しやすさ（あるいはしにくさ）もまた進化しているかもしれない点である．進化という現象を理解するために，生物は必ずしも適切な材料ではない可能性がある．

そこで本書では，進化という現象の原理を理解するために，生物学の知見だけではなく単純なモデルを使った計算機シミュレーションを多用する．DNA，RNA，タンパク質といった分子の進化の例についても頻繁に用いる．こうし

た生物以外の進化を用いることで生物の複雑さを排することができ，進化の理解は容易になると考える．こうした生物以外の単純なものの進化から，もっと進化という現象の一般性と生物進化の特異性が理解しやすくなると期待する．

本書の最後の章に書いたように，進化に対する私たちの理解は未だ十分ではない．進化の理解には多分，生物学以外の多彩なアプローチが必要である．多くの人に興味を持ってもらえることが進化の理解を向上すると信じる．本書がそのきっかけとなると嬉しい．

なお，本書は市橋と金井の2人で執筆した．本文と構成は市橋が担当し，金井は（市橋にはないその数学能力を活かして）第1, 2, 5章の数式と補遺にある数式の導出を担当した．したがって，本文の説明に対する苦情は市橋に，式の導出に対する苦情は金井にお願いしたい．

2 本書の構造

本書の構造を示したものが図1である．本書は大きく分けて以下の4つの内容に分けられる．

序章「進化とはなにか」では，進化という現象について，その定義から，その言葉の使われ方，進化が起こる条件をまず説明する．

第I部「進化が起こるしくみ」では，進化が起こる原理について詳しく見ていく．進化とは，集団の適応度にバリエーションが創出されることと，その集団に何らかの選択が起こり集団の組成が変わることの繰り返しで起こる．まず，後者の選択のしくみとして，自然選択と遺伝的浮動をシミュレーションを利用してそれぞれ，第1章と第2章で説明する．その後，前者のバリエーションが生まれるしくみについて，第3章で説明する．

第II部「進化によってもたらされるもの」では，第4章で多様性をもたらす分化と共存のしくみについて，第5章で複雑化をもたらすしくみ（分業と協力の進化）について，第6章では生物以外の進化について説明する．また補足説明として，進化を研究するための手法について第7章で取り上げる．

終章では，最後に進化に未だに残る謎を紹介する．

すべての章は，特に前の章を読んでいなくても理解できるようにしているつもりである．したがって，初めから通して読む必要は特になく，興味のあるところから好きな順番で読んでもらえたらと思う．本書は各章によってかなり様々な学問分野の内容を盛り込んでいるので，よくわからない章は飛ばしても

図 1 本書の構造

らって構わない．ちなみに第 1, 2 章は集団遺伝学，第 3 章は分子生物学や遺伝学，第 4, 5 章は生態学，第 6 章は進化工学，計算機科学からの内容を主に含んでいる．

本書では計算機シミュレーションを多用するが，用いた計算機シミュレーションを行うためのプログラムはすべて東京大学出版会のウェブサイト (https://www.utp.or.jp/book/b10124142.html) および，著者の研究室のウェブサイト (https://webpark2056.sakura.ne.jp/iroiro.html) に置いてあるので自由に使ってほしい．

3 本書で書かれていないこと

本書では，生物進化ではなく，一般的な進化という現象の原理と基礎に主眼を置いている．そのため，進化生物学の教科書としては十分ではない．一般的な生物進化の教科書で書かれている種分化や二倍体生物の集団遺伝学に関すること（たとえば，二倍体の生物における対立遺伝子のふるまい，生殖隔離のしくみ，自然選択の種類など）については，最低限しか言及していない．こちらに興味がある人は，すでに優れた成書が複数あるのでそちらを参照してほしい（章末の参考文献参照）．

また，本書では，進化論の歴史にも立ち入らない．それは，進化論の発展の歴史をたどっても，特に進化の原理の理解に役に立つわけでもないからである．ただ，進化論が発展してきた歴史はそれ自体が興味深いドラマになっているので，歴史的な面に興味がある読者には章末に上げた優れた成書をお勧めし

たい.

4 進化理論の適応範囲

　歴史的な側面について立ち入らないと書いたが，進化に関わる理論は，不適切な形で政治に利用されてきた歴史がある．これについては，進化を理解する際に知っておくべきことだと考えるため，本節の最後に取り上げる．

　進化について学ぶと，人間の進化についても考えてみたくなる．人間はどのような進化を経てきたのか，これからどう進化していくのか，どう進化していくべきなのか，といった疑問を持つのは，私たちが人間である以上，自然なことのように思われる．ただし，進化の理論を人間に適応することは最大限に慎重になるべきである．それは，すべての科学理論がそうであるように，理論には適応できる範囲があり，進化の理論はこれまで適応範囲を超えて不適切な形で人間に適応されてきた歴史があるからである．

　20世紀初頭に世界の各地で優生思想という考え方が広がった．優生思想とは以下のように説明される．

　　この思想をもつ者が「優良」だと考えるところの種を保存し遺伝的素質を「改良」することを，人権などの近代的価値観よりも最優先におく危険思想のこと．望ましい遺伝子をもつとされる人間同士を結婚させるなどの積極的優生思想と，望ましくない遺伝子をもつとされる者に強制収容，隔離，断種，結婚制限，移民制限によって排除する消極的優生思想に分けられる．（『現代用語の基礎知識』）

　つまり，優生思想とは，"劣った"遺伝子を次世代に残すべきではない，"優秀な遺伝子"のみを次世代に残すべきだという考えである．優生学の考え方に基づいて，欧米諸国では劣等とみなされた民族の虐殺や，障碍者の強制避妊など多くの悲劇を生み出した歴史がある．日本も例外ではなく，優生保護法という精神疾患やハンセン病，障害を持つ人の強制不妊手術を可能とする法律が1996年まで存在しており，強制的な不妊手術が約1万6500件実施されたという（米本ら2002）．

　優生学の考え方は科学的に誤りであるとともに，現代では倫理的にも問題があると考えられている．科学的な誤りは，「優秀な遺伝子」というものが存在すると考えている点にある．どの遺伝子が生物の生存に貢献するかは，環境やほかの生物の存在や，他の遺伝子など様々なものとの相互作用で決まってい

る.「劣っている」とみなしていた遺伝子も別の状況では役に立ちうる．遺伝子の優劣を一義的に決められるほど世界は単純ではない．また倫理的な問題は，そもそもある基準で優秀であろうとなかろうと，子孫を残したり，子孫として生まれてくることを制限する権利は誰にもないということである．進化理論を人間に適応すると，容易に人権侵害を起こしうる．進化理論を人間に適応する場合に，こうした危うさが伴うことを常に心にとどめておくべきだろう．

5 もっと学びたい人のために

【優生学について】
- 米本昌平, 島 次郎, 松原洋子, 市野川容孝, 優生学と人間社会, 講談社現代新書, 2002

イギリス，アメリカ，ヨーロッパ，日本の各国で優生学がどのように受け止められていったかがよくわかる．

- 千葉 聡, ダーウィンの呪い, 講談社現代新書, 2023

ダーウィンの提唱した進化のアイデアがどうやって誤解されて広まり，優性思想につながっていったのかが詳細に説明されている．

【進化論について】
- ジョン・グリビン, メアリー・グリビン（著）, 進化論の進化史, 早川書房, 2022

進化論の発展を扱う書籍の中でも，ダーウィン以前についても比較的詳しく説明してくれている．

- 千葉 聡, 歌うカタツムリ：進化とらせんの物語, 岩波書店, 2017

進化理論の発展の歴史がカタツムリ研究とともに語られている．カタツムリがこんなに進化の理解に貢献していたことに驚く．読み物としても面白い．

【進化生物学について】
- デイヴィッド・サダヴァ, デイヴィッド・ヒリス, クレイグ・ヘラー, メアリー・プライス（著）, 石崎泰樹, 斎藤成也（翻訳, 監修, カラー図解 アメリカ版 大学生物学の教科書, 第4巻, 第5巻, 講談社, 2014

邦訳されている本で従来型の進化生物学の内容が簡潔にまとまっている．第4巻が進化生物学，第5巻が生態学であり，本書の内容はこのあたりに近い．

- カール・ジンマー, ダグラス・J・エムレン（著）, 更科 功, 石川牧子, 国友良樹（訳）, 進化の教科書 第1-3巻, 講談社, 2016-2017

上記の『アメリカ版 大学生物学の教科書』よりも新しく，進化に特化した内容になっている．従来の進化生物学の内容がカラー資料とともにわかりやすく解説されている．

- Douglas Futuyma, Mark Kirkpatrick, Evolution, Sinauer Associates Inc, 2023

従来型の進化生物学のおそらく標準的な教科書．

【集団遺伝学について】

- John H. Gillespie, Population Genetics; A Concise Guide, Second edition, The Johns Hopkins University Press, 2004

集団遺伝学の入門的な教科書で，とてもわかりやすい．英語ではあるが，日本語の集団遺伝学を冠したいくつかの教科書よりも断然わかりやすい．

- Daniel L. Hartl, Andrew G. Clark, Principles of Population Genetics, Fourth edition, Sinauer, 2007

上のよりももう少し詳しい教科書．集団遺伝学をもっと詳しく理解したい人には，こちらもいいかもしれない．

参考文献

[1] 米本昌平，島　次郎，松原洋子，市野川容孝，優生学と人間社会，講談社現代新書，2002

目　次

はじめに——本書のねらいと構造 i

序章　進化とはなにか　1
1　進化という言葉の定義 1
2　進化の原理 13
3　進化が起こるための条件 17
4　まとめ 18
5　さらに学びたい人へ 18

第 I 部　進化が起こるしくみ　21

第 1 章　選択のしくみ 1——自然選択と適応進化　23
1.1　自然選択と適応進化とは何か 23
1.2　自然選択の数理モデル化とシミュレーション 24
1.3　どのモデルを使うべきか 45
1.4　適応進化の速度 45
1.5　集団の有効な大きさ 53
1.6　自然選択の基本方程式（プライス方程式） 55
1.7　まとめ 58
1.8　さらに学びたい人へ 58

第 2 章　選択のしくみ 2——遺伝的浮動と中立進化　60
2.1　遺伝的浮動と中立進化とは何か 60
2.2　中立の定義 61
2.3　遺伝的浮動のシミュレーション 62
2.4　中立進化速度 65
2.5　分子時計 72

2.6	ゲノム進化が中立である証拠	77
2.7	中立進化が適応進化に及ぼす影響	78
2.8	まとめ	80
2.9	さらに学習したい人へ	80

第3章 バリエーションが生まれるしくみ　82

3.1	変異が適応度のバリエーションをもたらすしくみの概要	82
3.2	DNA に入る様々な変異	84
3.3	DNA 変異がタンパク質のアミノ酸配列に与える影響	95
3.4	変異が表現型へ与える影響	100
3.5	表現型が適応度に与える影響	103
3.6	まとめ	106
3.7	さらに学びたい人へ	107

第 II 部　進化によってもたらされるもの　109

第4章 多様化をもたらすしくみ　111

4.1	生物の多様性の謎	111
4.2	種とはなにか	113
4.3	種が生じるしくみ 1——異所的種分化	116
4.4	種が生じるしくみ 2——同所的種分化	120
4.5	まとめ	139
4.6	さらに学びたい人へ	140

第5章 複雑化をもたらすしくみ　142

5.1	生物進化における複雑性の進化	142
5.2	MTE が起こるしくみ	144
5.3	協力関係の不安定性	146
5.4	協力関係が維持されるしくみ	147
5.5	協力関係（相利共生関係，利他性）が生まれるしくみ	161
5.6	まとめ	165
5.7	さらに学びたい人へ	165

第 6 章　生物以外で進化するもの　　168
- 6.1　生物以外で進化するものとは何か 168
- 6.2　自己複製分子 170
- 6.3　分子の進化の応用——進化工学 174
- 6.4　デジタルオーガニズム 181
- 6.5　遺伝的アルゴリズム 185
- 6.6　まとめ 193
- 6.7　もっと詳しく学びたい人のために 194

第 7 章　進化を解析するための手法　　196
- 7.1　本章で紹介する手法の概要 196
- 7.2　アライメント (alignment) 196
- 7.3　系統樹 (phylogenetic tree) 199
- 7.4　同義・非同義変異率 205
- 7.5　適応度地形 (fitness landscape) 208
- 7.6　計算機シミュレーション 214
- 7.7　もっと学びたい人のために 216

終章　生物進化に残る謎　　217
- 1　本章で扱う謎 217
- 2　小進化の繰り返しで大進化は起こるのか？ 217
- 3　生物の進化の結果は必然か，偶然か？ 220
- 4　進化は予測できるのか？ 222
- 5　今の生物の進化と原始生物の進化は同じなのか？ . . 223
- 6　生物のように進化するものは作れるか？ 225
- 7　おわりに 229

補遺　　231
- S1　一倍体集団における新規遺伝子型の固定確率（1.2.5 項の補足）. 231
- S2　一倍体集団における中立変異の固定時間——その 1（2.4.3 項の補足）. 236
- S3　一倍体集団における中立変異の固定時間——その 2（2.4.3 項の補足）. 239

S4	一倍体集団における有益変異の固定時間	243
S5	プライス方程式の導出	246
S6	ハミルトン則のプライス方程式による表現	248
S7	グループ選択についての補足	251
S8	グループ選択から血縁選択と同じ協力進化の条件を導く	253

索引 257

序　章

進化とはなにか

1　進化という言葉の定義

1.1　進化という言葉の使われ方

　進化という言葉は日常生活でもよく使われる．しかし，その使われ方は，生物学における「進化」とは似ていながらもはっきりと違う．これは進化という現象を理解する際の大きな誤解の基となっているため，まずこの違いについて説明したい．

　辞書を引いてみると，日常的に使われている「進化」という言葉は以下の意味を持つとされている．

---

1. 生物が，周囲の条件やそれ自身の内部の発達によって，長い間にしだいに変化し，種や属の段階を超えて新しい生物を生じるなどすること．一般に体制は複雑化し機能は分化していく．また，無機物から有機物への変化，低分子から高分子への変化などについても用い，拡張して星の一生や宇宙の始原についても用いられる．「恒星の―」「陸上生活に適するように―する」
2. 社会が，未分化状態から分化の方向に，未開社会から文明社会へと変化発展すること．
3. 事物が進歩して，よりすぐれたものや複雑なものになること．「日々―するコンピューターソフト」⇔退化．

（『デジタル大辞泉』より）

　1，2，3は，何が進化するかによって分かれている．1では生物，2では社会，3ではそれ以外の物事である．しかし，いずれの場合も「進化」とは，より複雑であったり，優れた性質を持つように時間をかけて変化していくこと

を意味している．この定義は明快である．「対象や方法は問わず，とにかく次第に進歩していくこと」が「進化」である．この意味での「進化」を本書では「日常的な意味での進化」と呼びたい．

これに対し，生物学の分野で使われている「進化」は意味が少し違う．生物学における進化を本書では「生物学的な進化」と呼ぶこととする．この「生物学的な進化」は以下のように定義されている．

生物個体あるいは生物集団の伝達的性質の累積的変化．どのレベルで生じる累積的変化を進化とみなすかについては意見が分かれる．種あるいはそれより高次レベルの変化だけを進化とみなす意見があるが，一般的には集団内の変化や集団・種以上の主に遺伝的な性質の変化を進化と呼ぶ．進化遺伝学では，集団内の遺伝子頻度の変化を進化と呼ぶ．

(『岩波 生物学辞典 第5版』より抜粋)

先ほどの「日常的な意味での進化」に比べるとずいぶん抽象的でわかりにくいので，整理をしてみたい．上記『生物学辞典』からの引用文では，進化の定義として2つのことが書かれている．まずは最初に書かれている「生物個体あるいは生物集団の伝達的性質の累積的変化」である．そして2つ目の定義は最後の文に「**進化遺伝学では，集団内の遺伝子頻度の変化を進化と呼ぶ**」とあるように「集団内の遺伝子頻度の変化」である．この2つの定義のそれぞれの詳細とその関連を以下で説明する．

1.2 生物学的な進化の定義

1つ目の「生物個体あるいは生物集団の伝達的性質の累積的変化」とは，もう少し具体的に述べると，その後に続く文章で「一般的には集団内の変化や集団・種以上の主に遺伝的な性質の変化を進化と呼ぶ」とあるように，ある生物の集団内，あるいはそれ以上の単位で変化していくこと，それも親から子へと遺伝する性質が変わっていくことである．具体的な例として，ある池にいる1種の魚の集団を考えてみたい．この集団中のある個体の遺伝子に変異が生じて体が大きくなり生存に有利になったとする．この変異体をa型，変異の入っていないものをA型とする．この変異aは子孫にも遺伝し子孫も体が大きくなる．つまり体が大きくなることは遺伝的な性質である．こうして，体が大き

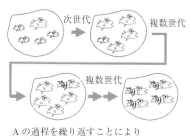

図 1　生物学的な進化の模式図

いという生存に有利な a 型の変異体は，どんどん子孫を増やしていく．何世代か経てばその池の魚は全員，遺伝子変異 a を持ち，体が大きいという性質を持つようになるだろう．これが集団内の遺伝的な性質の変化と呼ばれる現象であり，生物学的な進化である（図 1A）．

それでは「集団・種以上」の変化とはどういうものだろうか．先ほどの池の魚集団内での遺伝的な性質の変化がさらに続くことを考える．もし，生存に有利な形質（たとえば速く泳げるとか，とげがあるとか）があれば，そうした形質をもたらす変異がどんどん蓄積していく可能性がある．そうして長い時間が経てば，もはや元の魚とは違う別種の生物になっているだろう（図 1B）．これが「集団・種以上」の変化の意味するところだと解釈できる．つまり，集団内の変化と集団・種以上の変化とは同じ現象であるが，観察している時間の長さが違うだけである．短い時間では，集団内の生物の性質が変わっていくように見え，もっと長い時間では，その生物集団や種全体が変わっているように見える．いずれの現象も「生物学的な進化」だとみなされる．こうした時間スケールの異なる 2 つの現象がいずれも「進化」という 1 つの言葉で表現されているので注意が必要である．

以上で説明した 1 つ目の生物学的な進化の定義を簡単にまとめると，「遺伝的な性質が変化することで，集団内の生物，あるいは集団全体が変わっていくこと」である．以後，この定義を「生物学的な進化の定義」と呼ぶ．

1.3　集団遺伝学的な進化の定義

次に上記引用文の 2 つ目の定義である「**進化遺伝学では，集団内の遺伝子**

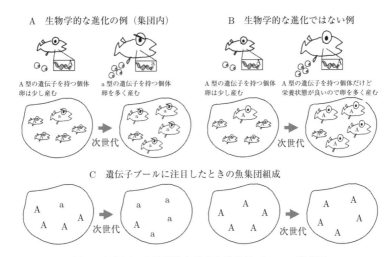

図 2　魚集団の生物学的な進化と遺伝子プールの模式図

頻度の変化を進化と呼ぶ」について説明をしたい．この定義（集団内の遺伝子頻度が変化すること）を，ここでは「集団遺伝学的な進化の定義」と呼ぶ．この定義は，前述の集団内で起こる生物学的な進化（図 1A）よりも広い定義となっている．このことを説明するために，また先ほどの魚の群れを使う．図 1A の図を再び図 2A の上部に載せた．この図を見ると，この集団は体が小さく卵の数が少ない A 型ばかりだったところに，体が大きく卵の数が多い a 型が出現したために，何世代もたった後は，a 型ばかりの集団に置き換わってしまった．この現象はまさに，「遺伝的な性質が変化することで，集団内の生物が変わっていくこと」であり，生物学的な進化であった．

ここで大事なのは，「**遺伝的な性質の変化**」である．もし，見た目や性質の違う魚が増えたとしても，その見た目や性質の違いが遺伝的な性質でなければ（つまり遺伝しないものなら）進化とは呼ばれない．たとえば，遺伝子はまったく同じだが，たまたま育つ過程で良い餌に恵まれて体が大きく育ち，卵もたくさん産める魚がいたとする．次世代の集団ではこの体の大きな魚の子孫の割合が増えるだろう．そして，池の環境が変わって餌となるプランクトンが増えて，多くの魚の体も大きくなったとする．この場合，A と同じように大きな魚の割合は大きくなっているが，進化が起きたとはみなされない．なぜならこの場合，集団の遺伝的な性質は前の世代とまったく変わっていないからである（図 2B）．

このようにみてくると，進化が起きたかどうかを判断するには，集団内の個体の性質を調べる必要は必ずしもないことがわかる．そこにある個体の性質は遺伝しない性質かもしれないからである．進化が起きたかをもっと直接的に判断するためには，遺伝するもの，すなわち各個体が持つ遺伝子を調べればよい．この考え方に則れば，遺伝子のみに着目して進化を定義することができる．集団のもつ全遺伝子のみを集めたものは，遺伝子プールと呼ばれる．実際にすべての生物から遺伝子を集めてくることは難しいので，これは仮想的なものである．最初の魚の例の場合，最初はこの遺伝子プール中の遺伝子 A がほとんどで遺伝子 a は少しだけ存在しているが，何世代も経たあとは遺伝子 a ばかりになっているだろう．つまり，生物学的な進化（遺伝的な性質が変化することで，集団内の生物，あるいは集団全体が変わっていくこと）が起きれば，必ず遺伝子プールの組成が変化することになる．そこで生物の遺伝的な性質に着目する代わりに，遺伝子プールの組成に着目し，その組成が変化すれば進化したとみなすのが集団遺伝学的な進化の定義，すなわち「集団内の遺伝子頻度が変化すること」である．

1.4　集団遺伝学的な進化の定義と生物学的な定義の関係

以上で，生物学に関わる 2 つの進化の定義（生物学的な進化と集団遺伝学的な進化）を説明した．これらはどんな関係にあるのかについて補足説明をしたい．

前の節では，生物学的に定義される進化（遺伝的な性質が変化することで，集団内の生物，あるいは集団全体が変わっていくこと）が起きていれば必ず集団遺伝学的な定義の進化が起きていると説明した．一方で，逆に集団遺伝学的な定義の進化が起きていても，生物の性質が変わっておらず生物学的な進化は起きていないことがありうる．つまり，集団遺伝学的な進化の定義と生物学的な進化の定義は必ずしも一致せず，集団遺伝学的な定義の方が広い概念だということになる（図 3）．進化について議論している際には，この不一致はしばしば混乱をもたらす．ほとんどの人は進化の定義を明確にせずに議論をするからである．ある人は遺伝子組成が変わっていることから（集団遺伝学的な定義での）進化が起きたと主張していても，別の人は生物の性質が変わっているようにみえないことから（生物学的な定義での）進化は起きていないと判断するかもしれない．こうした不便さがあるにもかかわらず，なぜ 2 つの進化の定義が存在するのだろうか．特に必要性がわかりにくいのは，集団遺伝学的な進

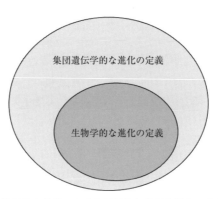

図3 生物学的な進化の定義と集団遺伝学的な進化の定義の関係

化の定義の方ではないかと思う．なぜ，生物の性質を気にせずに遺伝子組成さえ変われば進化だとみなすのだろうか．

その理由の1つは，生物学的な進化の有無のカギとなる「遺伝的な性質の変化」を見分けるのが難しいことによると思われる．たとえ明らかに性質の違う個体がいたとしても，成長過程による可能性もあるため，遺伝的なものかを判断することは難しい．遺伝的な性質であることを調べるには子孫にその性質が受け継がれるかを調べる必要があり（二倍体の生物の場合は遺伝子の組み合わせの問題も出てくる），ひどく時間と労力がかかる．そして生物のほとんどの性質は多数の遺伝子によって影響を受けており，たいていの場合，1つの変異による変化はごくわずかであり検出も難しい．一方で遺伝子の違いであれば，DNAを抽出して調べれば1塩基の変異であったとしても厳密に判断ができる．したがって，集団遺伝学的な進化の定義の方が高い精度で進化の有無を判断できるという点で便利である．

ただ，たとえ便利であっても集団遺伝学的な定義には問題があると感じる読者がいるかもしれない．たとえば，生物の性質には何の影響も与えないような遺伝子の変異が集団内に広まったような場合である．第2章で詳しく説明するように，生物の性質に影響を与えなくても，偶然によって集団内に広まることは十分ありうる（中立進化と呼ばれる）．集団遺伝学的な定義によれば，このような変化も進化である．こうした変化を進化に含めることに抵抗がある人がいるかもしれない．確かに生物の性質がまったく変わっていないのに，遺伝子に変異が入っただけで進化したとみなすのは少々違和感がある．しかし，そのときに入った変異は，将来，次の変異と結びつくことで生物に大きな性質の

変化をもたらしうる．つまり，現在の生物の性質は変えなくても，その潜在的な変わりやすさを変えている可能性がある．結局のところ，遺伝子に変異が入ったのであれば，潜在的か顕在的かはわからないが，生物の性質に影響を与える可能性が常にある．ただ人間がそれを検出できていないだけの可能性が常にある．したがって，生物の性質に変化があろうとなかろうと，集団の遺伝子プールの組成に変化が生じていれば，進化だとみなすのが集団遺伝学的な進化の考え方である．

　もう1つ生物学的な進化の定義と集団遺伝学的な進化の定義の違いとして，変化の規模がある．集団遺伝学的な進化の定義（集団内の遺伝子頻度が変化すること）では，ある生物種の集団内での遺伝子組成の変化に限られている．遺伝子の組成が変わったからといって，別種の生物が誕生するようなことは想定されていない．一方で，生物学的な進化の定義（遺伝的な性質が変化することで，集団内の生物，あるいは集団全体が変わっていくこと）では，集団内での組成変化だけではなく，集団全体が変わっていき，別の種とみなせるような大きな変化も想定されている．この規模の違う現象を，同じ進化という1つの言葉で表現しているのはどういうことだろうか．

　現代の進化理論では，集団遺伝学的な進化が数多く起こると，新種の誕生のような大規模な生物学的な進化が起こると考えられている．つまり，集団遺伝学的な進化の定義（および集団内での生物学的な進化）は，生物学的な大規模な進化の素過程だということである．

　こうした規模の違う進化現象を区別するために，集団遺伝学的な進化は小進化，種が変わったり，形態変化を伴うような大規模な生物学的な進化は大進化と呼ばれることもある．ただし，小進化，大進化も使う人や分野によって定義が統一されていないため使用には注意が必要である．

　また，小進化，つまり集団内で特定の遺伝子（あるいは変異）の頻度が増えることを繰り返すと，本当に大進化，たとえば形態の変化が起こるのかについては，いまだ議論のあるところではある．実際のところ，大進化として有名な例，たとえば，四肢や羽の獲得が，どのような小進化の積み重ねで達成されてきたのかは，よくわかっていない．それは，私たちが知っている大進化の例はすべて過去に起きたことであり，その証拠は化石でしか残っていないからである．化石資料からDNAを抽出することはできないため，どんな遺伝子変異が起きたのかを理解することはできていない．

　しかし，少数の変異で大きな形態変化を起こす場合があることは，現代の生

図 4　ショウジョウバエの hox 遺伝子変異体
右下の hox 遺伝子変異体では胸部が 2 つに増えており，翅も 2 対になっている．Kirschner, M. Beyond Darwin:evolvability and the generation of novelty. BMC Biol 11, 110 (2013) より引用 (Figure credit:FlyBase) (Available via license:CC BY 2.0).

物でよく知られている．たとえば，ショウジョウバエはもともと翅を 1 対（2 枚）しか持たないが，hox 遺伝子にある変異が入るだけで，2 対（4 枚）になることが知られている（図 4）．もし，ショウジョウバエの集団内にこの変異を持つ変異体が出現し，かつ翅が増えることで生存に利点が生まれたならば，数世代のちには 2 対の翅を持つショウジョウバエが集団を占めるようになるだろう．同様にして過去に起きた大進化も意外に少数の遺伝子変異によって始まったのかもしれない．人間の目には規模の大きな大進化に見えたとしても，必要な遺伝子の変化の回数はそれほど多くなかった可能性もある．

1.5　日常的な意味での進化と生物学的・集団遺伝学的な定義の違い

これまでに生物学的な進化の定義（遺伝的な性質が変化することで，集団内の生物，あるいは集団全体が変わっていくこと），および集団遺伝学的な進化の定義（集団内の遺伝子頻度が変化すること）について説明してきた．しかし，これらの定義と日常的な意味での進化の定義（対象や方法は問わず，とにかく次第に進歩していくこと）はずいぶん違う．ここで，その相違点をまとめておきたい．

大きな違いは，進歩を意味するかどうかである．日常的な意味での進化では，変化した結果，進歩しているかどうかが大事である．たとえば，商品の宣伝で「進化した〇〇！」という文言があれば，その商品が何らかの意味で良くなっていることを期待するだろう．このとき，何がどう変わってその "進化" がもたらされたかは特に気にされない．商品開発の人が考えた結果であっても，たまたまうまくいっただけでもなんでもよい．とにかく，商品が良くなっ

てさえすればよい．これに対し，生物学的・集団遺伝学的な進化では，変異のしくみが遺伝的な変化に限定されており，逆にその結果で進歩したかどうかは問題ではない．つまり遺伝しない変化がどんなに変わっても生物学的・集団遺伝学的な進化ではないし，生物が何も変わっているように見えなくても（さらには悪くなっているように見えたとしても），集団の遺伝子組成さえ変わっていれば生物学的・集団遺伝学的な進化だとみなされる．このように生物学的・集団遺伝学的な進化の定義には，「進歩」の要素は一切ないのは（直観に反するので）注意すべき点である．

　もう1つ日常的な進化と生物学的・集団遺伝学的な進化が異なる点は，進化をするものが単体か集団かという点にある．日常的な進化は進化するものが単体であってもよい．たとえば，あるスポーツ選手が劇的に技術を向上させた場合，その個人が「進化した」と表現されることもあるだろう．しかし，生物学的・集団遺伝学的な進化の場合は，進化するものは生物集団であり，特定の個体ではない．それは進化が起きるしくみ（自然選択と遺伝的浮動）が集団を前提としているからである．1個体ではいずれのしくみも起きえない[1]．

> **コラム：進歩と進化**
>
> 　生物学的・集団遺伝学的な進化は，必ずしも進歩を意味しない．この点は，進化生物学を学んでいない人の多くが誤解をしているところのように思う．この誤解の歴史は古く根が深い．進化の概念を広めたのはダーウィンの『種の起源』であるが，この本の初版には，生物が遺伝的に変化していく過程に「進化(evolution)」という言葉は使われておらず，代わりに「変化の継承＊(descent with modification)」という言葉が使われていた．ここには進歩のニュアンスはなく，現在の生物学的な進化の定義に近い．これはダーウィンが，自然選択のしくみの特に素過程では必ずしも進歩は意味しないことを理解していたからだと思われる．しかし，こうした生物が変化していく過程が積み重ねにより，魚類から両生類，さらに哺乳類，サル，人間と出現していったとすると，「変化の継承」はより複雑な生物を生み出す過

---

1) 上記『生物学辞典』からの引用では「**生物個体あるいは生物集団の伝達的性質の累積的変化**」とあり，あたかも「生物個体の累積的変化」が進化だと書いているようにも読めるが，おそらく「生物個体の」という単語は「伝達的性質」にかかっており，「累積的変化」にはかかっていないものと思われる．

程だと解釈することは避けがたいように思われる．そこで，ハーバード・スペンサーが，こうした「より複雑な生物を生み出すプロセス」をもたらす現象を "evolution" と呼び始めたらしい．Evolution の語源は，巻物をほどいて広げるという意味で，そこから転じて展開や進歩を意味するように使われていた言葉である．もともとは，博物学者のシャルル・ボネが生物に内在している性質や形態が発現する，今でいうところの「発生」に似た意味で使われていたようである（グリビンら 2022）．この言葉が生物の遺伝的な変化を表すのに適していると思ったわけである．実際に，この言葉はわかりやすかったようで広まってしまい，第 5 版以降の『種の起源』ではダーウィンも evolution を使うようになったという．Evolution の日本語訳である「進化」も「進」の字が入ってしまっており，初見で進歩のイメージを持ってしまうのはしかたのないことかもしれない．

結局のところ，進化の素過程が集団内の遺伝子組成変化だと理解すれば，必ずしも進歩を意味しないことはすぐわかる．しかし，その素過程が積み重なった結果を目の当たりにすると，進歩としか思えないような複雑なものが出現する（魚類から足を獲得し地上に進出する過程など）．結局のところ，進化という言葉が往々にして異なる意味で使われるのは，進化の素過程（小進化）とそれが積み重なった結果（大進化）が直観的に結びつかないところにあるのかもしれない．

---

* descent with modification は「変化の由来」と訳される場合もある．ここでの「由来」は「物事が今までたどってきた経過」のことを意味し，継承と同じような意味である．ただ，「由来」という言葉はある時点から遡った過去に焦点が当たっているように思われるが，自然選択は今もなお起こっている現象でもあるので，ここでは「継承」を用いた．

1.6　進化の定義まとめ

以上，日常的，生物学的，集団遺伝学的な進化の定義をまとめると表 1 のようになる．生物進化の素過程（遺伝子プールの組成変化）を正確に表現しているのが集団遺伝学的な定義である．そして，この素過程の繰り返しによって起こる生物個体の性質の変化に着目した定義が生物学的な定義である．そして，生物進化で起こる進歩に見える側面を抽出したのが日常的な生物進化だといえるだろう．本書で今後出てくる「進化」は，ほとんどの場合は集団遺伝学的な進化であり，一部が生物学的な進化となる．

表1　進化の定義のまとめ

生物学的な進化	遺伝的な性質が変化することで，集団内の生物，あるいは集団全体が変わっていくこと
集団遺伝学的な進化	集団内の遺伝子頻度が変化すること
日常的な進化	対象や方法は問わず，とにかく次第に進歩していくこと

コラム：進化と退化

　進化の定義について，もう1点補足で説明をしたい．本文中（たとえば図1）では，新しい変異型の遺伝子aが生まれ，それが集団内で割合を増やすことが集団遺伝学的な進化だと述べた．そうであるならば，進化の定義は「集団内の遺伝子頻度の変化」ではなく「集団内の新しい遺伝子頻度の上昇」でいいはずである．それなのに，なぜ「新しい遺伝子頻度の上昇」ではなく「変化」となっているのだろうか．「変化」では，割合が増えるだけではなく，減ることも進化になってしまう．これは，たとえば，遺伝子プール内である有益な遺伝子が増えた後，もしその遺伝子が集団中で減りだしたとする．つまり元の遺伝子組成に戻っていた場合も進化と呼ばれることになる．日常的な言葉の使い方ではこれは退化と呼ばれることが多いが，進化生物学では「退化」という言葉は使われず*，これも進化に含まれる．

　日常的な使い方での進化，および退化と，生物学的な進化の違いは，何か決まった方向を想定しているか，していないかにある．日常的な進化の使い方では，何か進化で進むべき方向性があらかじめ想定されている．たとえば，光を感じられない生物が眼を獲得したり，四肢や肺を獲得して地上へ進出したり，羽を獲得して飛べるようになったら進化と呼ばれ，洞窟に棲んでいる生物が眼を失ったり，蛇やクジラのようにもともと持っていた四肢を失えば退化だとされる．飛行能力を失ったダチョウなどの羽の機能も退化と呼ばれる．ここでは，過去の生物では持っていなかった四肢や，飛行能力といった機能を獲得すれば進化，失えば退化だとみなされている．しかし，この機能の獲得と喪失の判断は一方的な見方である．クジラは四肢を失ったが，そのおかげで余計な抵抗がなくなり遊泳能力は向上しているだろう．ダチョウも飛翔能力を失ったことで，太く強い脚を獲得することができた．環境は常に変わっているのだから，新しく獲得した性質よりも古い性質の方が有利

になる状況もいくらでもありうる．結局のところ，すべての生物は各々の置かれた環境に適応して，ある意味「進んでいる」．それを人間の基準で進んでいるか戻っているかを解釈することは意味がないとはいえないまでも，偏った見方だといえよう．したがって，生物学的な進化の定義では，増えていようと減っていようと，遺伝子プールの中で割合が変わっていれば，集団は何らかの遺伝する変化をしていると判断し，進化が起きているとみなしている．

---

* ただし発生学では，進化的に新しく獲得された形質が失われる現象は退化と呼ばれる．

コラム：「○○のための進化」という表現は正しいか？

本文中で例として出した文，「空を飛ぶために羽が進化した」には，進化という言葉の使い方のほかに，もう1つよく問題視される表現がある．それが，「○○のための進化」という表現である．ある生物が（往々にして奇妙な）性質を持つ理由を説明する際によく「○○のために進化した」という表現がなされる．たとえば，「人間の持つ器用な手は道具を使うために進化した」といったようにである．この表現では，何か目的があって進化が起こったかのように思えるが，もちろん実際の進化過程には何の目的もない．ただ，おそらくより器用な手を持った個体が偶然生まれて，それが子孫を比較的多く残したために集団に広がっていったまでである．つまり，正しくは器用な手を獲得したのは何かの目的があったためではなく，結果としてうまく働いたからに過ぎない．いつもただの結果に過ぎないのに，まるでそれが目的であったかのように「○○のために進化した」と表現することは誤解を招くように思う．ただ，「○○のため」という表現は，ある性質がなぜ獲得されたのかを説明する際に簡潔になるというメリットもある．「○○のため」と書けば簡単に伝わるのに，正しく表現しようとすると「偶然生まれた形質の中に○○に有利なものがあり，適応度が上昇したため集団に広まったため」と（本当に伝えたいことではないことを）長々と書く羽目になってしまう．個人的には，受け取る方に十分な知識がある場合であれば，こういった表現もある程度容認してもよいように思う．

1.7　もう1つの紛らわしい「進化」という言葉の使われ方

いままで本章で説明してきたように生物学における進化とは，生物学的あるいは集団遺伝学的な進化であり，集団の遺伝子組成が変化したり，それにより集団内あるいは集団全体の生物の性質が変化する現象である．しかしながら，生物学においても，この定義ではない「進化」という言葉の使い方がしばしばなされる．これは日常的な進化の定義の派生型のように思われる使い方であるが，教科書や論文でも見られるため，誤解を防ぐために補足説明をしておきたい．

生物についてこうした使われ方がされる例として，たとえば，「空を飛ぶために羽が進化した」というような文章を見ることがある．この場合，「進化した」の主語は生物集団ではなく，鳥の羽である．このように，新たな形態や能力が生物学的・遺伝学的な進化によって獲得されたことも「進化した」と表現される場合があり，生物集団が主語となる生物学的な進化とは明確に異なる使い方である．こうした形態や能力が主語となる使い方は，一般書ではよく見られるし，学術的な論文でもしばしば見受けられる．これは進化の結果で生まれた能力であることを端的に伝えるには便利な用法で，本書でも使ってしまうことがあるかもしれない．こうした使い方は，集団について定義される生物学的な進化の使い方とは，そもそも主語が違うため，文意を読み違えたり誤解を招くことは少ないだろうが，同じ言葉が違う用法で使われていることは認識しておいた方がよいように思う．

2　進化の原理

生物学的・集団遺伝学的な進化は，ある1種の生物集団内における遺伝子組成の変化である．この変化が起こるしくみは，変異により生物個体の遺伝する性質にバリエーションが生まれることと，そしてその中で特定の個体が選択され，集団内で割合を増やしていくことである（図5）．

詳細は第1, 2, 3章で説明するが，ここで大雑把に各項目の説明をしておき

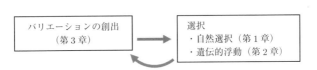

図5　進化が起こるしくみ：バリエーション創出と選択の繰り返し

たい．まず，前半のバリエーションの創出についてであるが，バリエーションとは，同一種の生物集団の中に性質が違うものが含まれていることを指す[2]．たとえば，先に出した魚の例であれば，同種の魚の集団の中に卵をたくさん産む性質のものや，速く泳ぐことのできる個体が含まれていることを指す．ただし，進化の定義のところでも出てきたように，この性質には1つ強い制限があって，遺伝する性質のものでなければ進化には関与しない．たとえば一部の魚がケガをしていたりして，魚の性質にバリエーションがあったとしても，それは進化には影響しない．なぜなら親のケガは子孫には引き継がれないからである．その意味で，進化を生み出すものは「遺伝する性質のバリエーションと自然選択」と書く方が厳密である．

また，ここで扱うバリエーションとは，共通祖先をもつ「同種の」生物集団内での遺伝子のばらつきである．もちろん異種の生物が混じった集団であっても，遺伝子はばらついていて，そこに自然選択は働きうるが，そのうちいずれかの種が全体を占めた時点で結局同種の集団となる．そして自然界では異種生物は近くにいないかもしれないが，同種の生物（少なくとも親兄弟）は確実に近くにいるはずであるため，進化を扱う場合には同種の集団のバリエーションを考えるのが妥当である．

次に後半の選択のしくみについてである．特定の個体が選択されるしくみには大きくわけて2種類ある．1つは先の節で説明した魚の例のようにより生存しやすかったり，より多くの子孫を残す性質を持っている個体がたくさんの子孫を残すことによって，その個体の持つ遺伝子が集団内に広まっていくしくみである．このしくみは"自然に"選択されているように見えるため，自然選択 (natural selection) と呼ばれる[3]．また，自然ではないやり方，すなわち人間が人為的に特定の性質を持った個体を選ぶやり方もある．こちらは人為選

[2) ちなみに，2017年に日本遺伝学会から出された提案ではvariationは「多様性」と訳すことが推奨されているが，個人的な感覚ではあまりしっくりきていない．Variationという言葉は，ほとんど同じだけど少しだけ性質が違うような状況を指す言葉だと思われる．多様性という言葉は，variationよりももっと変化が大きい集団を表す言葉（たとえばdiversity）の方がしっくりくる．そこで，本書では自然選択が作用するような同種の集団で少しだけ性質が違う状況をカタカナ語を使って，そのままバリエーションと表現した．

3) 本書ではnatural selectionの訳語として自然淘汰ではなく，自然選択を用いる．同様にselectionの訳語も「淘汰」ではなく，「選択」を用いる．理由は以下のコラムを参照．

択 (artificial selection, selective breeding) と呼ばれるが，本書では自然選択の一種に含める．こうした自然選択によって起こる進化を適応進化 (adaptive evolution) と呼ぶ．

> **コラム：選択と淘汰**
>
> 　Selectionの日本語訳としては，本書で用いる「選択」の代わりに淘汰という言葉が使われる場合もある．選択が使われるときは，高い適応度を持った個体が選ばれるとき，逆に淘汰が使われるときは，適応度の低い個体が間引かれるときが比較的多いように思う．たとえば，現存生物の進化を扱う教科書などでは，selectionの日本語に「淘汰」が使われる場合が多いようだ．これは，現存生物に見つかるほとんどの変異は有害で，すぐに淘汰される場合が多いためだろう．一方で，生物や分子の人為進化を扱う教科書では有益なものを選び出すことが多いので「選択」が使われているように思う．いずれの場合も現象としては同じで，違う側面に着目しているに過ぎないので基本的にはどちらでもよいかと思う．ただ，個人的にはselectionの訳語として，排除のニュアンスを含む「淘汰」を使うのは誤解を招きかねない用法のように感じている．淘汰を使うと，たとえばnegative selectionという用語（集団から対象を排除すること）は「負の淘汰」と訳すことになる．負の淘汰を日本語の意味通り解釈すると，「淘汰」の「負」なので，淘汰しない（対象を選び出すこと）ことになってしまい，本来の意味と逆に受け止められかねない．問題は，淘汰という言葉には，もとのselectionにはない排除のニュアンスが強すぎる点にあると思うので，本書ではselectionの日本語訳は「選択」で統一した．

　上で述べたように，自然選択が働くためには，集団内の個体の性質にバリエーション（ばらつき）がある必要がある．もっと厳密には，子孫を残す能力にばらつきがある必要がある．もし，すべての個体の子孫を残す能力が均一であれば，どの個体も同程度の子孫を残すことになり，誰も選択されないからである．この子孫を残す能力は適応度 (fitness) と呼ばれ，周りの環境にどのくらい適応しているかの指標とみなせる．生物の場合，適応度はよく「生殖可能な年齢まで達する子孫の数の期待値」で定義される．これが単純に「子孫の数」ではない理由は，自然界では生まれても親と同じくらいまで成長できるものは

限られているからである．ただ，適応度の定義は扱っている対象や現象に応じてある程度違う場合がある．飼育環境など成長中に死ぬことを考慮しなくていい場合など，単純に卵の数が適応度になりうる場合もある．また，後述するように生物以外の進化を扱う場合には，何かしらの分子活性が適応度とみなされることもある．いずれの場合も，集団を占める個体の適応度にばらつきがある場合，次世代では適応度が高いものの割合が増え，適応度の低いものの割合が減る．したがって，自然選択が起これば必ず集団の平均適応度は上昇することになる．また集団中の個体の適応度がわかっていれば，自然選択で起こることは厳密に記述することができる．この点については第1章で詳しく説明する．

　自然選択ではないもう1つの選択のしくみは，特に優れた性質を持たなくても，すなわち適応度が変わらなくても，ただ偶然によって集団の遺伝子組成変化が変わることである．このしくみは遺伝的浮動 (genetic drift) と呼ばれる．そして，遺伝的浮動によって起こる進化は中立進化 (neutral evolution) と呼ばれる．適応進化とは異なり，遺伝的浮動には適応度は関係しないので，中立進化が起こっても集団の適応度は上昇しないことになる．もしかしたら，こうした偶然に起こる方向性のない現象なんて生物進化にとって重要でないと思うかもしれないが，生物進化のように長い時間をかけている場合は，その重要性は無視できない．詳細は第2章で説明するが，ゲノムDNAで見つかるほとんどの変異は中立だとされているし，中立であるからこそ，その導入速度は一定のルールに従うことがわかっており，生物進化の理解には欠かすことができない．

　適応進化と中立進化は選択のメカニズムが異なり，それにより依存するパラメータも，効果が表れるスケールも異なるため区別した方がわかりやすい．適応進化については第1章で，中立進化については第2章でさらにシミュレーションをしながらその詳しい性質について解説する．ただし，特に適応度の影響が小さい場合や，集団サイズが小さい場合には，適応進化なのか中立進化なのかはっきり区別できない場合もある．こうしたケースについても第2章で取り上げる．

　なおもう1つ言葉の使い方での注意点として，適応変異の「適応」という言葉がある．「適応」という言葉は生物学では，「ある生物が環境に適応した」といったときなど，その生物が遺伝的な変異を伴わずに環境に適したふるまいをするようになったときに使われる．この意味での「適応」は，適応進化とはまったく異なる現象である．この2つの異なる現象に同じ「適応」という言

葉が用いられるのは大変紛らわしく,よく誤解の元となるので注意が必要である（Willisams, 2022）.

3　進化が起こるための条件

　進化が起こるしくみは,バリエーションと自然選択（あるいは人為選択）である.そのメカニズムは,遺伝する性質のバリエーションがあり,よりたくさんの子孫を残すものが集団で割合を増やすことだけである.これはつまり,生物でなくても,その集団に遺伝するバリエーションがあって,何らかの方法で自身の複製体を残すことができるならば進化は起こることになる.つまり進化は生物に限らないということである.無生物であっても,自己複製し,その性質に遺伝するバリエーションが生まれれば生物と同じように進化が起こる.

　進化が起こるための条件は,Husimi, Maynard Smith, Dennett らがそれぞれ提唱している.これらの表現はそれぞれ少しずつ違うが,その意味するところは同じである（表2）.

　ここで本書として,これらの条件を整理してみる.進化をする最小限の条件は以下の3条件となる.

1. 複製すること,
2. 性質に変化が生じること,
3. 性質の変化は遺伝すること

　表現の仕方は違っても,少なくとも上記3条件を満たせば,生物でなくてもどんなものでも進化という現象は起こる.進化は生物に起こるものだというイメージが強いのは,ただ単に,これら3条件を満たすものが生物以外にめったにないためである.実際のところ,自然界で上記3条件を満たすものは見つかっていない.しかし,人間が作ったものの中には生物ではないが進化するものが存在する.たとえば,DNA,RNA,タンパク質といった有機高分子

表2　進化が起こる条件

条件	文献
開放系,自己増殖,変異,特別な適応度地形	Husimi *et al.* 1992
複製,変異,遺伝*	Maynard Smith, 1986
変異（多様性）,遺伝子もしくは自己複製,適応度の差	Dennett 1995

*原文では multiplication, variation, and heredity

の組み合わせや，コンピュータープログラムなどがある．分子システムや，コンピュータープログラムは，生物に比べると圧倒的に単純であるため，これらの進化を観察することで進化という現象の理解に役に立っている．さらに，分子の進化実験は，有用な分子を進化させることで別の分野で利用価値の高い分子の開発に役に立っている．また進化的なアルゴリズムは，パラメータの最適化手法として応用されている．このような生物以外での進化については第6章で解説する．

4 まとめ

- 「進化」という言葉は大きく分けて3つの定義で使われている．日常的な意味での進化とは，対象や方法は問わず，とにかく次第に進歩していくことを意味する．生物学的な進化とは，遺伝的な性質が変化することで，集団内の個体組成，あるいは集団全体が変わっていくことを意味する．集団遺伝学的な進化とは，集団内の遺伝子頻度が変化することを意味する．
- 生物学的・集団遺伝学的な進化が起こるしくみは，変異により生物個体の遺伝的な性質にバリエーションが生まれることと，そしてその中で特定の個体が選択され，集団内で割合を増やしていくことである
- 進化とは，生物，無生物を問わず，3つの性質（1. 複製すること，2. 性質に多様性があること，3. 性質は遺伝すること）を持つものに起こる物理現象である．
- 集団内で特定の個体が選択されるしくみとして，自然選択（人為選択を含む）と遺伝的浮動がある．
- 自然選択や人為選択で起こる進化は適応進化と呼ばれ，遺伝的浮動で起こる進化は中立進化と呼ばれる．

5 さらに学びたい人へ

【進化のしくみについて】
- 河田雅圭，ダーウィンの進化論はどこまで正しいのか？，光文社新書，2024
  進化について勘違いされやすい点が多くの実例とともに解説されている．

また同じ著者が書いたウェブ上の記事も勉強になる．https://note.com/masakadokawata/

- 長谷川眞理子，八杉貞雄，粕谷英一，宮田　隆，四方哲也，巌佐　庸，石川　統，シリーズ進化学 7　進化学の方法と歴史，岩波書店，2005

日本の進化研究者により様々な進化のトピックスがオムニバス形式で語られる書籍．第 7 巻では，従来の進化生物学の歴史から新しい流れである実験進化や数理モデルなど本書でも取り上げた内容が（一部はもっと詳しく）述べられている．

- 根井正利，突然変異主導進化論，丸善出版，2019

自然選択，中立進化，表現型進化，変異の効果など，本書の前半に一致する内容が豊富なデータとともに解説されている．同書では，進化とは従来考えられてきたような自然選択が主導しているものではなく，変異の方が主導しているものだと主張されている．

参考文献

[1] デジタル大辞泉，小学館，2024
[2] 生物学辞典 第 5 版，岩波書店，2013
[3] Darwin, On the origin of species, 1859
[4] Darwin, Variation in Animals and Plants under Domestication, 1868
[5] Kirschner, *BMC Biol 11*, **110**, 2013
[6] Husimi *et al.*, Proceedings of the Conference on the Origin and Evolution of Prokaryotic and Eukaryotic Cells, 1992
[7] Maynard Smith, The problems of biology, Oxford University Press, 1986
[8] Dennett, Darwin's Dangerous Idea, Simon & Schuster, 1995
[9] Williams（著），辻　和希（訳），適応と自然選択，共立出版，2022
[10] ジョン・グリビン，メアリー・グリビン，進化論の進化史，早川書房，2022

第Ⅰ部

進化が起こるしくみ

第1章

選択のしくみ1──自然選択と適応進化

1.1 自然選択と適応進化とは何か

　序章で説明したように，進化とは，集団を形成する個体の適応度にバリエーションがあり，その集団内の組成が変わることである．この組成が変わるしくみ，すなわち進化のしくみには大きく2つある．1つは，より適応度の高い個体が集団内で割合を増やすしくみである．適応度が子孫の数として自然に決まる場合を自然選択，人為的に決められる場合を人為選択と呼ばれるが，いずれも適応度の高い個体やその遺伝子型が集団での割合を増やすしくみであり，このしくみで起こる進化は，適応進化と呼ばれる．もう1つのしくみは，ある個体がその適応度にかかわらず偶然に子孫を増やすことであり，この過程は遺伝的浮動と呼ばれ，この過程によって起こる進化は中立進化と呼ばれる．

　本章では，この2つの進化のしくみのうち，前者の自然選択による進化のしくみを詳しく説明する．ダーウィンが最初に提唱した進化過程であることから，ダーウィン進化とも呼ばれることもある．この進化では，より適応度の高い個体の頻度が高くなるため，集団の平均適応度は必ず上昇していくことになる．なお，人為選択の場合についても本章の内容はそのまま用いることができる．それは，人為選択過程においては，適応度の定義が子孫の数ではなく，人為的に決められた別の値（人間にとっての好ましさ）になるだけで，その後の適応度に基づく選択過程は自然選択と同じだからである．

　適応進化はまず，1) 適応度にバリエーションが生まれる過程と，その後の2) 自然選択（あるいは人為選択）により高い適応度を持つ個体が頻度を増やす過程の2つの過程からなる．このうち1)のバリエーションの創出のしくみについては第3章で取り上げる．本章では，2)のすでに集団中にいろいろな適応度を持つ個体のバリエーションが存在する場合に，どのように集団内での割合が変化していくのか理解することを目指す．

　一般的に進化は偶然によって左右されて，予測はできないものというイメー

ジがあるように思う．たしかに第 3 章で説明するようなバリエーションの創出過程は，かなりの部分が偶然に依存する．しかし，本章で説明する自然選択過程については，偶然性の入り込む余地は少ない．適応度さえ決まってしまえば，その後のふるまいは数理モデルにより高い精度で予測することができる．

そこで，この章では自然選択過程を定量的に理解することを目指す．具体的には，ある適応度を持つ変異体が何世代後にどのくらいの割合まで増えているか，さらにどのくらいの確率で何世代後に集団を占めるようになるのかを予想できるようになることを目指す．さらに適応進化の速度がどのように決まっているかを理解することを目指す．

本章では数理モデル化とシミュレーションを多用する．生物系の読者には数式に抵抗感がある読者もいるかもしれない（私もそうだった）．しかし，本書で出てくる数式を理解するのは，生物学の多種多様な専門用語を覚えることに比べればまったく難しくはなく，ただ慣れが必要なだけである（補遺は除く）．そして，数理モデルによる数式化は，複雑すぎる自然界から重要な要素だけを抽出して理解する方法であり，進化過程を定量的に理解するために欠かせない．多くの教科書がそうであるように，わからないところは飛ばして構わないので，ぜひ通読してみてほしい．

1.2 自然選択の数理モデル化とシミュレーション

1.2.1 集団サイズを固定しない簡単な連続モデル
(1) 数理モデル化

今までに何度も説明しているように，自然選択とは集団内に他よりも多く子孫を残す個体が含まれていた場合，そのような個体の子孫が，まさにたくさん子孫を残すことによって，子孫が集団内で占める割合が上昇していく現象のことである．この子孫を残す程度が適応度であった．さて，ここで考えたいのは，ある適応度を持った個体はいったいどのくらいのスピードで割合を増やしていくのか，ということである．集団中で 100% になるのにどのくらいの世代数が必要なのだろうか？　そしてその世代数は適応度の大きさによってどのくらい影響をうけるのだろうか？　こうした質問に答えることができれば，適応度とその集団内での割合から任意の世代後の集団組成（すなわち進化の程度）を予測することができる．

まず簡単なケースとして，一倍体の生物を取り扱う．細菌や一倍体世代の酵

母，あるいは第 6 章で紹介する自己複製分子やデジタルオーガニズム，もしくは進化工学で用いる酵素などが相当する．

この場合の自然選択過程は，簡単な数式で記述することができる．たとえば，試験管内で大腸菌を培養する場合を考える．はじめに培養液の中に 100 個体の大腸菌を入れる．このうち 99 個体は大腸菌 A 株であり，60 分ごとに分裂する．また 1 個体は増殖の速い変異体の B 株であり，30 分ごとに分裂するとする．培養時間に伴って A 株と B 株の個体数はどう変わっていくだろうか？

こうした質問に答えるには，現象を数理モデル化する必要がある．数理モデル化とは，注目しているものが従うルールを数式で表現することである．今回の場合であれば，A 株，B 株の個体数がどんな要素によって影響を受けて時間変化するかを数式で表現することである．このような時間変化するものの数理モデル化は，時間微分方程式を使うと便利なことが多い．そこでここではまず，時間微分方程式を使って A 株，B 株の個体数の時間変化を数式で表現してみる[1]．微分方程式をよく知らない場合は，次のコラムを参照してほしい．

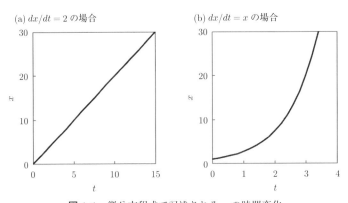

図 1.1 微分方程式で記述される x の時間変化

[1) 微分方程式を使わない方法．たとえば差分方程式や，そもそも方程式を使わずに普通の言葉（自然言語）でモデルを記述する方法もある．こちらについては後の節で説明する．

コラム：時間微分方程式とは

ここでは微分方程式についてよく知らない読者のために，時間微分方程式の簡単な説明をする．時間微分方程式とは，微小の時間変化 (dt) を含む方程式のことであり，多くの場合，

$$dx/dt = （何かしらの数式，x や t を含む場合も，含まない場合もある）$$

という形で書かれる．

まず，左辺の dx/dt について説明する．x とは，今，着目している何か時間変化するものである．本書の場合は個体数になる．t とは，時間を表す変数である．d とは変数ではなく，微小量変化を表す数学記号である．d が付くと右隣の変数の微小変化量を表すようになる．つまり，dx とは個体数の微小変化量，dt とは，時間 t の微小変化量を表すことになる．たとえば，dt を 1 秒だと考えると，dx は 1 秒で増える個体数になる．つまり，dx/dt は，ある微小時間当たりの個体数の変化量（＝増殖速度）となる．このとき，時間 t の単位はなんでもいい．秒だと思えば，dx/dt は 1 秒当たりの増加量，分だと思えば，dx/dt は 1 分当たりの増加量となる．この dx/dt は，x の時間微分と呼ばれる．

要するに，左辺の dx/dt は，時間当たりの x の変わりっぷりを意味する．この変わりっぷりがどういう規則で決まっているのかを記述するのが右辺である．たとえば，右辺が定数の 2 だった場合（つまり，$dx/dt = 2$），x は単位時間当たり 2 個体ずつ，直線的に増えることになる．x の時間変化をグラフで示すと図 1.1(a) のようになる．dx/dt は，このときの直線の傾きに一致する．

もう 1 つの例として，時間変化が個体数によって変わる場合も考えてみる．つまり $dx/dt = x$ のような場合である．このときの個体数変化は，x の値によって変わる．$x = 1$ のときには $dx/dt = 1$ なので，単位時間に 1 個体増えるが，x が増えた結果 $x = 2$ となれば，$dx/dt = 2$ となるので，単位時間当たり 2 個体増えることになる．そうして，どんどん増えるスピードが上がっていくだろう．これをグラフで表すと図 1.1(b) となる．このグラフでは傾きは時間に伴ってどんどん大きくなっていく．このときある時間におけるグラフの傾き（つまり dx/dt）は，その時点での x の値に一致している．

このように，微分方程式を使うと x の時間変化を簡潔に，かつ言語によらずに記述することができるというメリットがある．たとえば，$dx/dt = x$ と

同じ内容を日本語で記述しようとすると，「x の単位時間当たりの変化量は x である」という，少し長く，日本語がわからないと理解できない記述になってしまう．これに対し $dx/dt = x$ という数式であれば，端的に記述できるし，どんな国の人であっても（数学の知識さえあれば）誤解なく理解してもらうことができる．その意味で数式とは，ある種の言語であり，覚えると表現の幅が広がる．そしてもう1つ，数式で表現するメリットとして，数式にすることでこれまでに蓄積された膨大な数学の技を使うことができるようになる．数学の手法を使えば，簡単な微分方程式であれば，微分方程式を"解く"ことによって $x =$ 何らかの式に変換することができる．上記の例であれば，$dx/dt = 2$ は，$x = x_0 + 2t$，$dx/dt = x$ であれば $x = x_0 e^t$（ここで x_0 は時間 0 での x の値とする）に変換することができる．微分方程式だけでは，時間変化量しかわからず，x の値は直接求まらなかったが，この形にできれば，任意の時間での x の値を計算することができるようになる．このように $x = [x$ によらない式$]$ にすることを"解析的に解く"と呼ぶ．残念ながら，解析的に解ける微分方程式は多くない．解析的に解けない場合には，これから本章で行うように，最初の時間の x の値から微分方程式を使って時間変化量を計算し，次の時間の x の値を求めて，そこからさらに微分方程式を使って次の変化量を求めるといったように，地道に計算していくしかない．こちらの方法を"数値的に解く"と呼ぶ．微分方程式が記述できれば，いずれの方法でも任意の時間での x の値を求めることができるようになる．

A 株，B 株それぞれの個体数を N_A, N_B とすると，その時間変化の大きさ（つまり増殖速度）は個体数の時間微分 dN_A/dt, dN_B/dt と表現することができる．この増殖速度が何によって決まっているかを考えてみる．単純に考えると，細菌が分裂して増える場合，個体数の時間変化は，個体数に比例するはずである．なぜなら，それぞれの細胞は独立に分裂するため，個体数が増えれば増えるほど，時間当たりの個体数の増加量もそれに比例して大きくなるはずだからである．たとえば1個体では30分で2個体にしか増えず増加量は1個体であるが，10個体であれば，30分で20個体まで増え，増加量は10個体となる．そこで，個体数の時間変化（N_A, N_B の時間微分）は，そのときの個体数に比例するとしよう．このときの比例定数は，あとでいろいろな数字を入れられるように，ひとまず k_A, k_B とする．

ここで導入した k_A, k_B は，定数と呼ばれ，先にでてきた N_A, N_B, t など

の変数とは性質の違うものだということは注意されたい．N_A, N_B, t などの変数は，ある現象を考えるときに，いろいろな数字に変化する．たとえば，ある生物の増殖を考えるときには，時間 t が変わるとともに個体数 N_A, N_B もいろいろ変わるはずである．一方で定数は，ある現象を考えるには基本的に1つの決まった値をとる．たとえば，今回の場合であれば，A 株，B 株が決まれば k_A, k_B はそれぞれある1つの値に決まり，時間 t が変わっても変化しない．k_A, k_B を使うと，個体数の時間変化は以下のように記述できる．

$$\frac{dN_A}{dt} = k_A N_A \tag{1.1}$$

$$\frac{dN_B}{dt} = k_B N_B \tag{1.2}$$

これが最も単純な集団内の個体数変化の数理モデルである．この式は解析的に解く（つまり解を $N_A =$（何かしらの N_A に依存しない式）という形で書く）ことができ，N_A, N_B はそれぞれ

$$N_A = N_{A0} e^{k_A t} \tag{1.3}$$

$$N_B = N_{B0} e^{k_B t} \tag{1.4}$$

となる．ここで N_{A0}, N_{B0} はそれぞれ A 株，B 株の時間 0 での個体数（つまり最初の個体数），t は時間である．e はネイピア数やオイラー数と呼ばれる数で，具体的には 2.718 くらいの数である．この e の t 乗（つまり e^t）は，t で微分しても e^t のまま形が変わらないという便利な性質があるため，よく使われる数字であるが，これもただの定数なのであまり気にする必要はない．大事なのは，右辺が $k_A t$ の指数関数になっていることである．指数関数とは，何らかの数字（今回は e）の指数（右肩に乗っている記号）に変数が含まれている数式のことで，図 1.1(b) に示すように，$k_A t$ が増えるにつれて加速しながら増えていく数になる．ともかく，この式を使えば，A, B それぞれの初期個体数と比例定数 k_A, k_B さえわかれば，任意の時間 t での個体数 N_A, N_B を予想できることになる．

また，そもそも計算をしなくても，この式を眺めれば A と B のふるまいがだいたい予想ができる．この式によれば，A も B も指数関数的に増殖する．その増え方は k_A, k_B で決まっている．したがって，この k_A, k_B の値は A 株，B 株の増える速度を表しているはずである．最初の仮定で A 株は 60 分に 1 回，B 株は 30 分に 1 回分裂するとした．この条件から k_A, k_B の値が求

まる．まずA株について計算してみる．30分で1回分裂することから30分 (min) 後に個体数 N_A は最初の個体数 N_{A0} の2倍になるはずである．式 (1.3) の t に 30，N_A に $2N_{A0}$ を代入すると

$$2N_{A0} = N_{A0}e^{k_A 30}$$

となり，両辺を $N_{A0}Z$ で割ったのちに自然対数（e を底とした対数，ln と書く）をとれば，

$k_A = \ln(2)/30$（単位は /min）となる．同じようにして $k_A = \ln(2)/25$（単位は /min）となる．ここで $\ln(2)$ は 0.7 くらいの定数である．

このように数学の知識を使って式の変形ができるのが，数式を使ったモデル化の大きな利点である．式 (1.1)，(1.2) を眺めていても N_A の時間変化はイメージしにくいが，式 (1.3)，(1.4) であれば，初期値（N_{A0}，N_{B0}）や k_A，k_B に対する依存性が（慣れれば）わかりやすい．

コラム：単位について

式 (1.1) から (1.4) において，各パラメータ（N_A，N_B，N_{A0}，N_{B0}，k_A，k_B，t）には，本当はすべて単位が付いているが，式の上では明記されていない．それは，上記の式はパラメータ間の関係性を表現しているだけであり，そのパラメータの絶対値がどんな単位で表されているかには影響を受けないからである．しかし，式を使って，実際のデータ（すべて単位付き）と比べる場合には，適切な単位を選ぶ必要が出てくる．どの教科書でも当たり前のこととしてあまり書かれていないが，単位の選び方にはルールがある．そのルールとは，1) 式の両辺で同じになるように選ばなければいけない，2) 指数の肩では無次元（単位なし）になるようにしなければならない，というものである（そうしないと単位の選び方によって違う結果になってしまう）．これによって，N_A と N_{A0} の単位は同じである必要があり，指数の肩に乗っている $k_A t$，$k_B t$ の単位は無次元になる必要がある．よって，t（時間）の単位を min（分）にしたなら，k_A の単位は /min（1 分当たり）にしなければいけない．ただし，このルールを守っている限りはどの単位を使っても構わない．N_A を個体数（個数なので単位なし）の代わりに濃度（個数/体積）にしても構わないし，分 (min) の代わりに秒 (sec) にしても（(k_A) の単位も同時に変えれば）問題ない．

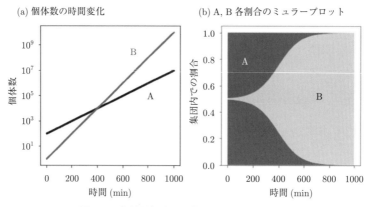

図 1.2 指数増幅する個体 A, B の個体数変化

(2) モデルからの計算結果

さて，当初の想定は，最初の集団の中に株 A は 99 個体，株 B は 1 個体であった．最初を時間 $t=0$ とすれば，時間 t における個体数は

$$N_A = 99e^{\ln(2)t/60} \tag{1.5}$$
$$N_B = 1e^{\ln(2)t/30} \tag{1.6}$$

となる．それでは，A 株，B 株の個体数はどのように変わっていくだろうか？それには個体数をグラフにしてみるのがわかりやすい．指数で増える値を普通の軸でグラフに書くと，すぐに振り切ってしまうので，縦軸だけ対数軸（片対数）で書くことが多い（図 1.2(a)）．対数軸とは，通常のグラフの軸のように 0, 1, 2, 3 と一定の間隔で目盛りをとるのではなく，1, 10, 100, 1000 といったように一定の倍率（ここでは 10 倍）で目盛りをとるやり方である．片対数グラフでは指数関数は直線となり見やすくなる．

片対数グラフでのグラフの形は式 (1.5)，式 (1.6) の右辺の対数をとったもの，すなわち $\ln(99) + \ln(2)/60t$ と $\ln(2)/30t$ となる．つまりどちらも直線となり，初期値と傾きが違う．A の傾き $\ln(2)/60$ よりも B の傾き $\ln(2)/30$ の方が 2 倍大きいため，そのうち B の個体数が A を追い抜くことになる．この図からわかるのは，B の傾きが A より大きい限り，いつかは A を追い抜くということである．初期値は追い抜くまでの時間には影響するが，最終的に追い抜くかどうかには影響しない．少しでも B の方の傾きが大きければ，どんな初期値であったとしてもいつかは追い抜くことになる．

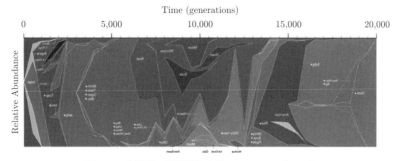

図 1.3 大腸菌の長期進化実験のミュラープロット

(Lenski, 2017 より引用)

　この結果は，自然選択の重要な性質を示している．k_A, k_B は単位時間当たりに個体数が何倍の子孫を作れるかを示しており，要するに適応度に相当する．つまり，細菌の培養の場合は，適応度が少しでも大きい変異体が出現すれば，培養を続けるうちにいずれは集団はその変異体で置き換えられることを示している．このモデルに従えば，適応度の異なる変異体がずっと共存することは決してありえない．少しでも適応度の大きなものがいずれは集団をほぼ完全に占めることになる．このことを見やすくするために縦軸の最大値を100%として，A, B それぞれの集団内での割合を別の色で表してみる（このような図はミュラープロットと呼ばれる）（図 1.2(b)）．最初はわずかだった B の割合は途中で急速に増加し，最終的には B ばかりの集団になることがわかる．

　以上がおそらく最も単純な一倍体生物の増殖の数理モデルである．パラメータは増殖率 k_A, k_B という1種類だけであるが，細菌などの単細胞生物の進化の性質として，少しでも増殖速度が高いものが集団を占めるという性質をよく表現できている．実際に，大腸菌を長期にわたって継代した実験が行われているが，適応度が少し上昇した変異株が次々に現れて，次々に集団を塗り替えていく（selective sweep と呼ばれる）様子が観察されている（図 1.3）．

(3) このモデルに足りないところ

　このモデルはかなり単純化しており，実際とは違う部分も多々ある．たとえば，集団のサイズの上限がないことである．このモデルに従えば大腸菌の個体数は無限に増え続けていくが，もちろん実際にはこんなことはありえない．実世界では栄養や生息場所の制限などにより，どこかで個体数の上限が決まって

いるはずである.ただ,次の項で実際にやってみるように,集団サイズの上限を導入したとしても,個体Aと個体Bのふるまいは結局のところ大きくは変わらず,適応度の高い個体が最終的に集団を占めるようになる.

　もう1つこのモデルで無視されていることとして,細胞個数の離散性がある.当たり前のことだが,個体の数は0, 1, 2, 3, ...と整数値しかとらない.個体数が1.5とか2.3など少数になることはありえない.ところが,式(1.5),(1.6)ではN_A,N_Bは小数もとりうることになっている.そのため図1.2(a)でN_A,N_Bの値は,整数以外を含んだなめらかな直線で表現されている.本来,個体数は整数値しかとらないのであるから,N_A,N_Bの時間変化は整数値のみを結んだガタガタした線になるべきである.

　先の数理モデルで個体数の離散性を無視し,N_A,N_Bが整数以外の値をとってもよいとしたのは,数学で使われている関数を使いたかったからである.数学で使われる多くの関数は連続的であるため,用いる変数(今回であればN_A,N_B,t)を連続的だと仮定しないと適応できない.そこで,集団サイズの上限を無視し,かつ個体数の離散性を無視することで,個体数が式(1.5),(1.6)のように単純な指数関数で表すことができた.ただ,離散性を無視したとしても,個体数が多くなってくるほど離散性を考慮した場合と結果は変わらなくなってくる.たとえば,3と4は連続的だとはみなしにくいが,1003と1004であればほぼ連続的だとみなしても多くの場合はさしつかえないだろう.

　まとめると,上記のモデルは集団サイズの条件がなく,個体数も連続的だと仮定したかなり単純化したモデルであるが,集団サイズの影響が小さい場合や,個体数の離散性が無視できる場合には良い近似として使うことができる.ただ,逆にいえば,集団サイズの影響が大きいか,わからない場合や,個体数が小さく離散性が無視できなさそうな場合には,次に説明するようなもう少し凝ったモデルが必要となる.

1.2.2　集団サイズを一定にした連続モデル

　次に,もう少しモデルを現実的なものにするため,栄養の枯渇による増殖停止をモデルに組み込んでみる.そして,それを組み込んだとしても株Aと株Bの関係性については大きく変わらないことを確認したい.

　まず際限なく増え続けることを防ぐために,式(1.1),(1.2)の微分方程式を修正する.N_AとN_Bは添え字が違うだけなので,N_Aのみについて説明をする.栄養がなくなって増殖が止まる効果を表現する1つの方法として,残り

の栄養の量に応じて増殖速度 k_A が低下する効果をモデルに組み込んでみる．つまり試験管内の総個体数 $(N_A + N_B)$ が最大値に近づくほど k_A の値が小さくなっていって，最大値に達したときに k_A が 0 となるような効果を組み込んでみる．この効果を組み込むには，k_A に $(C - N_A - N_B)/C$ という項を掛けるという方法がよく用いられる．

ここで C は試験管内で達成できる最大の個体数（carrying capacity と呼ばれる）で，ある決まった値の定数である．この $(C - N_A - N_B)/C$ という項は，$N_A + N_B$ が C よりもずっと小さいときには 1 に近くなり掛けてもほとんど影響はないが，$N_A + N_B$ が大きくなるほど小さくなっていき，増殖速度を下げていく．最終的に $N_A + N_B$ が C に達すると，この項は 0 となって増殖速度も 0 となり，合計個体数 $(N_A + N_B)$ は C となって増殖が止まるはずである．この項を導入して得られるのが以下の式である．この項を掛けた方程式はロジスティック方程式と呼ばれ，個体の最大数が決まった条件で生物の増殖を表すときによく使われる[2]．

$$\frac{dN_A}{dt} = k_A N_A \frac{C - N_A - N_B}{C} \tag{1.7}$$

$$\frac{dN_B}{dt} = k_B N_B \frac{C - N_A - N_B}{C} \tag{1.8}$$

次に，この式に従ったときに N_A と N_B がどんな時間変化を示すかを調べてみる．そのための 1 つの方法は，先ほどと同じように解析的に解く，すなわち $N_A = (N_A$ に依存しない式) を得ることであるが，この連立方程式の解析的な一般解は知られていない．実際のところ，今後，本書で紹介するほぼすべての微分方程式はどうせ解析的には解けないので，解けないときの解析方法を身につけておく方が役に立つ．そこで以下では，この微分方程式の解析解を使わずにそのふるまいを調べてみる．

解析解が得られない場合は，普通，数値解を使う．数値解とは，微分方程式に従って，次の時間の N_A と N_B を地道に計算していくことで得られる．そもそも微分方程式とは，ある時間における時間変化を示したものであるから，微分方程式に従ってある時間の時間変化量 (dN_A/dt) を求めれば，微小時間

---

[2] よく用いられるというだけで，これでなければならない理由はないし，この項を導入することに特に生物学的な根拠があるわけでもない．ただ，ロジスティック方程式であれば（よく使われるので）特に根拠を示さなくても批判されにくいという利点がある．

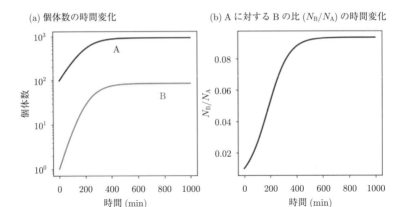

図 1.4 式 (1.7), (1.8) の数値解による個体濃度変化

後の N_A は前の時間の N_A にこの変化量を足したもの（$N_A + dN_A/dt$）として求めることができる．これを繰り返していけば，任意の時間の N_A を予測することができる[3]．もちろん人間ではこんな大変な計算はできないが，計算機を使えば簡単である．

式 (1.7), (1.8) を数値解析的に解いた結果を図 1.4 に示す．このとき使ったコードに限らず，本書で用いたすべてのシミュレーションのコードはウェブサイトに公開しているので補遺を参考してほしい．数値解析を行うためには，少しのプログラミング技術（あるいは数値解析ソフトウェア）が必要である．たいていのプログラミング言語には数値解析用のパッケージが開発されているので，プログラミング言語はなんでもよい．

---

[3] なお，実際に計算するときには，dt をどのくらい短い時間にするかが問題になる．数学的には無限小であるが，実際に計算するときには何らかの値を設定しないといけない．短い時間にすればするほど精度は上がるが計算量が増えてしまう．また，指数関数のように非線形な関数の場合は，ある時間 t の変化量だけから次の時間の N_A, N_B を求めると（このやり方はオイラー法と呼ばれる），解析解とのずれが大きくなってしまう．その理由は，たとえば指数関数の場合，ある時間 t と次の時間の間にも，実際は増殖速度が上がり続けているが，オイラー法ではその増分を無視してしまっているからである．そのため，実際の数値計算のアルゴリズムでは，ある時間 t だけではなく次の時間を含めた複数の時間の点を使うなど，もっと誤差の少ない方法（ルンゲ＝クッタ法など）が開発されており，微分方程式の数値解を求める場合はそうした方法を用いるのが望ましい．たいていのプログラミング言語には，簡単に使える微分方程式の数値解を得るコマンドが用意されている（Python の場合はたとえば odeint）．

数値解を見ると，先の集団サイズに制限がないモデル（図1.2(a)）とは大きく異なることがわかる．最初のころ（約200分まで）は，こちらの場合も片対数軸で直線的（つまり指数的）に増えている．最初のころは個体数が少ないので，今回新しく導入した栄養制限の効果が表れないため（追加した項が1となるため）当然の結果である．結果が異なるのは200分以降の個体数が多くなってきた部分である．図1.2(a)ではずっと直線的に増えてBがAを追い抜くが，図1.4(a)では，A，B株はそれぞれそのときの個体数を保ったまま，一定の値になってしまう．これは環境で維持できる個体数上限に達したためである．この上限に達すると，個体数は増えないのでもう集団の組成は変わらなくなる．図1.4(b)に株BとAの個体数の比を示す．これを見ると，最初にどんどん大きくなっていった（つまりAよりもBの比率が大きくなっていった）が，そのうち変わらなくなっている．つまり後半では自然選択が働かなくなっていることがわかる．

　今回，1段階発展させたモデルからわかる重要な知見は，自然選択が起こるのは個体数が少なく活発に増殖しているときだけということである．個体数が環境収容力に近づくともう自然選択は起こらなくなり，たとえ適応度が高くても集団内での割合を増やすことができなくなってしまう．これは自然選択が起こるためには，適応度に従って個体数が増加していることが必要なためである．

1.2.3　個体の死滅を含む連続モデル

　上記のモデルでは，個体数が環境収容力に近づくともうA株もB株も増えなくなるので，自然選択が働かなくなってしまう．しかし，それもやはり現実的な細胞集団とは状況が異なる．実際の細菌の場合，最大数に達した後もずっと生存するわけではなく，ある頻度で死んで栄養をばらまく場合がある．そうしてその栄養を使って新しい細菌が増える．この場合，たとえ総細菌個体数が変わらなくても集団内の組成は入れ替わっていくだろう．その際に自然選択が起こるはずである．したがって，個体が死ぬという効果を導入すれば，個体数が環境収容力に達しても自然選択は止まらなくなるはずである．

　そこで次に株A，株Bが死滅する仮定をモデルに導入してみる．やり方は簡単で，上記式(1.7)，(1.8)に対して死ぬ項を入れるだけである．簡単に考えて，死ぬ速度は個体数に比例するとしよう．そうすれば比例定数をDとして，式(1.7)，(1.8)に $-D_A N_A$ あるいは $-D_B N_B$ を加えるだけである．

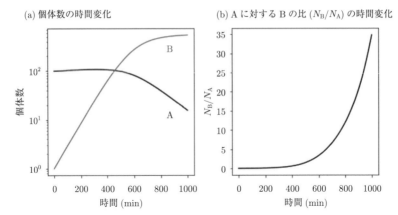

図 1.5 死滅する項を含むモデルの個体濃度変化

$$\frac{dN_A}{dt} = k_A N_A \frac{C - N_A - N_B}{C} - D_A N_A \tag{1.9}$$

$$\frac{dN_B}{dt} = k_B N_B \frac{C - N_A - N_B}{C} - D_B N_B \tag{1.10}$$

この式を使った N_A と N_B の数値解を求めたのが図 1.5(a) である．先ほどの死滅のないモデル（図 1.4(a)）とは異なり，B の増殖はずっと続き最後には A を追い抜いた．代わりに A は最初だけごくわずかに上昇した後は次第に個体数を減らしていった．B と A の個体数比も，死滅のないモデル（図 1.4(b)）とは異なり上昇し続けている．予想したように死滅の効果があれば，総個体数が上限に達したとしても株 B の自然選択が続くことがわかる．

1.2.4　離散的なモデル

(1) 数理モデル化：適応度が整数の場合

　上で見てきたモデルはすべて微分方程式で表現されていた．つまり個体数は連続的な値をとるという近似がなされていた．したがって，図 1.2, 1.4, 1.5 では，個体数はなめらかな線で書かれており，本来ありえないはずの小数の個体数が存在している．次のモデルとして，個体数を整数しか許さないようなモデル，つまり離散的なモデルを考えてみたい．

　離散的に増殖を扱う 1 つの方法は，時間をある一定間隔のステップに区切り，その間の個体数変化を微分方程式ではなく，差分方程式（漸化式）で表現することである．たとえば，単位時間に k_A 回分裂する株 A と k_B 回分裂す

る株Bを考える．ここで，まずは k_A, k_B はどちらも整数，たとえば $k_A = 1$, $k_B = 2$ としてみる（整数以外の適応度への拡張はあとで行う）．そうすると，ある時間 t における個体数 $N_{A,t}$, $N_{B,t}$ から，次の時間 $t+1$ での個体数 $N_{A,t+1}$, $N_{B,t+1}$ への時間変化は，以下の漸化式で表される．

$$N_{A,t}+1 - N_{A,t} = k_A N_{A,t} \tag{1.11}$$

$$N_{B,t}+1 - N_{B,t} = k_B N_{B,t} \tag{1.12}$$

これは式変形をすると以下のように等比数列になる．

$$\frac{N_{A,t+1}}{N_{A,t}} = 1 + k_A \tag{1.13}$$

$$\frac{N_{B,t+1}}{N_{B,t}} = 1 + k_B \tag{1.14}$$

これは等比数列の公式どおりに解けて

$$N_{A,t} = N_{A,0}(1+k_A)^t \tag{1.15}$$

$$N_{B,t} = N_{B,0}(1+k_B)^t \tag{1.16}$$

となる．$N_{A,0}$, $N_{B,0}$ は，時間 $t = 0$ のときの A，B の個体数を示す．

(2) 計算結果

初期値と適応度がわかっていれば，この式を使って時間 t の個体数を求めることができる．実際に $N_{A,0} = 99$, $N_{B,0} = 1$, $k_A = 1$, $k_B = 2$ の条件で計算した結果を図 1.6(a) に，その拡大図を図 1.6(b) に示す．拡大図（図 1.6(b)）を見ると連続的な線ではなく，離散的な点の集まりであることがわかる．ただ，片対数グラフで直線的に上昇している（つまり指数増幅している）ことや，最終的には増殖速度の大きい B が A を追い越して集団を占めるようになる点など，全体的なふるまいは連続的なモデル（図 1.2）と変わらない．

(3) モデルの発展：確率性の導入

以上のモデルでは，時間が経つにつれて，個体数が無限に大きくなってしまう．そこで次に，連続モデルでロジスティック方程式と死滅の項を導入したように，離散的なモデルでも集団サイズに制限を導入する．しかしながら，離散モデルの場合，個体数は整数値しかとれないため，ロジスティック方程式や死滅の項のような連続的な値をとるものを式に導入することは難しい．そこで，

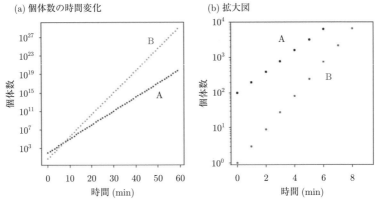

図 1.6 離散的な個体数変化のモデル

各世代で,「集団中の個体数が一定の値を超えたら,次の時間に残す個体をその値だけランダムに選ぶ」という手続きを導入することにする.これにより,各世代での集団サイズに上限を設けることができる.この過程を導入するには,各世代で以下の手続き(アルゴリズム)を実行する必要がある.このような,ただ式に従って計算するだけではなく,式で表現しにくい手続きを含む計算過程は計算機シミュレーションと呼ばれることが多い.

ステップ1: 個体 A が N_A 個,個体 B が N_B 個,合計 $N_{\max}$ 個の集団を考える.集団中のすべての個体について,式 (1.11),(1.12) に基づいて増殖させる.ここで株 A, B はその適応度 w_A, w_B(ただし整数とする) で決められた子孫の数を次の時間に残す.

ステップ2: 集団のサイズの上限を定めるために,集団中の個体数が $N_{\max}$ を超えたら,次の時間に残す個体をその値だけランダムに選ぶ.

この手続き1回分がシミュレーションの1単位時間(1世代,式 (1.11),(1.12) における t から $t+1$ までの時間)となる.これを1秒にするのか,1分にするのか,0.1秒にするのかは好きなように決められる.ただし,その時間に応じて適応度の値を調整する必要がある.適応度の値は1単位時間に増えることが期待される子孫の数である.

試しに,最大個体数 $N_{\max}$ を 100 として,95 個体の A(適応度2)と 5 個体の B(適応度3)からこのシミュレーションを行ったのが図 1.7 である.先ほどと同じように個体数は離散的な値となっているが,集団サイズに上限を加

えたことで，個体数は巨大になることなく一定の範囲にとどまっている．そして死滅を含む連続的なモデル（たとえば図 1.5(a)）と同じような個体数変化を示している．ただ，今までのモデルとの大きな違いとして，確率性がある．今までのモデルでは，同じ初期値からスタートすれば必ず同じ計算結果となったが，今回のモデルでは，集団サイズまで間引く過程に確率性があるため，計算するたびに少しずつ違う結果になる．

(4) 適応度が整数でない場合の確率性のあるモデル

この離散的なモデルには，まだ不便な点が残っている．(1) モデルでは，個体数は整数値であることを前提にしていた．したがって適応度も整数であることを前提としていた．そうでないと次世代の個体数が小数になってしまうためである．しかし，適応度とは単位時間当たりの子孫の数であり，普通，きれいな整数にはならないため，このままでは使い道が限られたモデルとなってしまう．そこで次に，整数以外の適応度でも扱えるようなモデルに拡張を行う．

この目的を達成するための 1 つの方法は，適応度の値を子孫の数ではなく，子孫を残す確率だと解釈することである．今扱っている適応度とは，単位時間当たりに残す子孫の数である．言い換えると，単位時間当たりの子孫を作ることに成功した回数の期待値である．この期待値が 1 より小さい場合，この期待値は単位時間当たりに子孫を作ることに成功した確率だと解釈しても大きなずれはない．そして単位時間（これはこちらが自由に決められる）を十分に短くすれば，いつでも適応度を 1 よりも小さくすることができる．したがって，単位時間を十分短くすれば，w_A, w_B を子孫を残すことに成功した確率だとみなしてシミュレーションをすることができる．

この考え方を用いて，個体数のシミュレーションをしてみる．初期設定として，4.3 節の微分方程式を使ったものと同じもの（ただし，集団中に 99 個体存在する A 株は 30 分に 1 回，1 個体存在する B 株は 25 分に 1 回分裂するように変更する）を用いる．単位時間を 1 分とすると，個体 A，B の適応度 (w_A, w_B) はそれぞれ $\ln(2)/25$ と $\ln(2)/30$ があり，これを 1 分当たりの子孫を残す確率として用いる．以上の条件に基づき，先ほどのアルゴリズムを以下のように修正する（修正点に下線を引いた）．

ステップ 1： 集団中のすべての個体について 1 回ずつ適応度に基づいた<u>確率</u>で増殖させる．株 A は自身以外に，<u>w_A に比例する確率で次の時間に子孫</u>

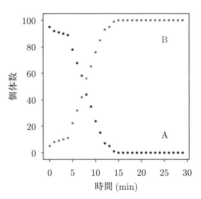

図 1.7 集団サイズを一定にしたときの個体数変化のモデル

を残す．株 B は自身以外に，w_B に比例する確率で次の時間に子孫を残す．

ステップ 2： 集団のサイズの上限を定めるために，集団中の個体数が一定の値（たとえばここでは 100 とする）を超えたら，次の時間に残す個体をその値だけランダムに選ぶ．

以上のアルゴリズムでシミュレーションを行った結果の一例を図 1.8(a) に示す．このシミュレーションでも，大雑把な傾向は，先ほどの適応度が整数値のモデル（図 1.7）や，以前の連続的なモデル（図 1.5）と変わらない．適応度の高い株 B の個体数は最終的には A の個体数を追い抜き，集団を占めるようになる．

ところが，これとはまったく異なる結果が現れる場合がある．たとえば図 1.8(b) のような結果である．このとき個体 B は，適応度が高いにもかかわらず絶滅してしまう．こういったケースは 10 回シミュレーションすると 3 回ほどの頻度で現れる．以前の連続モデルでは決して起きなかったことである．このような結果は，細胞の増殖も確率的になったことにより，どんなに適応度が高くても 100％ 増殖に成功するわけではなく，運が悪ければ増殖できなくなることによる．そして今，集団サイズの上限が決まっていて，運が悪ければ集団から取り除かれてしまう．運悪く，増殖に失敗したり，集団から取り除かれたりすれば，たとえ適応度が高くても集団から 1 匹も個体 B がいなくなってしまうことがありうる．いったん個体 B がいなくなれば，もう株 B が復活する方法は（少なくともこのモデル中には）なく絶滅することになる．このような偶然に個体の組成や，遺伝子組成が変化する現象は遺伝的浮動と呼ばれる．

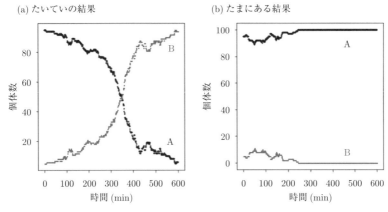

図 1.8 確率的な複製を行うモデルでの個体数変動

次の章で詳しく説明するように，遺伝的浮動とは偶然により個体や変異の頻度を変化させる現象であり，中立進化の原動力となる．

このような遺伝的浮動の効果は，中立進化だけではなく，適応進化においても重要な影響を持っている．遺伝的浮動は，個体数が少ないときに特に大きな影響がある．たとえば株 B が 100 個体あれば，どんなに運が悪くても全個体が子孫を残せないことはないだろうが，1 個体しかいなければ，その個体の運が悪ければ次世代には絶滅してしまう可能性が大いにある．通常，高い適応度を持った新しい変異体は，極めて稀であるため，最初に出現するのは集団内で 1 個体だけだと予想される．したがって，生まれたばかりの変異体は，たとえその個体がどんなに適応度が高かったとしても，子孫を残せず絶滅してしまいやすいことを示している．つまり，自然界を含む確率性のある条件では，適応度が高ければ必ずしも集団を占められるわけではなく，特に出現したばかりの時期には確率的に失われやすい．

この点を確かめるために，上記のモデルを使って，ある有益変異がどのくらいの確率で固定されるのかをシミュレーションしてみる．そして，その固定確率が集団サイズや適応度にどんな影響を受けるのかを調べてみる．このモデルを使って，集団サイズと適応度を様々に変えたときに，1 個体の有益変異の固定確率を調べたのが図 1.9 である．ここでは適応度 1 の集団に 1 個体だけ適応度が $1+s$ の有益変異体が現れたとした（s は正の数）．$s=1$ の条件で集団サイズ N を変えてみると，有益変異の固定確率は集団サイズが変わってもほとんど変わらないことがわかる（図 1.9(a)）．これは十分な時間（今回の場合は

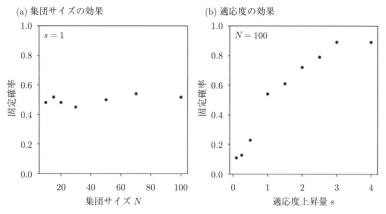

図 1.9 集団中に固定される確率に対する集団サイズと適応度の影響

600 世代）が経てば，有益変異は遅かれ早かれ集団に固定されるまで割合を増やすからである．しかし，固定確率は 1 ではなく，せいぜい 0.5 程度である．これは，特に初期の有益変異体の個体数が少ないときに確率的に失われてしまった結果である．この結果はまた，初期に失われる確率が集団サイズには依存しないことも示している．一方で，集団サイズを一定（$N = 100$）にして適応度の上昇量（s）を上げると固定確率は次第に 1 近くまで増加した（図 1.9(b)）．これは，適応度が高いほどすぐに個体数が増加するため，偶然，初期のすべての変異体が集団から確率的に失われることが起きにくいからである．

まとめると，自然選択による適応進化が起こる場合は，ある有益変異の固定確率は集団サイズにはほとんどよらず，その適応度上昇量には大きく依存することとなる．

1.2.5 Wright-Fisher モデル

上記のモデルとは少し違うが，離散的な個体数でかつ確率的な複製を扱う伝統的なやり方として Wright-Fisher モデルがある．このモデルは数学的な取り扱いがしやすいことから集団遺伝学でよく用いられている．Wright-Fisher モデルと前節のモデルでは，子孫を作るときの処理の仕方（ステップ 1 のやり方）が違う．先の項のモデルのステップ 1 では，毎世代，すべての個体を 1 回ずつ選んで，適応度に基づく確率で子孫を残すかどうかを決めた．つまり，すべての個体が確実に 1 回ずつ子孫を残すチャンスがあった．一方で，Wright-Fisher モデルでは，現世代の集団から無作為に個体を選ぶことによ

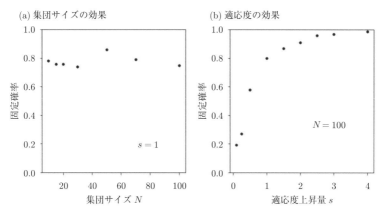

図 1.10 Wright-Fisher モデルによる集団中に固定される確率に対する集団サイズと適応度の影響

って次世代の集団を決める．たとえば，個体数 N の現世代集団を考えた場合，その集団の中から重複を許して無作為に選んだ個体を次世代の集団とする．もし，個体間で適応度に違いがある場合には，適応度の分だけ選ばれやすさに重み付けをしてから無作為に選ぶ．こうした次世代の選び方をした場合は，先の項のモデルに比べて，子孫の数にばらつきが大きくなる．たとえば，先のモデルでは各個体が一度ずつしか子孫を残すチャンスはないが，Wright-Fisher モデルでは運が良い個体は何度も選ばれてそのたびに子孫を残すことができる．

次世代の選び方に上記のような違いがあるものの，基本的なふるまいは前節のモデルでも Wright-Fisher モデルでも大きくは変わらない．図 1.9 と同じシミュレーションを Wright-Fisher モデルを使って行ったものが図 1.10 であるが，傾向はいずれも変わらない．やはり有益変異が最終的に集団に固定される確率は，集団サイズにはほぼ依存せず，適応度上昇量 s に依存することになる．

ただ，Wright-Fisher モデルを使った場合には，数学的な取り扱いがしやすいという大きな利点がある．これにより，ある適応度を持つ 1 個体の変異体が最終的に固定される確率 u について近似解を求めることができる．

二倍体集団の場合はこの確率はよく知られていて，s を適応度の変化量，N を集団サイズとして，

$$u = \frac{1 - e^{-2s}}{1 - e^{-4Ns}}$$

で表されることがわかっている (Kimura 1962)．ただし，このとき，二倍体

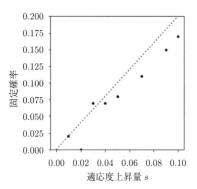

図 1.11 Wright-Fisher モデルによる集団中に固定される確率に対する適応度の影響（s が小さい場合）

で変異の効果は半優生（1つの染色体にだけ変異があれば適応度は $+s$，2つの染色体ともに変異があれば $+2s$ となる状態）を仮定している．

一方で一倍体集団の場合にはあまり報告例はないものの，適応度 1 の集団に適応度 $1+s$（s は 1 より十分小さいとする）の変異体が最終的に固定される確率 u は，

$$u = \frac{1 - e_{-2s}}{1 - e^{-2Ns}}$$

となる（導出は補遺 S1 を参照）．ただし，N は十分大きいことを仮定している．

この式から予想される結果と，先ほどのシミュレーション結果と比較してみたい．この式の導出過程で N は十分に大きいことを仮定しているため，この式の分母はほぼ 1 に近くなる．そうすると

$$u = 1 - e{-2s}$$

となり，N には依存しなくなる．この結果は，シミュレーション（図 1.9(a)，1.10(a)）とよく一致する．一方で s の依存性であるが，分母を 1 と近似し，s を 1 より小さいとして，分子の指数関数をテイラー展開して 1 次の項までを使うと，$u = 2s$ と近似できる．これは s が 1 より十分小さいときにだけ使える式であるため，s がもっと大きい図 1.9(b)，1.10(b) の s と直接は比べられない．そこで，s がもっと小さいときを Wright-Fisher モデルを使ってシミュレーションしてみたのが図 1.11 である．この場合，確かに適応度上昇量 s と固定確率は，点線で示す $u = 2s$ の直線に近い値となっている．

1.3 どのモデルを使うべきか

以上では，微分方程式を使った個体数も時間も連続的なモデルから，差分方程式と確率過程を使った個体数も時間も離散的なモデルまでを紹介した．また，各個体が1回ずつ子孫を残すチャンスのあるモデルと，Wright-Fisherモデルのように現世代からの無作為サンプリングにより次世代を作るモデルを紹介した．では，いったいどのモデルを使うべきなのだろうか？

いずれのモデルも有利な点と不利な点があり，どれを使えばいいかは理解したい現象によって決まる．個体数が多く，個体数は連続的だとみなしても問題がなさそうな現象の場合には，連続モデルの方が使いやすいだろう．なにしろ解析的に解ける連続モデルであれば，計算機シミュレーションをしなくても個体数のふるまいを理解することができる．一方で，個体数が少なかったり，増殖に失敗することがあるなど確率性が現象に影響を与えそうな場合は，離散的なモデルを使うべきだろう．また，確率過程の理解にはシミュレーションが欠かせないが，シミュレーションを行うと必ず計算機の限界で扱える集団サイズに上限が出てくる．したがって，どのモデルにも良し悪しがあり，一概にどれがいいということはできない．また，どの要素を無視してよいのかは最後になってみないとわからないことも多い．結局，よくいわれるように，すべてのモデルは必ずどこかは間違っている．理解したい現象に対して論理的に最も現象を表現できていそうなものをまず選び，その結果を現象と比較し，現象が十分に説明できていればよしとする．何か足りないところがあるならば，何が足りないかを考えて満足のいくモデルができるまで改良していくことが必要となる．この点については，第7章でもう一度取り上げる．

1.4 適応進化の速度

1.4.1 適応進化の速度とは

自然界，あるいは研究室内で行われる適応進化において，進化速度が知りたくなるケースがしばしばある．たとえば，ある生物やウイルスがどのくらいの速度で適応進化を起こしうるのか，ある酵素を人為進化させたいときに，どのパラメータが進化速度に影響を与えるのかを理解したいといったケースである．そこで，本節では，上で見てきたような適応進化の速度に影響を与えるパ

ラメータについてもう少し説明を加えたい.

適応進化の速度として，時間スケールの短い場合と長い場合の2つの進化について分けて考えたい．短い時間スケールの適応進化とは，すでに集団内に存在する有益変異（適応度を上げるような変異, beneficial mutation）が集団に固定（集団の100%を占めること）される速度である．野外や実験室で観察されるような進化はこちらに該当するだろう．また，長い時間スケールの速度とは，有益変異の出現と固定が何度も繰り返され，集団内に複数の有益変異が蓄積していく速度である．過去の生物進化がこちらに該当する．

1.4.2　短い時間スケールの適応進化速度

まず，短い時間スケールの進化速度である「集団内に存在するある適応変異が固定されるまでの時間」について考える．直観的には，ある適応変異が固定されるまでの時間は，まずその適応度に依存するはずである．さらに，集団サイズが大きいほど固定までに時間がかかるだろうから集団サイズにも依存しそうである．

簡単のために一番シンプルな式 (1.3), (1.4) を使って計算してみる.

$$N_A = N_{A0}e^{k_A t} \tag{1.3}$$

$$N_B = N_{B0}e^{k_B t} \tag{1.4}$$

ここで，集団サイズを N とし，すべて個体 A で，その中の 1 個体だけ変異が入った個体 B だとする．つまり $N_{B0} = 1, N_A = N - 1$ である．そして $k_A = 1, k_B = 1 + s$ とする．ここで s は正の値であり，有益変異による適応度の上昇分を表す．次に N_B/N_A 比を考える．式 (1.3), (1.4) と上の初期条件から，$N_B/N_A = \frac{1}{N}e^{st}$ となる．集団に B が固定される条件とは $N_B = N, N_A = 0$ になる場合であるが，今のモデルでは，無限に時間がかかってしまうので，代わりに $N_B = N_A$ となるまでの時間を求める．この時間では個体 B が集団の 50% を占めるようになる時間である．まだ固定するまでには至っていないが，ほぼ固定するまでの時間に近いとみなせるだろう．そこで $N_B/N_A = 1$ とおくと上記の式は，$1 = \frac{1}{N}e^{st}$ となる．これを式変形して，両辺の自然対数をとると，$t = \ln(N)/s$ を得る（ln は e を底とする自然対数）．ちなみに Wright-Fisher モデルを使って，固定されるまでの時間をより正確に求めてやると，$2\ln(N)/s$ となり，2 倍程度しか違わない（導出は補遺参照）．

この式は，ほぼ固定されるまでの時間 t は，適応度の上昇分に反比例し，集

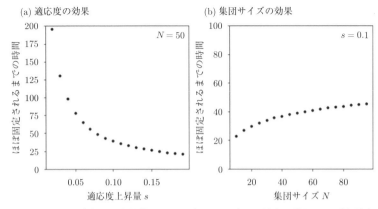

図 1.12 ある適応的な変異体がほぼ固定される時間に対する集団サイズと適応度の影響

団サイズの対数に比例することを示している．つまり，固定されるまでの時間は，適応度に比例して短くなることを示す．一方で，集団サイズに対してはその対数でしか効かない．つまり集団サイズが増えても固定までの時間は緩やかにしか増えないことを意味する．たとえば，固定までの時間を2倍にするには，適応度であれば1/2倍にすればよい．これに対し，集団サイズであれば2乗まで増やさないといけない．適応変異の固定速度には，集団サイズはあまり強く影響しないことを意味している．

この違いを確認するために，集団サイズ N を10から100，適応度上昇分を0.02から0.2までどちらも10倍分変えてみたのが図1.12である．適応度上昇量 s を変えたときに，縦軸のほぼ固定されるまでの時間は大きく変化したが（図1.12(a)），集団サイズを変えたときには少ししか変化していないことがわかる（図1.12(b)）．

以上をまとめると，短い時間スケールでの適応進化は，集団サイズには大して依存せず，変異の適応度の上昇量 s（有益性）に強く依存することになる．

1.4.3　長い時間スケールの適応進化速度

次に長い時間を経た場合の適応変異の蓄積速度を考える．この場合，十分長い時間を考えるので，各有益変異の固定までの時間は無視できる．したがって，集団に出現した有益変異はすべて固定されると考えてみる．

この条件で，まず，有益変異の出現頻度が低い場合，つまり，ある時点で見ると集団内にせいぜい1つの有益変異しか存在しないケースを考える．第3

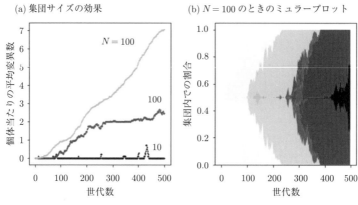

図 1.13 長い時間スケールでの有益変異の蓄積速度 ($p = 0.001$)

章で説明するが，通常，有益変異の出現頻度は極めて小さいため，これはよくあるケースだと思われる．この場合は出現した有益変異は，出現したそばから頻度を増やし固定されることになり，有益変異の蓄積速度はその出現速度に一致する．世代当たりの有益変異の出現頻度を p，集団サイズを N とすると，その出現速度は Np となる[4]．つまり，集団サイズが大きいほど，（有益変異の存在する確率が高まるので）有益変異の蓄積速度は大きくなる．実際にシミュレーションをしてみると，N が大きくなるに従って，有益変異の蓄積速度が上がっていることが確かめられる（図 1.13(a)）．またこのときのミュラープロットをみると，新しい変異が順番に出現して集団内での割合を増やしている様子がわかる（図 1.13(b)）．

では，有益変異の頻度がもう少し高く，集団内に複数の有益変異が存在する場合はどうだろうか．もし，遺伝子の組み換え[5]がないとすると，有益変異どうしで競合し（この競合は clonal interference と呼ばれる），最終的に固定されるのは最も適応度の高い変異のみとなるだろう．この場合は，どうせ有益変異はたくさん存在しているのだから，N が大きくてもあまり有益変異の蓄積

---

4) ここでは簡単のため出現した有益変異は必ず固定されると仮定している．実際は，1.2.4 項 (4) で見たように遺伝的浮動により集団から失われる確率も存在し，その確率は有益性の程度に依存する．

5) 個体間の変異を交換するしくみ．遺伝子組み換えがある場合とは，たとえば有益変異 a を持つ個体と有益変異 b を持つ個体が子孫を残す際に交雑して，a, b の両方を持つ子孫を生み出すことができる場合のことを指す．生物であれば，二倍体の生物で子孫を残す際に他個体との生殖が必要なものは，遺伝子組み換えを起こすことができる．

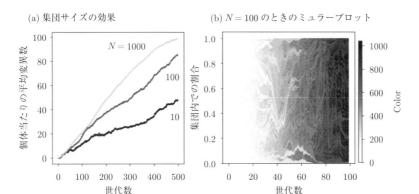

図 1.14 長い時間スケールでの有益変異の蓄積速度 ($p = 0.01$)

速度に効果はないように思われる．実際に $p = 0.01$（先ほどの 10 倍）でシミュレーションをしてみると，$N = 10$ から 1000 まで大きくなったときの蓄積速度の違いは，上で見たときよりも小さくなる（図 1.14(a)）．またミュラープロットをみてみると，同じ時間に多数の変異が同時に存在して入り乱れている様子がわかる（図 1.14(b)）．

以上の結果は，個体間での組み換えが起こらない場合の話である．組み換えが起こる場合は，有益変異間の競争がなくなり，すべての有益変異が組み合わされて集団に固定される（ただし有益変異の効果は加法性[6]があるとする）．この場合もシミュレーションをしてみると，有益変異の蓄積速度は，その出現率によらず常に集団サイズに依存することがわかる（図 1.15）．なお，組み換えがあると親子関係が絡み合うことになるのでミュラープロットは描けない．

以上をまとめた各条件での大雑把な傾向を図 1.16 に示す．組み換えが起こらない場合の適応進化の速度は，有益変異の出現率が小さい場合には集団サイズ N に大きく依存する．すなわち大きな集団の方が適応進化が速いことが予想される．もちろんこのとき，有益変異の出現率 p と 1.2.5 項で説明した有益変異の最終的な固定確率 u にも依存する．u は N が大きく s が小さい場合には $2s$ で近似できることから，これはつまり適応進化速度は $2Nps$ に比例することを意味する．また，出現率が大きくなり集団内の有益変異が余るようになってくると，集団サイズや有益変異率への依存性はなくなっていくだろう．こ

---

[6] 加法性がある場合とは，単独で適応度を a 増やす有益変異 A と単独で適応度を b 増やす有益変異 B が同時に入った場合に，適応度が $a + b$ 増える場合である．つまり，適応度上昇の効果は独立に働く場合である．

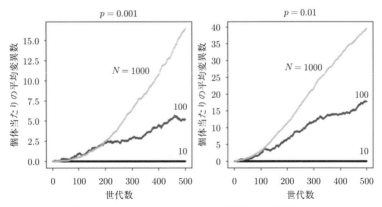

図 1.15 組み換えがあるときの有益変異の蓄積速度

	遺伝子組み換え がない場合	遺伝子組み換え がある場合
有益変異の出現 率が低い場合	Npu ($2Nps$)	Npu ($2Nps$)
有益変異の出現 率が高い場合	u ($2s$)	Npu ($2Nps$)

図 1.16 長いスケールの適応進化速度に影響するパラメータの（大雑把な）まとめ
N は集団サイズ，p は有益変異の出現率，s は有益変異の適応度の平均上昇量を示す．u は 1.2.5 項で説明した変異の最終的な固定確率を示す．u は N が大きく s が小さいときには $2s$ と近似できるため，その場合の値を括弧内に示した．

の場合は，適応進化速度は u のみ，あるいは近似をすると $2s$ のみに比例することになるだろう．一方で，組み換えが起こる場合には，常に集団サイズ N および，有益変異率 p，最終的な固定確率 u に依存することになり，常に集団サイズが大きい方が適応進化は速くなる．こうした集団サイズの依存性は，次の章で説明する中立進化には見られない適応進化の特徴である．

コラム：適応進化はいつまで続くのか

本文中では適応進化の進化速度について説明した．では，適応進化の持続性はどうなっているのだろうか．適応進化はいつまで続いて，どうやって止まるのだろうか．

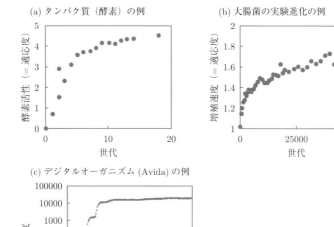

図 1.17 適応進化が続いたときの集団の適応度の変化
(a) Arylesterase 活性を適応度とした人為進化．データは Tokuriki *et al.* (2012) より取得した．(b) 大腸菌の長期実験進化における適応度上昇．データは Lenski (2017) より抜粋した．(c) Avida のデフォルトセットアップでの進化を続けたときの集団の平均適応度．

　適応進化が続くかどうかは，有益変異が出現するかどうかによって決まっている．集団中に有益変異が出現すれば，その変異が集団に固定されるまで適応進化が続く．そのうち有益変異が見つからなくなれば，そこで適応進化は終了することになる．それでは，有益変異はいつまでも見つかり続けるのだろうか，それともすぐに枯渇してしまうのだろうか？

　今までに行われたタンパク質の人為進化実験や，微生物の実験室内進化実験の結果からは，後者（すぐに枯渇する）に近い様子が観察されている．図1.17(a), (b) にタンパク質と微生物（大腸菌）の進化実験における適応度の時間変化を示している．このくらいの時間で固定している変異は，ほぼ有益変異だとみなせる（次の章で説明するように中立変異の固定速度はもっと遅いため）．この時間変化を見ると，タンパク質と大腸菌のどちらも最初は大きな傾きで急速に適応度が上昇しており，適応進化が急速に進んだことが示唆されるが，時間が経てば経つほど傾きが緩やかになっていき，有益変異が

少なくなったか，各変異の有益性が小さくなったことを示唆している．この点が次の章で紹介する中立変異とは違う．中立変異は常に存在するので中立進化はいつまででも続く．

　こうした「最初は適応進化が速いが，その速度は時間が経つに従ってどんどん遅くなる現象」は収穫逓減 (diminishing return) と呼ばれ，実験室内の進化において常にみられるパターンである．ちなみに同様なパターンは第6章で紹介するデジタルオーガニズム（計算機内で進化するプログラム）でも同じである（図 1.17(c)）．生物，非生物を問わず，適応進化には共通したパターンだと思われる．

　こうした diminishing return のパターンは，適応度には上限があることを考えれば当然である．どんな生物でも無限に適応度（子孫の数）を上げられるわけではなく，必ず栄養的な制限や，時間的な制限があり，可能な最大適応度があるだろう．タンパク質の人為進化についても同様で，この場合適応度はタンパク質の機能になるが，物理的な制約によって最大の機能（たとえば酵素活性など）は決まっている．そうした適応度の上限に近づくほど，適応度をさらに上げることは難しくなり，有益な変異は見つかりにくくなっていく．言い換えると，有益変異の数は有限であり，適応進化が続くと有益変異は枯渇し適応進化は起こりにくくなるということである．

　ただし，こうした diminishing return がみられているのは，実験室進化のような環境を一定に保たれた状況である．自然界でこのような一定の環境は考えにくい．天気や季節などの環境は常に変わっていくし，さらにある種の環境である他の生物の相互作用も常に変わっていく．このような生物間相互作用が常に変化するなかでの進化のモデルとして，宿主と寄生体との共進化がよく研究されている．

　宿主と寄生体という関係性では，宿主は寄生体からの感染によって適応度を下げられているため，もし，変異により寄生体耐性を獲得すれば適応度が上がる．一方で寄生体は宿主への感染により子孫を残すことができるので，変異により感染率を上げられれば適応度が上がる．こうした状況で，宿主と寄生体が進化をすると，進化的な軍拡競争が起こると考えられている．すなわち，宿主が寄生体に対して耐性を進化させ，その後，寄生体がその耐性をかいくぐるような能力を進化させ，それを受けて宿主はさらに別の耐性を進化させるといったように，次々に相手に対応した新しい適応進化が行われる．このような状況では先ほどの一定環境の状況とは異なり適応進化は止まらなくなる．このように相手に適応した変異体が次々に頻度を増やしては消

えていく現象を赤の女王ダイナミクスと呼ぶ．これは，常に進化し続けている様子が，鏡の国のアリスに出てくる赤の女王の世界（同じ位置にいるためには全力で走らなければならない）に似ていることから名づけられている．

それでは，こうした進化的な軍拡競争の果てには何が起こるのだろうか．可能性としては，1) 新しい変異型の宿主と寄生体にとっての有益変異が常に存在し，ずっと進化をし続けるか，2) どこかで有益変異が枯渇し，いずれかの進化が頭打ちになるか，だろう．もし頭打ちになったときに両者の力関係が拮抗していれば，安定的に共存するであろうし，どちらかが優位であれば，片方が絶滅するであろう．1) になるか 2) になるかは，宿主と寄生体がどのくらい多様な方法で相手に対処することができるか，いわば自由度の大きさにかかっている．

自然界で，宿主と寄生体の共進化がどんな結末になっているのかは，あまりわかっていない．1) の過程が起きていることを調べるには長期間の観察が必要であるし，もし 2) の過程が起きていて，どちらかが絶滅していた場合には確かめようがない．ただ，世代の短い微生物とウイルスの進化実験であれば，その共進化の結末を観察できる可能性がある．過去に行われた細菌とファージを使って比較的長期（数か月程度）の共進化実験の場合では，新しい変異体が現れ続けているようである (Buckling and Rainey 2002, Kashiwagi and Yomo 2011, Marston *et al.* 2012, Paez-Espino *et al.* 2015)．細菌もウイルスも，少なくとも数か月の進化程度では進化の限界には達しないようである．また，細菌やウイルスよりもっと単純なものとして，第 6 章で紹介する自己複製 RNA と寄生型 RNA の進化実験（約 1000 時間）も行われている．こちらでも，少なくとも今のところ，次々に新しい変異型の宿主と寄生体が集団中で出現し続けている (Furubayashi *et al.* 2020, Mizuuchi *et al.* 2022)．この自己複製 RNA は 1 つの遺伝子しか持たず，1 種類のタンパク質を使って複製するシンプルな RNA であるが，それでも十分大きな自由度を持っているようだ．

1.5　集団の有効な大きさ

本章のこれまでの説明，および今後の説明では集団サイズとして N を用いている．しかし，多くの進化生物学や集団遺伝学の教科書では，集団サイズ N の代わりに有効な集団サイズ N_e が頻繁に用いられるため，ここで説明を

追加する．

有効集団サイズ N_e は，少なくとも2つの用途で使われている．1つ目は，自然界などで集団サイズが変動する場合に，実質的な集団サイズの実効値として使われるものである．たとえば，集団サイズが短い周期で変動する場合には，時間によって集団サイズは大きかったり小さかったり揺らいでいるが，それらの変動を何回も繰り返したときに，正味の集団サイズは1周期当たりの個体数の調和平均の値だけで近似的に扱えることがわかっている (Wright 1938)．この近似的な集団サイズが有効な集団サイズ N_e となる．

2つ目の有効集団サイズの使われ方は，モデルと実際のずれを調整するための調整弁としての使われ方である．集団遺伝学で最もよく使われる Wright-Fisher モデルでは，現世代から個体を無作為に抽出して次世代を作る．このモデルではいろいろなことを無視している．たとえば，このモデルでは選ばれた現世代の個体は，確実に1個体の子孫を残すことになっているが，実際には，子孫を残す数にはばらつきがあるだろう．またこのモデルは運が良ければ何度でも選ばれうるが，実際には1個体が1世代で残す子孫の数には上限があるだろう．また，このモデルでは無作為に子孫を残す親個体が選ばれているが，実際には多くの生物で性があり，オスとメスが1対で選ばれないといけないし，オスとメスにはえり好みがあるだろう．こうした Wright-Fisher モデルや，そのほかのモデルで考慮されていない点によるずれを調整するために，実際の集団サイズの代わりに有効集団サイズを用いる場合がある．たとえば，オスとメスが分かれている（つまり雌雄同体でない）生物の場合で，たとえ集団サイズが100だったとしても，100匹中オスが90匹でメスが10匹しかいなければ，有効な集団サイズは100よりずっと小さくなる（下の式に従うと36となる）．これはつまり，過剰に存在する多くのオスは実質的には繁殖に関わることがなく，いないのと同じということになる．ちなみに，こうした性比の偏った集団のサイズは，オスの数を N_m，メスの数を N_f として，

$$N_e = \frac{4N_m N_f}{N_m + N_f}$$

という有効集団サイズを用いることで，考慮することができる (Wright 1931)．つまり，有効集団サイズを用いることで，実際の集団にはオスとメスがいたとしても，それによる結果のずれを小さくすることができる．

1.6 自然選択の基本方程式（プライス方程式）

本章ではいくつかの方法で自然選択過程をモデル化して，その性質を調べてきたが，自然選択過程には重要な法則が知られているので，最後にそれを紹介したい．その法則とはフィッシャーの自然選択の基本定理 (Fisher's fundamental theorem of natural selection) とプライス方程式 (Price equation) と呼ばれているものである．まずフィッシャーの自然選択の基本定理

$$\Delta W = \frac{\text{Var}(w)}{E(w)}$$

である．ここで ΔW はある生物集団における世代当たりの平均適応度の変化量（要するに進化速度），w は集団中の個体の適応度，Var は分散，E は期待値を表す．つまり，この式は，ある生物集団において，世代当たりの適応度の平均変化量は，その集団中の個体の適応度の分散を平均値で割ったものに一致するということを意味している．つまり集団中の個体の適応度がばらついているほど，次世代では（適応度の大きい個体の子孫が増えるので）集団の適応度の平均値が大きく上昇するということである．そしてそのうち集団が最も適応度の高い個体で占められるようになると，集団の適応度の分散は0になるので，集団の適応度の上昇も止まる（つまり自然選択が止まる）ことになる．

また，この法則は適応度以外の生物の形質にも成り立つもっと一般的なバージョンがあり，これがプライス方程式と呼ばれている．プライス方程式は，

$$\Delta x = \frac{\text{Cov}(w, x) + E(w \Delta x)}{E(w)}$$

となる（導出は補遺 S5 に示す）．この式の左辺は，世代当たりのある量的形質（体の大きさやクチバシの太さなど，数値で表すことのできる形質）x の平均変化量を意味している．つまり，生物の持つある量的形質が，世代によってどのくらい変わるのかを意味している．この式の右辺の分子の1項目は，集団中の個体の形質と適応度の共分散 (covariance, Cov)[7] である．共分散とは，

---

[7] 共分散 (covariance) とは2つの変数がどのくらい相関してばらついているかを示す指標で，x と y を変数とするとその共分散 $\text{Cov}(x,y)$ は，

$$\text{Cov}(x,y) = E[(x - E(x))(y - E(y))] = E(xy) - E(x)E(y)$$

で定義される．ここでたとえば，集団中の各個体が数字で表される2の形質（たとえ

その形質と適応度がどのくらい関係性があるかを示す指標であり，自然選択の効果で重要な項である．2 項目は，その形質の個別の変化量であり，自然選択以外の効果（たとえば環境変化や，変異などにより形質が変わる効果）である．この章では自然選択以外の効果は考えていないので 2 項目は 0 となる．あらためて書き直すと，自然選択の影響だけを考慮したプライス方程式は以下である．

$$\Delta x = \frac{\mathrm{Cov}(w, x)}{E(w)}$$

この式は，ある生物集団において，世代当たりのある形質の平均変化量は，その集団中の個体の形質と適応度の共分散に一致するということを意味している．つまり，個体ごとに適応度や形質に遺伝的なばらつきのある集団において，適応度が高い個体に共通して大きな値を持つ形質（つまり，$\mathrm{Cov}(w, x)$ の大きな x）であるほど，次世代の平均形質も大きくなる（つまり，Δx が大きくなる）ことを意味している．

このときの形質を適応度そのものだとした場合（つまり $x = w$），プライス方程式は上記のフィッシャーの自然選択の基本定理に一致する．つまり，フィッシャーの自然選択の基本定理はプライス方程式の特別な場合だと解釈することができる．

プライス方程式（およびフィッシャーの自然選択の基本定理）は，その導出過程において，特に何の仮定も置いていない．ただ現世代と次の世代の集団の設定と，各個体にそれぞれの形質の値，適応度の値の設定に基づいて式変形だけで出てくる方程式である．したがって，この設定の成り立つ限り，必ず正しい方程式である．その普遍的な正しさから，自然選択の基本方程式と呼ばれることもある．ただ，プライス方程式を使って，実際に形質の世代ごとの変化量（つまり進化速度）を求めることはほとんどない．それは，ほとんどの場合において，集団中の各個体の適応度を求めることは難しく，したがって右辺の形質と適応度の共分散を求めることができないからである．ただ，それでもプライス方程式は自然選択過程を数学的に表現した方程式であり，自然選択のしく

ば適応度と体長など）をそれぞれ x，y とすると，$E(x)$ は x の集団内の平均値を示す．$\mathrm{Cov}(x, y)$ とはつまり，集団中の各個体の持つ x と y という値がどのくらい一緒に動いているかを示す指標である．x が高い個体は常に y も高く，x が低い個体は常に y も低いという関係性があれば共分散の値は大きくなる．一方で x と y がまったく独立にばらついているならば共分散は 0 となる．

みを理解するためには重要である．実際に，プライス方程式から，第5章で紹介する血縁選択の法則であるハミルトン則やグループ選択の法則を導出することもできる．（補遺 S6, S7, S8 参照）

コラム：適応進化には無駄が多い？

適応進化により適応度を上げる方法は無駄が多い．まず，ランダムな変異では，多くの変異が適応度を下げてしまい，適応度を上げる有益変異はめったに生まれない（第3章参照）．つまり，ほとんどの変異はその生物の適応度を上げることに何の貢献もしない．また，有益変異が生まれれば，その個体が手段を占めることで適応進化が起こるが，その過程で選ばれなかった個体はすべて子孫を残せずに失われることになる．さらにこの適応進化過程には何世代もかかる．たとえば適応度が2倍に増えた個体が1個体から集団（たとえば10000個体からなるとする）の過半数を占めるには，約10世代かかる．1年で1世代の生物であれば10年である．その間に環境が変わってしまい，もともと有益だった変異も有益でなくなっていてもおかしくない．こうした無駄の多いように見える進化をもっと効率的にできないだろうか？　もしそんなことができる生物が現れたら，ずっと速く効率的に進化していくはずである．たとえば，環境が変わったときに，それに応じて1世代内で表現型を変えるようなことができる生物であれば，進化に頼らなくてもよくなる．こうした環境によって表現型を変えることを表現型の可塑性 (plasticity) と呼ぶ．

表現型の可塑性を持っている生物は多い．たとえば，カブトムシの角やクワガタの大顎には表現型可塑性がある．これらの角や大顎のサイズは，幼年期の栄養状態などの生育環境によって変わる．影響状態が良ければ大きく，悪ければ小さくなる．角や大顎はオスどうしの争いの際に重要だが，生きていくだけなら必要ではないため，他の器官より必要性が低い．そのため，得られる栄養量に応じてサイズを変化させていると考えられる．

しかし，表現型の可塑性の限界として，もともと設定された範囲内でしか表現型を変化させられないことがある．たとえば，カブトムシの例では，角の大きさは変えられるものの，角の形状は変えることができない．もし，予め決まった表現型だけではなく，環境に応じてもっと柔軟に表現型を変えられることができれば，初めて経験するような環境にでも適切に対処できるよ

うになるかもしれない．そのような高度な表現型可塑性がいわゆる「学習」である．生物個体が試行錯誤によって適切な行動を学習することができれば，もう自然選択に頼らなくても，同一個体内で環境に適した表現型を身に付けることができる．

このような表現型可塑性，さらにそれを高度化した学習能力があれば，自然選択よりも効率的に適応度を上げることができる．したがって，そうした能力自体も自然選択で獲得される可能性がある．こうした表現性可塑性や学習能力が自然選択される効果はボールドウィン効果と呼ばれる．

1.7 まとめ

- 適応進化における自然選択過程を定量的に理解するためには数理モデルが必要となる．
- 適応進化には様々なモデルがありうるが，どれが正しいということはなく，理解したい現象に必要十分なモデルを使うことが必要である．
- 適応進化の重要な特徴の1つは，確率性がなければ，少しでも適応度の高い個体が最終的に集団のほとんどを占めるようになることである．
- 自然界のように確率性がある場合は，高い適応度を持っている変異体だとしても，必ずしも集団に固定されるわけではなく，遺伝的浮動により偶然に失われる場合がある．その確率は集団サイズと適応度の上昇量に依存する．
- 集団内に既に存在する適応変異の固定速度（短い時間スケールでの適応進化）は，集団サイズには大して依存せず，変異の適応度の上昇量（有益性）に大きく依存する．
- 複数の適応的な変異の出現と固定が起こるような長い時間スケールでの適応進化速度は，集団サイズと有益変異の出現率と有益変異の適応度上昇量に依存する．

1.8 さらに学びたい人へ

【もっと様々な適応進化のモデルについて】
- マーティン・A. ノバク，進化のダイナミクス：生命の謎を解き明かす方

程式,共立出版,2008

変異体の出現や擬種,進化ゲーム理論,進化グラフ理論など,多数の進化の数理モデルが紹介されている.

【二倍体生物の集団遺伝学について】

- John H. Gillespie, Population Genetics; A Concise Guide, Second edition, The Johns Hopkins University Press, 2004

二倍体のモデルは従来の集団遺伝学の教科書で扱われているので本書では取り上げなかったが,勉強したい場合はこちらの本をお勧めする.有効な集団サイズについてもわかりやすく説明されている.

参考文献

[1] Lenski, *ISME J*, **11**, 2181-2194, 2017
[2] Kimura, *Genetics*, **47**, 713-719, 1962
[3] マーティン・A. ノバク,進化のダイナミクス:生命の謎を解き明かす方程式,共立出版,2008
[4] Wright, *PNAS*, **24**, 372-377, 1938
[5] Gillespie, Population Genetics; A Concise Guide, Second edition, The Johns Hopkins University Press, 2004
[6] Wright, *Genetics*, **16**, 97-159, 1931
[7] Wright, *Science*, **87**, 430-431, 1938
[8] Tokuriki *et al.*, *Nature Communications*, **3**, 1257, 2012
[9] Buckling and Rainey, *Proc. R. Soc. Lond. B*, **26**, 9931-9936, 2002
[10] Kashiwagi and Yomo, *PLoS Genet*, **7**, e1002188, 2011
[11] Marston *et al.*, *PNAS*, **109**, 4544-4549, 2012
[12] Paez-Espino *et al.*, *MBio*, **6**, e00262-15, 2015
[13] Furubayashi *et al.*, *eLIFE*, **9**, e56038, 2020
[14] Mizuuchi *et al.*, *Nature Communications*, **13**, 1460, 2022

第2章

選択のしくみ2——遺伝的浮動と中立進化

2.1 遺伝的浮動と中立進化とは何か

　本章では遺伝的浮動とそれによって起こる中立進化という現象について取り扱う．適応進化のところで扱った確率性のあるモデルでは，本来適応度の高い個体や変異でも，偶然，集団から失われることがあることを見た．同様のしくみで，特に適応度が高くない（中立の）個体や変異でも，偶然頻度を増やしていくことがある．こうした偶然による遺伝子や変異体の頻度の変化を遺伝的浮動と呼ぶ．先の章で，適応度の大きな変異が自然選択によって割合を増やすことを適応進化と呼んだ．これに対して，適応度に影響を与えない中立変異が遺伝的浮動によって割合を増やすタイプの進化を中立進化と呼ぶ．

　中立変異に遺伝的浮動が起こると，集団内における中立変異の頻度（正しくは中立変異を持つ個体の頻度）は，増えたり減ったり揺れ動く．増えたり減ったり揺れ動くのであれば，中立変異は集団に何も正味の影響も与えないと思われるかもしれない．しかし，そうとも限らない．たとえば，適応度を上げない中立の変異がたまたま集団内に広まって，集団中のすべての個体がこの変異を持つようになったとする．この状態を変異が集団に固定されたと呼ぶ．いったん変異が固定されると，もうこの変異が集団からなくなる可能性は大変低くなる．この変異がなくなるには，この変異を元に戻すような変異（戻り変異）が入って，さらにその戻り変異が偶然集団に固定されるということがもう一度起きなければならないからである．そのようなことが起こる可能性は極めて低い．

　こうした中立変異の固定は，本章の2.3節で詳しく見るように，集団サイズに大きく影響を受ける．小さな集団であれば中立変異はたやすく固定される．こうした中立変異の固定は長い生物進化の歴史では頻繁に起きたと考えられている．また，この変異自体は中立であっても，他の変異と組み合わせると有益になる可能性がある．このような変異（遺伝子）間の相互作用はエピスタシス

と呼ばれる．したがって，中立変異は，もしかしたら適応変異よりも大きな影響を生物進化に及ぼしうる．

生物学にとって重要な中立進化の例はゲノム DNA の進化である．ゲノム変異に入る変異のほとんどは中立だと考えられている．つまり，ある生物のゲノム DNA 配列と近縁の別の生物のゲノム DNA を比較した場合に，見つかる変異のほとんどは中立変異だということである．これが木村資生と太田朋子の提唱した「分子進化の中立説」であり，発表当時は大きな論争を招いたというが，現在は広く認められている学説である．

生物のゲノムに入っているほとんどの変異は中立だというのは，生物進化のイメージにそぐわないかもしれない．私たちの一般的な進化のイメージは，生物が新しい環境（たとえば地上）に適応して四肢を獲得し，多機能な生物へと変わっていったとするものである．要するに適応進化した結果，新しい生物が出現してきたというイメージを持っている．生物の形態はその設計図であるゲノム DNA に記録されているから，当然，ゲノム DNA も適応度を上げるような変異が入っているはずである．しかし，分子進化の中立説はそのような適応的な変異はマイナーであり，ゲノム DNA に見つかる変異のほとんどは適応進化とは関係のないものだということを主張している．

このゲノムに入っている変異のほとんどが中立であるという知見は，変異の数を時計として使えることができるようになる．これにより，過去のいつ，どの生物が分岐したのかについて，かなり誤差は大きいものの，おおざっぱには年代を予測できるようになった．この点についても 2.5 節で説明する．

2.2 中立の定義

本章では，中立進化をもたらす遺伝的浮動についてそのふるまいをシミュレーションし，中立進化はどんなスピードで起こり，どんなパラメータに影響されるのかを理解することを目指す．そのためにまず中立変異を定義したい．中立変異とは，文字通りの意味では，その変異が入っても適応度に何の影響もしない変異である．しかし，厳密にいえばどんな変異でもまったく適応度に影響しないことはないだろう．中立さを現実的に定義するには，適応度に与える影響がある一定以下であるものと定義する必要がある．

ここで選択係数（淘汰係数）s という値を導入する．これは，すでに第 1 章でも使っていたものだが，元の遺伝型の適応度を 1 としたときにある変異が

及ぼす適応度の変化量である．つまり，元の個体（遺伝型）の適応度が 1 のとき，ある選択係数 s をもつ遺伝型の適応度は $1+s$ となる[1]．したがって s が大きな正の数であれば有益変異であり，s が大きな負の値であれば有害変異となる．

木村の定義によると，中立変異とは，その変異の選択係数 s の絶対値を $|s|$，集団サイズを N として，$|s| < \frac{1}{2}N$ を満たす変異である (Kimura 1968)．その後，もう少し条件を緩くした定義 $|s| < \sqrt{2/N}$ も提唱されている (Nei 2005)．どちらの定義にも集団サイズ N が含まれている．中立性の定義になぜ集団サイズが関わってくるのだろうか？ それは集団サイズが小さくなるほど遺伝的浮動の効果が大きくなり，中立的にふるまう適応度の範囲が広がるからである．上記の中立変異の条件とは，遺伝的浮動と自然選択の影響の大きさが切り替わる目安である．遺伝的浮動と自然選択が区別できなくなる状況については，後の図 2.3 で計算機シミュレーションを用いて確認する．

2.3 遺伝的浮動のシミュレーション

中立変異の集団内でのふるまいを調べるために，自然選択のときに行った離散的なモデルを用いる．そのなかでも，1.2.5 項で使った Wright-Fisher モデルを用いたモデルを再び使う．このモデルでは，決められた集団サイズになるまで，親世代からの無作為抽出を行い次世代を作る．この無作為抽出のところで確率性が生じることになる．

具体的には，100 個の生物からなる集団を考える．うち 90 個体は A 株，10 個が中立変異を獲得した B 株だとする．このモデルでは，集団中のすべての個体から無作為に重複を許して集団サイズ (今回は 100 個体) まで個体を選び，次世代を作る．この過程を世代の数だけ繰り返す．ここでは一倍体を考えるが，中立変異は定義からして適応度には影響を与えないので，二倍体でもふるまいはほぼ変わらない．集団中の遺伝子プールが 2 倍になるだけである．

上記のステップを繰り返して株 B の個体数の変化を調べた結果を図 2.1 に

---

[1] 選択係数 s の定義は場合によって異なるため注意が必要である．本書では，変異を持つ個体の適応度を $1+s$（s は正でも負でもとりうる）としたが，論文や教科書によっては，選択係数 s を持つ遺伝型の適応度は $1-s$（s は基本的に正の値）にしている場合もある．このような定義は，基本的に有害な変異しか起きないような状況で用いられることが多いように思われる．

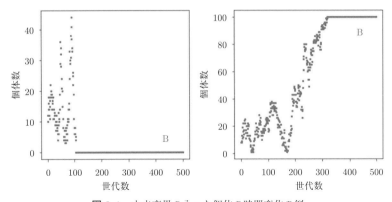

図 2.1 中立変異の入った個体の時間変化の例

示す．このモデルは確率性があるため，やるたびに異なる結果が出る．図 2.1 には 2 つの結果の例を示している．左の結果では，B の個体数は上がったり下がったり変動しながら 100 世代ほどで 0 になってしまった．一方で右の結果では，同じように上がったり下がったり揺らぎながらも 300 世代ほどで 100 個体となり，集団内に固定された．こうしたふらふらした挙動を示すのは，個体数が純粋に偶然によって変わるからである．運が良ければ頻度が増え，悪ければ減る．そのため上がったり下がったりしながら，もし，100% や 0% になれば，もうそれ以上は変わらなくなるのでそこで時間変化は終了するというわけである．この遺伝的浮動の過程は，物理学では酔歩（ランダムウォーク）として知られている．

こうした中立変異が集団に固定される確率は，集団のサイズ（今回は 100）に大きく依存する．それは直感的には明らかだろう．たとえば集団サイズが 2 であれば，そのうち 1 つに入った中立変異は 1/2 の確率で次の世代には固定されるだろうが，集団サイズが大きくなると，固定するまでの時間が長くなり，それまでに偶然全滅してしまう確率が増えることになる．実際に，集団サイズを変更して 1 個体の B が 1000 世代以内で固定される確率（試行回数 500）を調べたのが図 2.2 となる．集団サイズが大きくなるにつれて固定確率は大きく低下していることがわかる．

これが遺伝的浮動によって起こる中立進化の 1 つの重要な性質である．中立進化は集団サイズが小さいほど起きやすくなる．一方で先の章でみたように，適応進化の場合はほとんど集団サイズには影響を受けない（図 1.9(a), 1.10(a)）．これはつまり，集団サイズが小さくなるほど適応進化よりも中立進

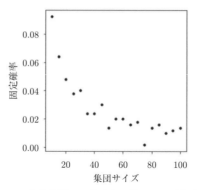

図 2.2 中立変異の固定確率の集団サイズ依存性

化の影響が相対的に大きくなることを意味している．そもそも中立変異は適応変異よりも圧倒的に頻度が高い．たとえば，次の章で詳しく説明するように，タンパク質に入る変異の場合，タンパク質の活性を上げる有益変異であることはめったにないが，中立変異である確率は少なくとも 1/3 程度はある．したがって，小さい集団では，めったに見つからない有益変異が自然選択により固定されるよりも，頻繁に起こる中立変異が遺伝的浮動により固定されることの方が起きやすくなる．

　これを確かめるために，集団サイズを変えた条件で，異なる適応度を持つ変異体の頻度変化をシミュレーションしてみる．図 2.3 には，集団サイズを様々に変えたときに有益変異（$s = 0.2$，黒丸）と中立変異（$s = 0$，灰色 ×）が集団に固定されるまでの世代数をプロットした．集団サイズが大きいところでは，固定された世代数は有益変異で低く，中立変異で高い．これに対し集団サイズが小さいところでは，有益変異でも中立変異でも同じくらいの世代で固定されていることがわかる．このような小さな集団サイズ（大雑把な目安としては $N = 1/s$ くらい）では，固定された変異が自然選択されたのか，それとも遺伝的浮動によりたまたま固定されたのかは区別ができないことになる．この結果は，集団サイズによっては，適応度が高かったからといって必ずしも自然選択を受けるわけではないことを示している．

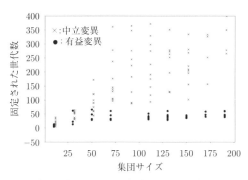

図 2.3 中立変異と有益変異の固定確率に対する集団サイズ依存性

2.4 中立進化速度

2.4.1 時間スケールの異なる中立進化速度

　適応進化の場合と同様に，中立進化速度として短い時間スケールの速度と，長い時間スケールの速度を考えたい．短い時間スケールの進化速度とは，集団内に存在するある中立変異がどのくらい速く集団に固定されるかである．長い時間スケールの速度とは，中立変異の出現と固定を繰り返した結果，どのくらいのスピードで集団に複数の中立変異が蓄積していくのか，である．本節ではこれらを順番に説明したい．まずは短いタイムスケールの進化速度であるが，その前の準備として，まず，中立変異が固定される確率について考える．

2.4.2 中立変異の固定確率

　ある一倍体の生物集団（集団サイズ N）を考える．この集団を構成する生物個体は，それぞれ異なる中立変異を持っているとしよう．これらの変異はすべて中立なので，すべての個体の適応度は等しいとする．この場合，十分な時間が経った後に，ある中立変異が集団に固定される確率は何だろうか？　答えは理論的には $1/N$ となる．なぜなら，すべての個体の適応度が同じであるので，どの個体が最終的に固定されるかは完全に偶然によって決まるからである．よってすべての個体に同じだけチャンスがあり，その確率は $1/N$ となる．別の言葉で説明をすると，十分な時間が経ったあとには，必ずいずれか 1 個体の子孫が集団を占めるようになる．もし，複数の個体の子孫が残っている場合は，まだ十分な時間が経っていない．十分な時間が経てば，かならずどれ

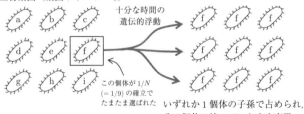

図 2.4 ある中立変異が集団に固定される確率

か 1 個体の子孫が集団を占めることになり，どの個体が祖先となるかは $1/N$ の確率で決まる．そして，その場合，その祖先となった個体の持っていた中立変異が集団に固定されることになる（図 2.4）．この $1/N$ の確率で選ばれた中立変異はどんなスピードで固定されていくのだろうか？ これが短い時間スケールでの中立進化速度に相当する．

2.4.3 短い時間スケールでの中立進化速度

次に短い時間スケールの中立進化速度，すなわち集団中に既に存在するある中立変異（$1/N$ の確率で固定されることがわかっているもの）が遺伝的浮動により集団に固定されるまでの時間を考えてみる．直観的な予想では，集団サイズが大きくなるほど長い時間がかかりそうである．数理的な解析から，ある中立変異が固定されるまでの平均世代は，二倍体集団において，集団サイズを N，中立変異の頻度を p として，

$$t = -\frac{1}{p}\{4N(1-p)\ln(1-p)\}$$

と近似できることが示されている (Kimura and Ohta 1969)．ここで ln は e を底とする対数である．この式は p が十分小さい場合（$p \to 0$ の極限）には，$t = 4N$ と近似できる．すなわち集団サイズの 4 倍くらいの時間があれば，集団中の 1 個体に存在する中立変異が集団内に固定されることが期待できる．

一倍体については報告例が少ないが，集団中の 1 個体に存在するある中立変異が固定されるまでの平均世代数 t は，

$$t = 2N - 2$$

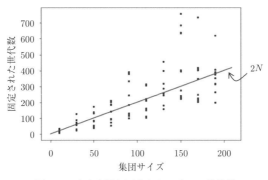

図 2.5 中立変異が固定されるまでの世代数

となり,およそ $2N$,つまり集団サイズの2倍程度の時間がかかることが期待される(導出は補遺 S2, S3, S4 参照).

以上により,二倍体,一倍体いずれの場合にも,集団サイズの数倍以上の世代数を経れば,集団中の1個体に存在していた中立変異が集団全体に広がることが期待される.これを確かめるために,一倍体について用いたシミュレーションを使って,N を変えたときの平均固定時間をプロットしてみる(図 2.5).各点がシミュレーションの結果で,直線が $2N$ を示す.遺伝的浮動は偶然によって左右されるため,固定時間には大きなばらつきがあるものの,シミュレーション結果はおおよそ $2N$ に近い値となっている.

ただし,注意しなければならないのは,上記の議論は,ある中立変異が固定されるという前提である.集団中に存在するある中立変異が最終的に集団に固定されるとしたら,平均で $4N$ あるいは $2N$ の時間がかかるということである.もちろん,前に見たように固定される確率は $1/N$ なので,ほとんどの中立変異は固定されずに集団からいなくなってしまうことになる.

2.4.4 長い時間スケールでの中立進化速度

次に長い時間スケールの中立進化速度,すなわち中立変異の出現と固定を何度も繰り返し,中立変異が蓄積していく速度について考えてみる.ここで時間当たりの中立変異率を p とおいて,集団サイズ N の一倍体の集団を考える.そうするとこの集団には時間当たり Np の中立変異が出現していくことになる.ここで遺伝的浮動が起こると,十分な時間が経った後は $1/N$ の確率でいずれかの個体が集団を占めるようになる.したがって,十分な時間が経った後には,集団中にある中立変異のうち,1個体に由来するもの ($Np \times 1/N = p$)

だけが集団に残ることになる．すなわち，中立進化速度は，集団サイズには依存せず，個体の中立変異率 p と一致する．この単純な法則が中立進化の重要な性質の1つである．

　短い時間スケールのときには，中立変異の固定速度が集団サイズに依存していたのに，長い時間スケールになると中立速度が集団サイズに依存しなくなるのは，奇妙に思えるかもしれない．この点について，もう少し説明を加えたい．この違いは，考えている時間のスケールが違うことによる．中立変異の固定確率が集団サイズに依存するのは，すでに集団中に含まれる特定の中立変異が固定されるまでの短い時間の話である．この時間は一倍体で平均 $2N$，二倍体で平均 $4N$ の時間がかかるので，小さい集団であれば中立変異は固定されやすく，大きな集団では固定されにくくなる．一方で，中立進化速度が集団に依存しなくなるのは，もっと長い時間が経った後である．具体的には $2N$ や $4N$ よりもけた違いに長い時間である．このスケールの時間を考えているときは，何度も中立変異が出現して集団内に固定されることが繰り返されている．このような場合には，どんな集団サイズだろうとどれか1個体に由来する変異が集団に固定されるので，中立変異の固定確率はもう集団サイズには依存せず，出現率だけに依存するようになる．このことを図で表現したものが図 2.6(a) である．

　図 2.6(a) では，最終的に固定された中立変異の集団内での頻度の時間変化を模式的に示している．各中立変異が出現してから固定されるまでの時間は約 $2N$（一倍体の場合）であり，これが短い時間の時間スケールの固定時間に相当する．これに対し，この過程が繰り返された長い時間を見ると，前の中立変異が固定されてから次の中立変異が固定されるまでの時間は，ほぼその変異が出現する時間間隔に等しくなる．この時間間隔は，中立変異の出現速度（中立変異率）の逆数になるので $1/p$ となる．

　短い時間スケール，長い時間スケールの中立変異の固定時間の集団サイズ依存性も，この図から読み取ることができる．たとえば集団サイズが小さくなるということは，図の縦軸（各中立変異を持つ個体数）の上限値が低くなるということに相当する．試しに縦軸の上限を半分にしたのが図 2.6(b) である．各中立変異の固定までの時間はすべて短くなっているのに対し，ある中立変異が固定されてから次の中立変異が固定されるまでの時間はほとんど変わっていない．つまり，短い時間スケールでの進化速度は集団サイズが小さくなると速くなるが，長い時間スケールの場合は（中立変異の出現頻度で決まってしまって

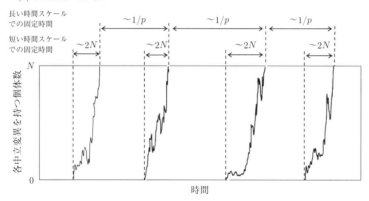

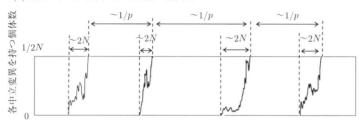

図 2.6 短い時間スケールと長い時間スケールでの中立変異の固定時間の関係
(a) 短い時間スケールの固定時間（単一の中立変異が出現してから固定するまでの時間）は集団サイズに依存し，およそ $2N$ であるが，長い時間スケールの固定時間（複数の中立変異の出現も含めた時間）は中立変異率 p（時間当たりの中立変異速度）の逆数となり（かかる時間と速度は逆数の関係にあるため），集団サイズ N に依存しない．これは長い時間観察した場合，固定時間はほぼ出現時間で決まるからである．この図では，簡単のために最終的に固定された中立変異の頻度のみをプロットしている．実際の中立進化の際には固定されなかった中立変異が大量に底の方にプロットされるはずである．
(b) たとえば集団サイズが半分になった場合，A の図の縦軸を半分のところで切ったことに相当する．この場合は，短い時間スケールでの固定時間は約半分になるが，長い時間スケールでの固定時間はほとんど変わらない．

いるので）変わらないということになる．

　ところで，今考えている長いタイムスケールとは具体的にどのくらいなのだろうか．たとえば，自然界における生物の有効集団サイズ（お互いに競争や交配など相互作用をしている集団のサイズ）は，ヒトでせいぜい 10^4（Park 2011），哺乳類で 10^3-10^5（Bergman *et al.* 2023），ショウジョウバエで 10^6 程度（Duchen 2013, Sprengelmeyer *et al.* 2020）と見積もられている．このくらいのサイズの集団中のどれかの中立変異が固定される（単一個体がすべての個

体の祖先になる）時間は多くても10万年程度であろう．長いタイムスケールとして，たとえばこの100倍の1000万年程度の時間を考えているときには，個々の中立変異の固定速度や集団サイズは十分無視できるようになるだろう．

2.4.5 中立進化のシミュレーション

次に，長い時間スケールでは，本当に中立変異の固定速度が変異率に一致するのかをシミュレーションで確かめてみたい．再び100個体の一倍体の生物集団を考える．先のシミュレーションではこのうち1個体が1つの中立変異を持つとしたが，ここではすべての個体に変異率 p で毎時間中立変異が導入されるとしよう．このとき，中立変異の種類は十分に多く，同じ中立変異は二度と発生しないとする．通常の生物であればゲノムは大きく，中立変異は無数にあるのでこの仮定は妥当である．後で解析に用いるために導入された中立変異は発生順にラベルを付けておくこととする．この条件で先ほどと同様に以下の2つの処理を繰り返す．

1. 集団中のすべての個体について Wright-Fisher モデルに従って，集団サイズ100になるまで無作為に選んで次世代の集団を作る．
2. 次世代の子孫には確率 p で中立変異を導入する．各個体が持っている中立変異のラベルと数を記録しておく．

以上の処理を $p = 0.01$ の条件で10000世代行い，各世代における平均中立変異数を図2.7(a)に示した．また，そのうち集団に固定された（= 集団全員が持っている）中立変異数を図2.7(b)に示した．これを見るとどちらもグラフはほとんど変わらないことから，ほとんどの変異は集団内に固定されていることがわかる．

さて，先ほどの予想では，このときの中立変異の導入速度は中立変異率と一致するはずである．これを確かめてみる．今回の中立変異率は0.01であるから，先ほどの予測に従えば100世代当たり平均1つの中立変異が入る計算になる．この予測の直線を図中に点線で示しているが，おおむね予測通りの結果となっている．つまり，世代当たりの中立変異の導入頻度は $100/10000 = 0.01$ となり，最初に述べたように中立変異の導入率 p と一致する．このしくみをもう少し詳しく調べるために，変異の内訳をみてみる．

1000世代後からたとえば10個体をとって，そこに導入されている中立変異のラベルを並べてみたのが図2.8である．どれもほとんどの変異が共通してい

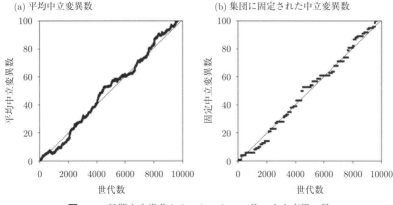

図 2.7 長期中立進化シミュレーション後の中立変異の数

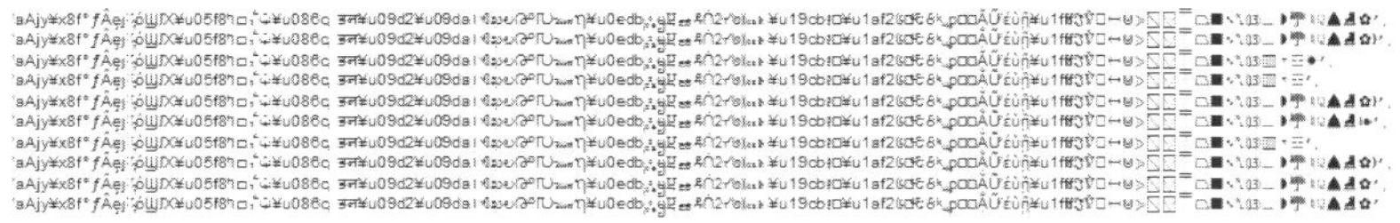

図 2.8 1000 世代後からランダムに抽出した 10 個体の変異リスト

ることがわかる．このシミュレーションでは同じ中立変異は二度と発生しないことにしているので，変異が共通しているということはこれらの株はすべて共通祖先から派生したことを示している．

試しに今回のシミュレーションで用いた初期集団を形成する100個の個体に番号1-100を付けて，その個体数変化をプロットしてみたのが図2.9である．これを見ると400世代後には集団はすべて番号17の子孫から形成されていることがわかる．つまり，1000世代後の個体群はすべて番号17の個体の子孫の1系統からできている．したがって，この1系統が増えている間に発生したすべての中立変異（発生率 p）をすべて含んでおり，その存在頻度は発生率と一致することになる．言い換えると，中立進化で固定される中立変異は，遡ればある時点のある1個体が蓄積してきた中立変異である．したがって，長い時間スケールにおいて中立変異の導入速度は，ある個体の中立変異の導入速度（中立変異率）に等しくなる．

長い時間スケールでの中立進化速度と集団サイズの関係を確かめるために，$2N$ よりも十分長い時間（たとえば10倍以上）で固定された中立変異の数と集団サイズの関係をシミュレーションにより調べてみた（図2.10）．すると，集団サイズが変わっても固定された中立変異数はあまり変わらないことがわか

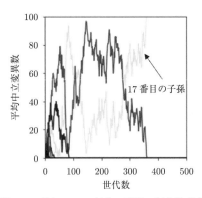

図 2.9 最初の 100 個体の子孫の個体数変化

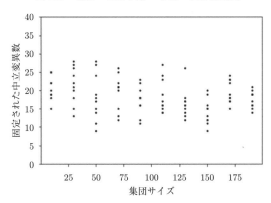

図 2.10 集団サイズと長時間経った後の中立変異の固定頻度の関係
各集団サイズで 2000 世代のシミュレーションを 10 回ずつ行い,最終的に固定された
中立変異の数をプロットした.中立変異率 $p = 0.01$.

る.これは短い時間スケールにおける中立変異の固定時間の場合(図 2.2)とは大きく異なっている.

2.5 分子時計

長い時間スケールでの中立進化の法則(中立変異の固定速度が中立変異の発生率と等しい)は,もう 1 つ素晴らしい応用例をもたらした.それが分子時計である.これにより DNA 配列を比較することで 2 つの種が何年前に分岐したのかを見積もることができるようになった.

分子時計の概念は,中立進化の概念が提唱される前にズッカーカンドルと

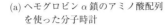
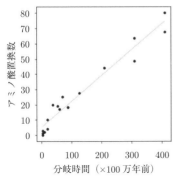
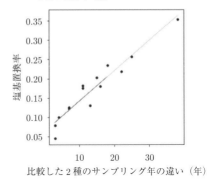

図 2.11 分子時計の例

(a) 18 種の両生類,爬虫類,鳥類,哺乳類の化石資料から見積もった分岐時間とヘモグロビン α サブユニットのアミノ酸置換数の関係.分岐時間は Genereux and Logsdon (2003) のデータを用いた.アミノ酸配列は Uniprot より取得した.直線は回帰直線を示す.傾きは 0.17.(b) 過去にサンプリングされ保存された 8 種のインフルエンザウイルス株について,各 2 種のサンプリング年の違いと塩基配列の置換率について同義置換と非同義置換を合計したものをプロットした.個別のデータは図 4.10 に示した.直線は回帰直線を示す.データは Hayashida et al. (1985) より取得した.

ポーリングにより提唱された.2 種類の生物について,化石から推定された分岐年代とその 2 つの生物のある遺伝子の変異の数(アミノ酸置換数)に相関があることがわかったのである (Zuckerkandl and Pauling 1962).試しにヘモグロビンの α サブユニットという,動物で酸素の運搬に関わるタンパク質のアミノ酸配列について比較してみる.まず,異なる 2 種生物(たとえばヒトとチンパンジー)のヘモグロビンの配列を比較し,異なるアミノ酸の数を数える.次に,その 2 種が過去に分岐した年代を化石資料から見積もる.哺乳類(ヒト,チンパンジー,ゴリラ,マカク,ウシ,ウマ,ヒツジ,ブタ),鳥類(カモ,ニワトリ),爬虫類(ワニ),両生類(カエル)の組み合わせについて,この異なるアミノ酸の数と,分岐した時間をプロットしたのが図 2.11(a) である.この 2 つの値には直線関係があることがわかる.この直線関係は,ここで扱った生物種では一定のスピードで DNA に変異が蓄積していることを示唆している.ちなみにこのデータから求めた変異の蓄積速度は 100 万年当たり 0.17 個のアミノ酸置換となる.この速度を使えば,変異の数を時計のように使って分岐年代を見積もることができるようになる.

分子時計はもっと短い時間でも成り立つ.インフルエンザは毎年異なる塩

基置換を持つ変異体が流行し，そのたびにウイルスの配列が解析された（あるいは冷蔵庫へ保存され，後に解析された）．このデータを用いて，過去数十年間で流行したインフルエンザウイルス間の塩基置換の数と見つかった年の違いが調べられており，やはり直線関係にあることが確かめられている（図 2.11(b)，データは Hayashida et al. 1985 より取得）．

　このようなアミノ酸置換数や塩基置換数と分岐年代との比例関係は，中立進化の性質からよく説明ができる．ゲノム進化の中立説によれば，ゲノム DNA に蓄積している変異のほとんどは中立である．そして，長い時間スケールにおける中立変異の固定速度は変異率にのみ依存する．すなわち，変異率がほとんど変わらなければ，ゲノム DNA 中への中立変異の蓄積速度は一定であることを示している．実際に第 5 章で見るように，変異率は生物のグループ（真正細菌，古細菌，単細胞性真核生物，多細胞性真核生物など）ごとにだいたい決まっており（次章図 3.5 参照），この生物グループ内の進化であれば中立進化速度は一定になることが予想され，分子時計が成り立つことになる．

　ただし，ここで重要なのは中立変異の変異率である．たとえ変異率が一定であっても，変異のうち中立変異になる割合は遺伝子ごとに異なる．たとえば，生存に極めて重要でほとんど変異を許さない遺伝子であれば，中立変異，すなわち適応度に影響を与えない変異になる確率は低いであろう．逆に，生存に重要ではない遺伝子に入った変異であれば，適応度に影響を与えない可能性が高いであろうから，高い割合で中立となるだろう．これはつまり，注目すべき遺伝子によって分子時計の進み方が異なることを意味している．たとえば，生存に重要な遺伝子の例としてゲノム DNA に結合し，DNA の折り畳みに働いているヒストンがある．ヒストン (H4) への変異の多くはこの機能を壊してしまうため，めったに中立変異が入らない．アミノ酸座位当たりの中立変異率は，1000 億年で一度程度[2]だといわれている (Dayhoff et al. 1978)．一方で，変異が入っても生存に影響しにくい遺伝子として，たとえばフィブリノペプチドと呼ばれる遺伝子領域がある．この領域は，フィブリノーゲンというタンパク質が成熟型になる際に切り取られる部分であり，それ自体は特に何の機能もないため，ここに入る変異はほとんどが中立となる．そのため，アミノ酸座位当たりの中立変異率は，1 億年で一度くらいまで高くなる．こうした遺伝子によ

---

[2] 地球の年齢が 48 億年なので，1000 億年に一度では，一度も入らないと思われるかもしれないが，これはアミノ酸座位当たりの数である．ヒストン H4 は約 100 アミノ酸座位からなるため，ヒストン当たりの中立変異率は，約 10 億年に一度となる．

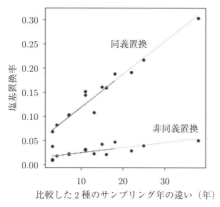

図 2.12 インフルエンザウイルスに入った同義・非同義置換の速度の違い
データは Hayashida *et al.* (1985) より取得した.

る時計の進み方が違うおかげで広い時間スケールで分岐後の時間を測定することができる.たとえば遠い昔に分岐した種の分岐年代の予測にはリボソーマル RNA の配列を使うことができるし,比較的最近分岐した種の分岐年代の推測には偽遺伝子の配列を使うことができる.実際のところ,生物の分岐時間の見積もりは複数の遺伝子のデータを組み合わせることで,分岐年代の推定がなされている (Hedges and Kumar 2003).

また,同じ遺伝子に入った変異であったとしても,入る塩基変異の種類によっても中立進化速度(すなわち分子時計の進み方)が異なる.塩基配列が 1 か所だけ変わる場合(置換と呼ぶ)には,その置換の種類により翻訳後のアミノ酸も変わる場合と変わらない場合がありうる.変わらない場合を同義変異 (synonymous mutation),変わる場合を非同義変異 (nonsynonymous mutation) と呼ぶ.同義変異であれば翻訳後のタンパク質のアミノ酸配列は変わらないため,多くの場合,機能は変わらず生物の適応度に影響しない.これに対し,非同義変異の場合はタンパク質の機能が変わって適応度に影響する(たいてい下がる).これはつまり,同義変異はその多くが中立変異になりやすく(つまり中立変異率が高く),非同義変異はなりにくい(中立変異率が低い)ことを意味している.したがって,たとえば,図 2.11(b) に示したインフルエンザウイルスにおける塩基置換数を同義変異と非同義変異で区別してプロットしてみると,同義置換の傾きよりも非同義置換の傾きの方が小さくなる(図 2.12).

分子時計は,化石資料のない,あるいは不十分な生物でも分岐年代を推測で

きる点で極めて有用である．分子時計が活躍した例として，たとえば，人類がほかの類人猿と分岐した年代の推定がある．1967年の時点では化石資料からの推定（2000万年以上前）と分子時計からの推定（500万年前）に大きな差異があったが，近年になって類人猿の新しい化石が発見された結果，分子時計からの推定の方が正しかったことが明らかになっている．

　ただし，分子時計の利用には注意しないといけない点もある．まずは，分子時計の進み方は，変異率に影響を受ける．次の章で詳しく説明するように，生物の変異率は複製のエラーや環境からの変異原など様々な要素によって決まっている．進化の歴史が長くなればなるほど，変異率を一定とみなすことには無理が出てくるだろう．もう1つの問題は，たとえ変異率が変わらなかったとしても，時代や環境が変わって遺伝子の重要性が変わる場合もあることである．遺伝子の重要性が変わることによっても，分子時計の進み方は変わってしまう．さらに分子時計の補正に用いる化石試料側にも信頼性の問題がある．ある2種の生物が分岐したかどうかは，化石試料でその2種が見つかるかどうかで決定されるが，化石として見つかる生物は過去に存在していた生物のなかのごく一部のみであるため，化石試料からの分岐年代推定には常に大きな誤差が存在する．つまり，分子時計とは，針の進み方と時間を示す目盛りの両方に誤差が存在するそれほど精度の良くない時計だということである (Kumar 2005)．

> **コラム：分子時計の進み方が世代当たり一定ではないわけ**
>
> 　本文中で説明したように，分子時計は時間当たり一定のスピードで進む．これはつまり，生物のDNAには時間当たり一定速度で中立変異が蓄積することを意味している．一方で，古典的なショウジョウバエ，ヒト，トウモロコシの研究からは，変異率は，時間当たりではなく，世代当たりで一定だということが示されてきた．ここには矛盾がある．分子時計のデータからは変異率は時間当たり一定になるはずなのに，実際の変異は世代当たり一定の速度で起きているのである．この矛盾は中立説に残る問題だと指摘されている（木村 1986）．
> 　この矛盾に対する1つの説明は，過去にショウジョウバエ，ヒト，トウモロコシで報告された世代当たり一定の速度で起こるのは有害変異に限られ，中立変異は環境要因など複製とは関係なく時間当たり一定で起こるという説

明である．実際のところ，過去に報告されたショウジョウバエ，ヒト，トウモロコシでの変異率は，DNA 配列を調べたものではなく，子孫における形質が変わった変異体（たとえば致死になった子孫の数や形の違うトウモロコシなど）の出現率で見積もられていた．こうした形質の変化の多くは有害変異となりうるだろうから，これは有害変異率を求めているのに等しいのかもしれない．一方でほとんどの中立変異は形質に影響を与えないため，中立変異率の速度は実は時間に対して一定だった可能性がある．実際に，最近のゲノム配列データの蓄積から，哺乳類においては世代ではなく時間当たり一定のスピードで変異が起きている証拠も得られている (Kumar 2002)．もしこれが正しいとすると，ゲノムに蓄積する変異の主なソースは，世代数に比例するはずの DNA 複製時の複製ミスではなく，環境中の変異原であったり，細胞内で一定速度で起きている脱塩基反応などの DNA の損傷だということを示唆しているのかもしれない．

2.6 ゲノム進化が中立である証拠

先に説明したように，ゲノム DNA に入る変異のほとんどは中立であるとされており，これは分子進化の中立説と呼ばれている．これはどんな根拠によるのだろうか？

1 つの根拠は分子時計である．多くの遺伝子で分子時計が成り立っているということは，遺伝子には一定の速度で変異が蓄積していることを意味する．有益な変異が様々な遺伝子に何万年にもわたって一定速度で出現することは考えにくいが，中立変異であれば，その固定速度は変異率に一致することから，分子時計が成り立つことを容易に説明できる．そして，分子時計の進み方が遺伝子ごとに違う．より重要な遺伝子ほど進み方は遅く（変異の入る速度は小さく），機能を失った遺伝子や，タンパク質に翻訳されない領域など，生物の役に立っていない遺伝子の方が進み方が速い（変異の入る速度が大きい）．この事実は，変異のほとんどが中立だとすれば容易に説明ができる．役に立たない遺伝子ではどんな変異も中立になるはずだからである．一方で，ゲノムに入る変異が有益変異だとすると，おかしなことになる．役に立っていない遺伝子に有益な変異が見つかるとは考えにくいからである（有益な変異が存在するなら，その遺伝子は役に立っていることになってしまう）．

その他にも，ゲノム上の変異の数を適応変異で説明するには，適応的な変異

率が極めて高くならなければならないことや，またおそらく中立だと予想される同義変異速度が異なる遺伝子間でほぼ等しくなる (Miyata *et al.* 1980) などの理由から，現在では，ゲノム DNA に入る多くの変異は中立であることは疑いようのない事実だとされている．

ただ，注意点として，分子進化の中立説は，生物が適応進化していることを否定するものではない．あくまでも，ゲノム上に蓄積した変異の"ほとんど"は中立だと主張しているだけである．残りの少数の変異は適応的な変異であることは否定していない．また，生物の形態的な変化を伴う進化についても，なにも主張していない．木村資生も著書『分子進化の中立説』(1986) のなかで「形態的な変化は適応変異によるものだろう」と述べている．おそらく，ゲノムに一定の速度で中立変異が蓄積していくなかで，まれに適応変異が出現し，それによって適応進化も同時に起きたのだと考えられる．

2.7　中立進化が適応進化に及ぼす影響

本章では中立進化の性質と，それに基づく分子時計という概念，そしてゲノム DNA に見られる変異のほとんどは中立変異だとみなせることを紹介した．これらのことからわかるのは，生物のゲノム DNA 配列の進化を理解するためには，中立進化は極めて重要だということである．しかし，中立進化は，適応度を上げるような進化，もしくは形態変化を伴うようないわゆる大進化には関係がないのだろうか？　中立変異の定義（適応度を上げない変異）からすれば，関係がないはずである．しかし，そうとも限らない現象も提唱されている．本章の最後でこの点について紹介したい．

中立変異そのものは適応度に影響しなくても，その中立変異のおかげで新しい適応進化が可能になる可能性がある．たとえば，リボザイムの研究からは，中立変異が蓄積したおかげで，新しい機能を獲得しうることが示されている．

リボザイムとは RNA（DNA と同じ核酸の一種）であるが，特定の構造に折り畳まれて，タンパク質のような触媒活性を持つものである．ここで触媒活性をリボザイムの適応度だとみなすと，折り畳まれた形状を変えないような変異はすべて中立変異となる．リボザイムの折り畳みは，基本的には塩基対形成によってなされているので，塩基対を形成しない部分はどんな変異を入れてもほぼ中立となる．また塩基対を形成しているところについても，塩基対ごとセットでまとめて変わる変異であればやはり中立である．つまり，あるリボザイ

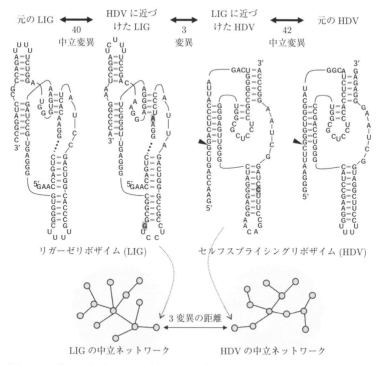

図 2.13 単一の配列で 2 つの折り畳み状態および 2 つのリボザイムの活性を持つ

もともとリガーゼリボザイム (LIG) とセルフスプライシングリボザイム (HDV) はまったく違う配列（85 塩基違い）であったが、LIG に活性を下げないような 40 個の中立変異を入れ、HDV に活性を下げないような 42 個の変異を入れると 3 塩基の違いしかない配列に近づけることができた．リガーゼ活性により点線の部分が結合される．セルフスプライシングリボザイム活性で矢じりの部分が切断される．中央の 2 つの RNA 配列は網掛けの部分以外は一致している（Schultes and Bartel, 2000 より作成）．

ムについて、同じ適応度を持つような多数の変異体がありうる．こうした同じ適応度を持つ配列群を中立ネットワーク (neutral network) と呼ぶ．

シュルテスらは、ClAss III リガーゼリボザイム (LIG) と HDV セルフスプライシングリボザイム (HDV) という 2 つの機能の異なるリボザイムの中立ネットワークは、かなり近接していて、少数の変異で容易に相互変化可能であることを示した．この 2 つはそれぞれライゲーション（RNA をつなぐ機能）とスプライシング（RNA を切断する機能）という似てはいるが異なる機能を持っていて、お互いに特に進化的な関係性はない．LIG は人工的に創られたものであるし、HDV はウイルスの持つリボザイムである．この 2 つは大きく異

2.7 中立進化が適応進化に及ぼす影響 79

なる配列を持っていて，異なる折り畳まれ方をしてそれぞれの触媒活性を発揮している（図 2.13 の左端と右端の構造）．LIG と HDV はそれぞれ中立ネットワークを持っていて，それらはかなり近接する．LIG の中立ネットワークの端にある配列（図 2.13 の左から 2 番目の構造）は，あと 3 塩基変異で HDV の中立ネットワークに到達し，HDV 活性を持つことができる（図 2.13 の左から 3 番目の構造）．この結果はつまり，LIG は中立変異を蓄積することで別のリボザイムへと変わりやすくなることを示している (Schultes and Bartel 2000)．

リボザイムは，生物の中でも使われており，もしこのリボザイムが生物の適応度を上げる場合にはこれを持つ生物の適応進化も促進するだろう．つまり中立進化は，それ自体は適応度を上げないが，次に適応度を上げる変異導入のための土台になる可能性がある．

2.8 まとめ

- 中立変異とは適応度をほとんど変えない変異を指す．
- 遺伝型の集団内での頻度が偶然によって変動することを遺伝的浮動と呼ぶ．こうした遺伝的浮動により中立変異の頻度が変わったり，固定されること（集団中の頻度が 100% となること）を中立進化と呼ぶ．
- 生物のゲノム配列に固定される変異のほとんどは中立であることから，ゲノム配列は中立進化しているとされる．
- ある中立変異が固定されるまでの時間は集団サイズが小さいほど短い．
- 長い時間スケールで見たときに，複数の中立変異が生まれて固定速度は，中立変異の導入速度に一致する．つまり時間に対して一定となる．この性質により，ゲノム中の変異の数（正しくは中立変異の数）は分子時計として使うことができる．

2.9 さらに学習したい人へ

【分子進化の中立説について】
- 木村資生，分子進化の中立説，紀伊國屋書店，1986

中立説の提唱者本人が書いた解説書である．中立説の内容から批判点，それに対する回答など詳しく書かれている．

- 木村資生，生物進化を考える，岩波書店，1988

こちらは，上記の『分子進化の中立説』よりも一般向けに書かれている．木村の生物観や科学観が垣間見れて面白い．

参考文献

[1] Kimura, *Nature*, **217**, 624-626, 1968
[2] Nei, *Mol Biol Evol.*, **22**, 2318-2342, 2005
[3] Kimura and Ohta, *Genetics*, **61**, 763-771, 1969
[4] Bergman *et al.*, *Nature Communications*, **14**, 2023
[5] Park, *Genetics Research*, **93**, 105-114, 2011
[6] Duchen, *Genetics*, **193**, 291-301, 2013
[7] Sprengelmeyer *et al.*, *Mol Biol Evol.*, **37**, 627-638, 2020
[8] Zuckerkandl and Pauling, Molecular disease, evolution, and genic heterogeneity. In Kasha, M., Pullman, B. (eds.) Horizons in Biochemistry, Academic Press, New York, 189-225, 1962
[9] Hedges and Kumar, *Trends in Genetics*, **19**, 200-206, 2003
[10] Dayhoff *et al.*, Atlas of Protein Sequence and Structure. *Natl. Biomed. Res. Found.*, **5**, 345-352, 1978
[11] Kumar, *Nat Rev Genet*, **6**, 654-662, 2005
[12] 木村資生，分子進化の中立説，紀伊國屋書店，1986
[13] Kumar, *PNAS*, **22**, 803-808, 2002
[14] Miyata *et al.*, *PNAS*, **77**, 7328-7232, 1980
[15] Schultes and Bartel, *Science*, **289**, 448-452, 2000
[16] 宮田　隆，JT生命誌研究館　ウェブサイト「宮田　隆の進化の話」https://www.brh.co.jp/research/formerlab/miyata/
[17] Hayashida *et al.*, *Mol. Biol. Evol.*, **2**, 289-303, 1985
[18] Diane *et al.*, *Trends in Genetics*, **19**, 191-195, 2003
[19] Genereux and Logsdon, *Trends in Genetics*, **19**, 191-195, 2003

第3章

バリエーションが生まれるしくみ

3.1 変異が適応度のバリエーションをもたらすしくみの概要

　第2章で説明した適応進化は，同一種の集団内に適応度の違う個体が存在すること，すなわち集団の適応度にバリエーションが存在することを前提としていた．それでは，こうした同一種内の適応度のバリエーションはどうやって生まれるのだろうか？

　生物において，バリエーションの源となるのはゲノム DNA 配列（着目する部分の DNA 配列の種類は遺伝型 (genotype) と呼ばれる）の変化（変異）である．この変異により，DNA から転写された RNA や RNA から翻訳されたタンパク質のアミノ酸配列が変化しその機能が変わったり，その発現量が変わったりする（図 3.1）．これらのタンパク質の機能や発現量の変化はそのタンパク質を持つ細胞や個体の性質（これを表現型 (phenotype) と呼ぶ）の変化をもたらす．細胞や個体の表現型が変われば環境との相互作用により適応度も変わる．こうして DNA への変異は適応度のバリエーションをもたらすことになる．なお，RNA やタンパク質の分子進化を扱う場合には，RNA やタンパク質の機能がそのまま表現型であり，その活性が適応度だとみなされる．本章では，このような DNA 配列への変異が適応度のバリエーションをもたらすしくみについて説明をする．また，本章では遺伝学の用語（ゲノム，DNA，遺伝子，遺伝型など）がたくさん出てくるが，用語になじみのない読者は以下のコラムを参照してほしい．

　ゲノムに導入される変異 (mutation) には，点変異 (point mutation)，欠失変異 (deletion)，挿入変異 (insertion)，組み換え (recombination) の主に4種類がある（図 3.2）．これらの変異が入る根本的な原因は，DNA 複製時の複製ミスか，紫外線や変異誘導物質などによる効果や，DNA の組み換えである．細胞内であればこのような変異の多くは修復されるが，修復されずに残ったものが DNA 配列に変異をもたらす．以下では，まず，生物に変異が起きる

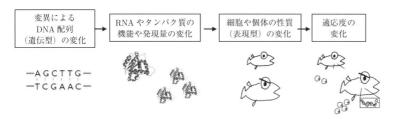

図 3.1 生物において変異が適応度にバリエーションをもたらすしくみ

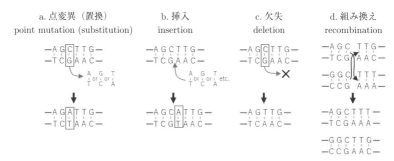

図 3.2 DNA に起こる変異の種類

メカニズムについて説明し，その後，変異によって表現型および適応度がどう影響を受けるかを説明する．なお，一般書では変異ではなく突然変異と表記されることも多いが，突然ではない変異はないので本書では変異を用いる．また，変異のうち1か所だけ変化するものを点変異と呼ぶ．点変異は，置換 (substitution) という単語が用いられることも多いが同じ意味である．

コラム：遺伝関係の用語のまとめ

ここで本章で頻繁に出てくる用語について整理しておきたい．

ゲノム：ある生物が持つ遺伝情報全体のことを指す抽象的な言葉である．普通の生物の遺伝情報は DNA にコードされているので，ゲノムとは具体的にはある細胞の持つ DNA 全体のことを指す．ゲノム DNA も同じ意味である．

DNA：デオキシリボ核酸 (deoxyribonucleic acid) の略称で，本来は化学物質の名前である．しかし，生物はこの化合物に遺伝情報をコードしているため，遺伝情報と同じ意味で使われることも多い．また，生物学における DNA とは特に指定のない限り，相補鎖とペアになった二本鎖状態，つ

まり二重らせん構造をとっているものを指す．ゲノムとは異なり，DNA と表記する場合には，その大きさは様々である．ゲノム全体を指す場合もありうるし，ごく一部だけを指す場合もありうる．
- **遺伝子**：多くの場合，ある1つのタンパク質へと翻訳されるゲノム中の領域のことを指す．コード領域とも呼ばれる．ゲノムには，多数の遺伝子が順番にならんでコードされている．遺伝子以外のゲノム上の場所は非コード領域と呼ばれ，そこには近傍の遺伝子の発現量やタイミングを決める配列が存在する．
- **変異**：ゲノムDNA配列の1か所の変化のことを指す．1塩基の変化や，1か所の挿入，欠失，あるいは組み換えのこともある．
- **塩基**：DNAを構成する単位のことを指す．DNAはアデニン(A)，シトシン(C)，グアニン(G)，チミン(T)という4種類の塩基がつながった配列となっている．点変異が起こるとこのうち1つの塩基が別の塩基へと変化する．
- **遺伝型**：ある生物個体の持つ遺伝子や変異の違いを指す．特に同種でほぼゲノム配列が同じ個体間について，その違う部分のタイプのことを意味する．
- **表現型**：遺伝型によってもたらされた細胞や個体の性質の違いを指す．タンパク質などの分子の進化を扱っている場合には，その分子の構造や機能の違いを指す場合もある．
- **適応度**：表現型によってもたらされた細胞や個体が残す子孫の数のことを指す．タンパク質などの分子の進化を扱っている場合には，目的とする活性の強さを指す場合もある．

3.2 DNAに入る様々な変異

3.2.1 点変異（塩基置換）

ゲノムDNAに入る変異の第1の原因はDNA複製時の複製ミスである．複製ミスによって，起こる最も頻度が高い変異が点変異である．これはDNA配列の1か所（1塩基）が別の塩基へと変化するタイプの変異である．1塩基置換とも呼ばれる．たとえば，A（アデニン）だった場所が，T（チミン）かG（グアニン），C（シトシン）に変わる場合である．

変異の起きやすさは，DNA複製酵素の種類，修復経路の有無によって大きく異なる．修復機構がない場合の複製ミスの頻度については，精製された

DNA複製酵素を使った試験管でのDNA複製により見積もられている．たとえば，昔よくPCR反応に使われていたTaqポリメレースと呼ばれる複製酵素の場合，点変異率は1塩基当たり10^{-4}と見積もられている (Potapov and Ong 2017)．つまり1000塩基を複製すれば1か所くらい間違えるということである．その後開発されたポリメレースであれば，点変異率が1塩基当たり10^{-6}程度くらい低いものも存在する．このような変異率が低いポリメレースには，間違った塩基を取り込んだ際に複製をやり直す機能（校正機構）が存在している．

　試験管内での反応であれば，わざと変異率を上げることもできる．PCR反応時に通常マグネシウムイオンを入れておくが，これをマンガンイオンに変えることによって，複製ミスを誘発することができる．または，PCR反応液中のデオキシヌクレオチドの比率を偏らせることも用いられる．このようなPCRはError-prone PCRと呼ばれ，分子進化工学の際にわざと変異導入を行う場合に用いられる (McCullum et al. 2010, Lin-Goerke et al. 1997)．

　細胞の中では，こうした複製ミスによって作り出された変異の多くは後に説明する修復経路によって修復され，修復されなかった変異が適応度にバリエーションを作り出すことになる．

　点変異には，変異先として変わりやすい塩基と変わりにくい塩基がある．たとえば，AからG，あるいはGからAは変わりやすい．同様にCからT，TからCも変わりやすい．一方で，それ以外の変わり方，たとえば，AからCやTなどには変わりにくい．この変わりやすさ，変わりにくさはAGCTの化学構造による．AとGはどちらもプリンと呼ばれる五角形と六角形がつながったよく似た構造を持っている．同様にCとTもどちらもピリミジンと呼ばれる六角形単独のよく似た構造を持っている（図3.3）．化学構造が似ているものほど間違えやすいため，その変異が入りやすくなる．この起こりやすいプリンどうし (A⇔G)，あるいはピリミジンどうし (C⇔T) の変異をトランジション (transition)，起きにくいプリン間，ピリミジン間の変異 (A, G⇔C, T) をトランスバージョン (transversion) と呼ぶ．

　トランスバージョンとトランジションの頻度の違いは，生物への変異率に偏りをもたらす．たとえば，大腸菌に紫外線を照射しながら長期の継代実験を行ったときに入った変異の種類について調べた結果を図3.4に示す (Shibai et al. 2017)．トランスバージョンに相当する変異に比べて，トランジションに相当する変異の頻度が高くなっている．こうして調べられた各塩基置換の

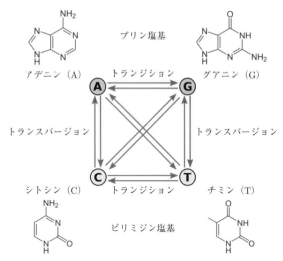

図 3.3 生物の DNA を構成する塩基と変異の種類
Wikipedia "Transversion" より改変.

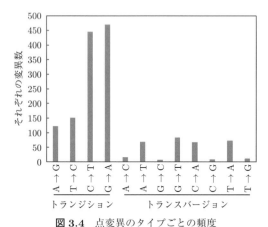

図 3.4 点変異のタイプごとの頻度
大腸菌に紫外線を照射しながら長期進化させたデータ (Shibai *et al.* 2017) より作成.

起こりやすさは，系統樹を書くときに枝の長さ（各配列の遺伝的な距離）を見積もる際に重要である．それは，たとえば 2 つの生物種の DNA 配列を比べた場合に，起きやすいトランジションが起きている場合よりも，起きにくいトランスバージョンが起きている場合の方が分岐後に長い時間が経っていると予想されるからである．また，このような変異の種類は変異の原因によっても

影響を受ける．たとえば，肺がんではタバコの煙に含まれる多環芳香族炭化水素が原因といわれる C → A 変異が多く，悪性黒色腫では紫外線が原因となる C → T 変異が多くなる．こうした変異原に特徴的な変異の起き方は mutation spectrum や mutation signature と呼ばれ，がんの原因の調査にも使われている．

3.2.2　生物ごとの変異率の違い

各生物における平均的な点変異率は生物分類によって大きく異なることがわかっている．大腸菌では約 10^{10} 塩基に 1 回，ヒトであれば 1 回の複製で体細胞では約 10^9 塩基に 1 回程度，生殖細胞であれば約 10^{10} 塩基に 1 つ程度の変異が入ると見積もられている (Lynch 2010)．これはたとえば，約 3×10^6 塩基のゲノム DNA を持つ大腸菌であれば，3000 回複製すると 1 か所に変異が入るくらいの頻度である．ヒトの生殖細胞の場合であれば，ゲノム DNA は約 3×10^9 塩基長であるため，3 回複製すると 1 個変異が入る計算である．ヒトの変異率はずいぶん高いように思われるが，ヒトのゲノム DNA のほとんどの部分はタンパク質には翻訳されない非コード領域であり，機能を持っていない（と考えられている）場所であるため，変異が入っても影響はないのかもしれない．

また，各生物の変異率はゲノム DNA の長さと関係していることが知られている（図 3.5）(Lynch 2010)．ウイルスや原核生物くらいのゲノムサイズ（10 Mbp くらいまで）であれば，ゲノムが長くなればなるほど変異率は下がる傾向にある．一方で，もっと大きなゲノムを持つ真核生物だと，ゲノムが大きくなるとむしろ変異率は緩やかに上昇する傾向がある．

このように，多くの生物で変異率が一定の傾向に従っているということは，変異率も進化によって最適な値になっていることを示唆する．ゲノムサイズが 10 Mbp 以下の場合，ゲノムサイズが大きくなるにつれて変異率が下がっていくのは，おそらくゲノムが長くなるほど必要な情報が増え，ミスなく子孫に継承させるために正確な複製が必要になるためだと解釈できる．しかし，変異率を低くするにはコストがかかる．おそらくこのコストと有益さがつりあったところが，現在の生物の変異率なのだろうと推測されている．

しかし，10 Mbp 以上のゲノムサイズになると，ゲノムが大きくなるほど不正確になっていく理由は定かではない．可能性としては，ゲノムが大きくなっても，必要な遺伝情報は増えていないことがあるかもしれない．たとえば，

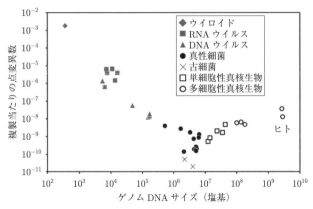

図 3.5 ゲノムサイズと点変異率の関係
データは (Lynch 2010) より取得した.

原核生物の大腸菌とヒト細胞では，ゲノムサイズは約1000倍違うが (大腸菌約 4.6 kbp に対してヒトは約 3 Mbp)，遺伝子の数は約 5 倍しか違わない（大腸菌約 4000 に対してヒトは約 2 万）．これはヒトなど真核生物で増えているゲノム領域は，イントロンや繰り返し配列など，遺伝子をコードしない場所が増えるからである．ゲノムが大きくなっても，それに合わせて複製を正確にする必要はないのかもしれない．

3.2.3 挿入, 欠失

複製中に起こる点変異以外の変異として，欠失や挿入がある．欠失 (deletion) は 1 個以上の塩基がなくなること，挿入 (insertion) は 1 個以上の塩基が増えることを指す（図 3.2(b)）．これらは併せてインデル (indel) と呼ばれることもある．これらの起こる頻度は点変異よりは低いが，その影響は大きい．もし，遺伝子の情報が載っているコーディング領域に挿入や欠失が起こると遺伝子の読み枠 (reading frame) をずらすことがあるので，そこにコードされているタンパク質の機能を壊してしまうことが多いからである．

ここで簡単に遺伝子の読み枠について説明する．DNA（実際には DNA から転写された RNA）の配列は 3 塩基ずつ読まれてタンパク質を構成する 1 つのアミノ酸に翻訳される．この 3 つの塩基の組をコドンと呼ぶ．したがって，ある 1 本の DNA 配列に対して 3 通りの翻訳の読み方（これを読み枠，フレームと呼ぶ）が存在することになる（図 3.6）．DNA は普通二本鎖なので，表鎖と裏鎖でそれぞれ 3 通りずつ，合計 6 通りの読み方が存在することになる．

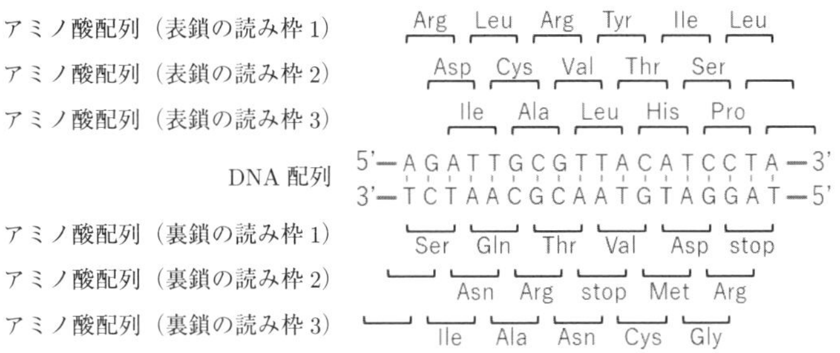

```
アミノ酸配列（表鎖の読み枠1）     Arg  Leu  Arg  Tyr  Ile  Leu
アミノ酸配列（表鎖の読み枠2）      Asp  Cys  Val  Thr  Ser
アミノ酸配列（表鎖の読み枠3）       Ile  Ala  Leu  His  Pro
                    DNA 配列   5'—A G A T T G C G T T A C A T C C T A—3'
                             3'—T C T A A C G C A A T G T A G G A T—5'
アミノ酸配列（裏鎖の読み枠1）      Ser  Gln  Thr  Val  Asp  stop
アミノ酸配列（裏鎖の読み枠2）        Asn  Arg  stop  Met  Arg
アミノ酸配列（裏鎖の読み枠3）         Ile  Ala  Asn  Cys  Gly
```

図 3.6 翻訳時には表裏 3 通りずつの読み枠（フレーム）がある

二重鎖である DNA をタンパク質のアミノ酸配列に翻訳するやり方は表鎖，裏鎖それぞれで 3 通りずつある．DNA 鎖のどちらを表，裏と呼ぶかは任意である．ここでは各読み枠で翻訳したときのアミノ酸配列を 3 文字表記（Arg はアルギニン，Leu はロイシンなど）で表す．stop は翻訳の終了（終止コドン）を示す塩基配列である．

普通の生物では，このうち使われているのは 1 つの読み枠だけである．それ以外の読み方をしても，まともなタンパク質はできない（多くのケースではすぐに翻訳を終了させる配列が出現してしまう）．したがって，もし遺伝子の途中で欠失や挿入が起きるとこの読み枠が途中でずれてしまうことになる（ただし 3 の倍数の塩基数の欠失と挿入の場合はその限りではない）．読み枠がずれたタンパク質はそれ以降のアミノ酸配列がまったく変わってしまうため，元の機能は多くの場合失われる．

こうした欠失や挿入は，DNA 複製時に複製酵素が鋳型 DNA 上をスリップして起こることがある．試験管内で DNA 複製を行ったときのデータからは，欠失や挿入の頻度は点変異よりもずっと低く，欠失変異は点変異の 1/100，挿入変異はさらにその 1/10 程度だと報告されている (Potapov and Ong 2017)．細胞内の欠失や挿入率の報告例は少ないため，その頻度は定かではないが，大腸菌ゲノム DNA の解析の結果からは，欠失，挿入の頻度は，点変異と同じか 4 倍程度高い頻度で見つかっている．そしてそのほとんどは 1 塩基の欠失・挿入であった (Itoh *et al.* 1999)．線虫ゲノムの場合には，小さな欠失，挿入の頻度は点変異の 1/3 程度であることが報告されている (Konrad *et al.* 2017)．挿入，欠失の頻度は対象とする生物やゲノム上の場所によっても大きく異なると予想されるが，点変異に比べると未だ統計的なデータはほとんどない．

3.2.4 変異原

変異は環境要因や化学物質によっても起こる．変異を引き起こす物理作用や物質は変異原と呼ばれる．

地上の生物が頻繁にさらされる変異原に紫外線がある．紫外線がDNAにあたると，DNAのうちピリミジン塩基（CかT）が2つ並んでいる部分が結合し，ピリミジン二量体を作る反応が起こる．こうした異常な塩基結合が起こると，その部分のDNA構造がゆがんで正しく複製ができなくなり，CからTへの変異が起こることが知られている (Brash 2015)．上で紹介した大腸菌を紫外線で照射しながら継代した実験では，実際にCからTへの変異が高頻度で観察されている（図3.4）．またGからAの変異もまた同程度の頻度で観察されているが，これは相補対を作っている塩基にCからTへの変異が入ったためだと考えられる（DNA二本鎖においてAはTと，CはGと対合を作っている．図3.6参照）．なお，細胞内でできたピリミジン二量体の多くは変異とはならず，光回復酵素と呼ばれる酵素によって修復される．修復されなかったごく一部の損傷が変異となる．

　他に変異を引き起こす物理作用として，X線などの放射線がある．放射線は，直接的あるいは水分子のラジカル化などを介して間接的に，DNA中の塩基の損傷や塩基の脱落を引き起こす．塩基の損傷や脱落が起こると，その場所では正常な塩基対を作れなくなり，複製の際に間違った塩基を取り込むことで変異をもたらす．こうした損傷は通常すぐに修復されるが，損傷の程度が大きければ，修復しきれずに変異が入ることになる．放射線は塩基の損傷のみならず，DNA二本鎖の切断ももたらす．DNAの切断も，細胞内のしくみですぐに修復されるが，修復の際のミスにより変異が導入されることになる．

　物質的な変異原としては，いわゆる発がん性物質と呼ばれる化学物質がある．これらの物質の多くはDNAと相互作用する性質を持っている．たとえば，カビが産生する発がん物質であるアフラトキシンは，DNAの塩基対と塩基対の間に入り込み，隣接するGの窒素に炭素を付加する（アルキル化と呼ばれる）．アルキル化したGは塩基の脱落とDNAの切断を引き起こし，変異をもたらすらしい（中谷・齋藤 2001）．

　上で紹介した変異原がなかったとしても，細胞内のDNAは一定速度で化学反応を起こすことにより自発的に変異を生じる．最も頻度が高いのはDNAの主鎖とアデニン，グアニン塩基をつなぐグリコシル結合の開裂である（図3.7）．グリコシル結合が開裂すると塩基が脱落してしまう．この現象は脱プリン化 (depurination) と呼ばれる．脱落が起きたままDNA複製が起こると，脱落塩基の相補鎖にはたいていアデニンが導入されトランスバージョン変異が起こる．こうした開裂は，哺乳類細胞では毎日 1000-20000 回起きているらし

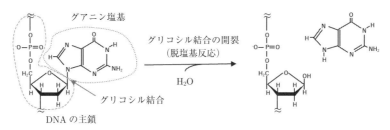

図 3.7 脱プリン化の例（グアニン塩基の場合）

い (Lindahl 1993). シトシンやチミンについても，アデニンやグアニンよりは遅いものの自然に脱落が起きる.

2つ目の自然に起こる変異は，塩基の脱アミノ化 (deamination) である. アデニンとシトシン残基に含まれるアミノ基（図 3.8 に ← で示す）は一定速度（C で 1 日に 3×10^7 に 1 個，A では 1/50 くらいらしい）で自然に脱落し，それぞれヒポキサンチンとウラシルと呼ばれる別の塩基となってしまう（図 3.8）(Shen $et\ al.$ 1994). アデニンとシトシンであれば，もともと T と G と対合していたが，ヒポキサンチンは C, A, ウラシルは A と塩基対を形成できるため，このまま複製が起こると変異が導入されることになる. また，細胞内に存在する S-アデノシルメチオニン（SAM，細胞内の代謝反応に使われる化学物質）は毎日 2 万塩基に 1 つ程度の頻度で，アデニンやグアニンの窒素原子をメチル化することがある (Voet and Voet 2010). メチル化された塩基は脱落し，DNA 複製時に変異をもたらす.

こうした塩基の損傷は生物の場合，除去修復という方法で修正される. この方法では，損傷塩基が酵素によって認識され，その周りの数塩基を除去した後，正しい塩基で埋められる. こうした修正機構でも直しきれなかったもの，そして正しく修復できなかったものが変異となる.

以上で見てきたように，変異が入る過程は，DNA 複製のミスなど複製時に起こる過程と，脱アミノ化など複製とは関係なく起こる過程の 2 つに分けられる. どちらが生物にとっての主要な変異原であるのかは未だはっきりしない. もし，DNA 複製ミスが主たる変異原であれば，生物の変異導入速度は世代に依存すると期待される. 一方，もし，複製とは関係ない過程で起こる反応が主たる変異原であれば，変異導入速度は世代ではなく時間に依存するはずである. 第 2 章の分子時計のところでは，変異の導入速度が時間に比例することをみた. この事実は，進化の歴史において生物の主たる変異原が複製の際

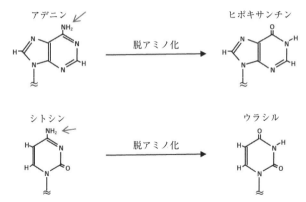

図 3.8 脱アミノ化の例（アデニンとシトシン塩基の場合）

のミスではなく，脱アミノ化などの複製とは関係なく起こる反応であることを示唆しているのかもしれない．

3.2.5 組み換え

　点変異や挿入，欠失とは別の種類の変異として，DNA の組み換えがある．このタイプの変異では，ある場所の DNA 配列が別の場所へつなぎ変わる（図 3.2(d)）．よく似た配列どうしがつなぎ変わる場合を相同組み換え (homologous recombination)，特に似ていない配列どうしがつなぎ変わる場合を非相同組み換え (nonhomologous recombination) と呼ぶ．生物では相同組み換えが特に高頻度で起こる．それはすべての生物が相同組み換えを触媒する酵素を持っているからである．この酵素はよく似た配列（相同配列と呼ぶ）の間でDNA の鎖を組み換える．この酵素は，普段は組み換えを介した DNA の修復に働いている．また生殖を行う二倍体の生物には，生殖時に両親に由来する DNA どうしを組み換えて，新しい遺伝子の組み合わせを持った DNA を子孫に受け渡すしくみがある．この生殖時の DNA のシャッフルを交差と呼ぶ．交差は，機能を損なうことなく多様性を生み出すための優れた方法であり，次の節で改めて説明する．

　DNA の組み換えは，自然界でバリエーションを生み出す重要なしくみの 1 つである．たとえば，ある生物のもつゲノムの中で組み換えを起こせば，ゲノムの遺伝子の場所や向きを大規模に変えることができる．また，複製後の 2 本のゲノムの間で組み換えを起こせば，一部の遺伝子を 2 本に重複させることもできる．こうした組み換えは，次の項で説明をする減数分裂時によく起

こるが，それ以外でも，ゲノム中に存在する転移因子 (transposable element) によって引き起こされることもある．転移因子はゲノム DNA 上の特別な領域で，たいていの場合，DNA 組み換えを触媒する酵素をコードしていて，その酵素による組み換えを介してゲノム上を移動したり，ゲノム上で数を増やしたりする．こうした転移因子が移動をすると，周囲の領域に欠失や逆位（ある部分の配列がひっくりかえること）や，あるいは重複を起こし，変異の原因となる．

組み換えによって起こる変異のなかで，生物進化に特に重要な影響を与えうるものは遺伝子の重複である．遺伝子重複は，新しい遺伝子が生まれる第一歩だった可能性が指摘されている (Ohno 1970)．遺伝子が1つだけの場合は，その遺伝子が新しい機能を持つように変化することは考えにくい．それは，新しい機能を持つような大きな変化をするには，たいていもともとの機能が失われてしまい，それは生物にとって適応度を下げるだろうからである．しかし，遺伝子を2つ持っていれば，片方の遺伝子の機能がなくなっても適応度には影響しない．したがって，重複した遺伝子の片方はさらなる変異で新しい機能を獲得していくことができると予想される．

実際に遺伝子重複により新しい機能を持つ遺伝子が生まれたとされる例は多い．たとえば，動物の眼で光を感知しているのはオプシンと呼ばれるタンパク質である．オプシンは進化の過程で遺伝子重複を繰り返し，ヒトでは9個まで増えている．ヒトの持つオプシンのうち1つは明暗の検知に，3つは，おおよそ青，緑，赤の3色の検出に特化している．ゆえにヒトはどんな色も三原色の組み合わせで認識している．このオプシンタンパクは遺伝子重複を繰り返して増えたり，時に減ったりしてきたといわれている．もともとのオプシンタンパクはクラゲやウニなどの刺胞動物と脊椎動物の共通祖先で生まれたらしい．クラゲやウニはヒトのような目は持たないが，光を認識する感覚器を持っている．その後，目の性能が上がるとともに，オプシンも遺伝子重複を繰り返し，新しい波長（色）の光を認識できるようになっていったとされる (Porter et al. 2012)．こうした1種類から遺伝子重複により多様化した遺伝子は遺伝子ファミリーと呼ばれる．

さらに遺伝子のレベルだけではなく，ゲノム DNA 全体の倍化もしばしば起きたとされる．ヒトに関するものでは，まず無脊椎動物から分かれた脊椎動物の共通祖先で1回，その後，顎を獲得した脊椎動物の共通祖先で1回と，合計で少なくとも2回起きたとされている (Simakov et al. 2020)．ゲノム重複

により，多数の遺伝子が元の役割から解放され新しい機能を得られるきっかけとなった可能性がある．

3.2.6 性と組み換えによるバリエーションの創出

　遺伝型，および表現型のさらなる多様化を促す現象として性がある．性とは，子孫を作る際に，単一個体ではなく，基本的に2つの個体のゲノムを組み合わせて作るしくみである．細菌などの原核生物であれば性を持たないものが多いが，真核生物や多細胞生物になると，ほとんどは性を持つといわれている．

　まず，性を持つ生物が性を使った生殖（有性生殖）のしくみを簡単に説明する．性を持つ生物はゲノムDNAを普通2対（かそれ以上）持つ．たとえば人間の場合，1つの細胞内にゲノムDNAは23本に分かれている．このそれぞれを染色体と呼ぶ．この23本の染色体をすべて父親由来の1対と母親由来の1対の合計2対ずつ持っている（合計46本）．有性生殖を行う場合は，まず細胞は減数分裂と呼ばれる特別な分裂を起こす．普通の分裂ではDNAを複製してから娘細胞に2対ずつのDNAを渡すが，減数分裂では，娘細胞にゲノムを1対ずつしか渡さない．したがって，減数分裂によって生まれた娘細胞はゲノムを1対しか持たない一倍体となる（図3.9）．この一倍体の細胞は配偶子と呼ばれる．この減数分裂の最初にまず父親由来のDNAと母親由来のDNAに相同組み換えを起こし，両者を混ぜ合わせるしくみ（交差と呼ばれる）がある．これにより配偶子の持つ1対のDNAは両親の遺伝子が混ぜ合わされたものとなっている．

　性を持つ生物の場合，各個体は大きな配偶子を作るタイプと，小さな配偶子を作るタイプの2種類に分かれることが知られている．このうち大きな配偶子を作る方が動物ならメス，植物なら雌株，雌花，雌しべと呼ばれ，小さな配偶子を作る方が動物ならオス，植物なら雄株，雄花，雄しべと呼ばれる．この2つの異なるタイプの配偶子が接触すると細胞が融合（受精）し，二倍体の細胞（受精卵）が復活する．この細胞が普通の細胞分裂を繰り返すことで，子孫の個体が発生する．

　こうした性のしくみによって両親の遺伝子をいろいろな組み合わせを持った次世代が出現し，集団の遺伝型にバリエーションを生み出す．しかも相同組み換えでは，点変異で生み出されたバリエーションとは異なり，似ている部分を交換するだけなので遺伝子の機能を低下させにくいという利点がある．このよ

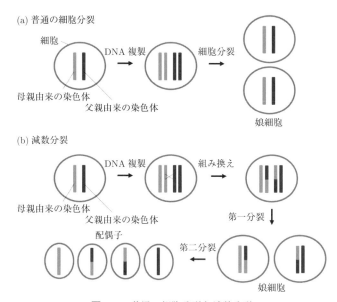

図 3.9 普通の細胞分裂と減数分裂

うに遺伝子を壊さずに多彩な子孫を生み出すことができるのが性のメリットの1つだといわれている．このメリットにより，組み換え（交差）のしくみは進化のアルゴリズムを利用した最適化手法である遺伝的アルゴリズムでも採用されている（第6章参照）．交差があるおかげで遺伝的アルゴリズムでは，局所解に落ちにくく，大域的な解を探索することができると考えられている．

3.3　DNA変異がタンパク質のアミノ酸配列に与える影響

以上で見てきたような様々な原因でDNAに導入された変異のうち，タンパク質をコードする領域に入ったものは，タンパク質のアミノ酸配列を変えることになる．しかし，すべての変異がアミノ酸配列を変えるわけではない．点変異のうち約1/3は，アミノ酸配列を変えない．こうした変異は同義変異（synonymous mutation）と呼ばれ，アミノ酸配列を変える変異は非同義変異（nonsynonymous mutation）と呼ばれる．一部の変異がアミノ酸配列を変えない理由は，DNA配列からアミノ酸配列へと翻訳する際の変換表では，複数のDNA配列が同じアミノ酸に対応しているからである．この変換表はコドン表と呼ばれる．全生物が使っている標準的なコドン表（標準コドン表）を図

		2塩基目							
		U		C		A		G	
		コドン	対応する アミノ酸	コドン	対応する アミノ酸	コドン	対応する アミノ酸	コドン	対応する アミノ酸
1塩基目	U	UUU UUC	フェニル アラニン (Phe, F)	UCU UCC	セリン (Ser, S)	UAU UAC	チロシン (Tyr, Y)	UGU UGC	システイン (Cys, C)
		UUA		UCA		UAA	終止	UGA	終止
		UUG	ロイシン (Leu, L)	UCG		UAG	終止	UGG	トリプト ファン (Trp, W)
	C	CUU CUC CUA CUG	ロイシン (Leu, L)	CCU CCC CCA CCG	プロリン (Pro, P)	CAU CAC	ヒスチジン (His, H)	CGU CGC CGA CGG	アルギニン (Arg, R)
						CAA CAG	グルタミン (Gln, Q)		
	A	AUU AUC AUC	イソロイシ ン (Ile, I)	ACU ACC ACA	スレオニン (Thr, T)	AAU AAC	アスパラギ ン (Asn, N)	AGU AGC	セリン (Ser, S)
						AAA	リジン (Lys, K)	AGA	アルギニン (Arg, R)
		AUG	メチオニン (Met, M)	ACG		AAG		AGG	
	G	GUU GUC GUA GUG	バリン (Val, V)	GCU GCC GCA GCG	アラニン (Ala, A)	GAU GAC	アスパラギ ン酸 (Asp, D)	GGU GGC GGA GGG	グリシン (Gly, G)
						GAA GAG	グルタミン 酸 (Glu, E)		

図 3.10 標準コドン表
コドン表では T ではなく U が使われる．これは DNA 配列（A, G, C, T の 4 塩基からなる）がアミノ酸配列に翻訳される前に RNA に転写され，その際に T は U (ウラシル) に変換されるためである．DNA 配列から翻訳後のアミノ酸を読み取るには表中の U を T に読み替えればよい．

3.10 に示す．DNA を構成する塩基配列は，3 塩基で 1 つのアミノ酸に対応している．この 3 塩基の組をコドンと呼ぶ．一部のコドンはアミノ酸ではなく，翻訳の終了を指示する終止コドンとなっている．このコドン表の配置は，特にこうでなければならない理由は見つかっていない．それにもかかわらず，現在見つかっているすべての生物が共通してこのコドン表を共通して使っていることから，この共通コドン表はすべての生物が同一起源であることを支持する証拠となっている[1]．

この標準コドン表を見ると，複数のコドンが同じアミノ酸に割り当てられている．たとえば，アミノ酸 Val, Pro, Thr, Ala, Gly には 4 つずつコドンが割

---

1) マイコプラズマなど一部の生物やミトコンドリアでは終止コドンが別のアミノ酸に使われているなど，部分的なバリエーションは存在する．

り当てられているし，Leu, Ser, Arg には 6 つずつコドンが割り当てられている．特にコドンを構成する 3 塩基の組のうち，3 塩基目はどんな塩基になろうと同じアミノ酸が割り当てられることが多い．これは翻訳過程において，3 塩基目を正確に認識することが難しいため，どんな塩基であっても同じアミノ酸配列に翻訳するためのしくみだと考えられている．

このような複数のコドンが同じアミノ酸に割り当てられていることにより，一部の点変異（特に，コドンの 3 つ目に入る変異）は，アミノ酸変異をもたらさない同義変異となる．したがって，もし DNA 中のタンパク質のコード領域に点変異が入ったとしても，一定の確率でそれはアミノ酸変異は起こさず，表現型や適応度の変化をもたらさないことになる（サイレント変異と呼ばれることもある）．

ある遺伝子に DNA 変異が入ったときの同義変異，非同義変異の割合は，遺伝子配列が決まればコドン表から求めることができる．たとえば，緑色蛍光を発するタンパク質である GFP の遺伝子について，すべての塩基に対してランダムに 1 塩基変異が入ったときを計算してみると，同義変異は 22%，非同義変異は 78% となる（計算に使ったコードは補遺参照）．この同義・非同義変異の割合は遺伝子ごとに異なるが，その比率はおおむね 1 : 3-4 程度となる．つまり，遺伝子のコード領域に入った変異のうち少なくとも約 1/3 から 1/4 は中立になる可能性が高い[2]．

また変異によってアミノ酸が変わるとしても，あるアミノ酸からすべてのアミノ酸に変わることができるわけではない．1 塩基変異ではコドン表の同じ行か同じ列のアミノ酸にしか変わることができないため，変わることのできるアミノ酸の種類は多くても 7 種類である．図 3.11 に各アミノ酸について，別のアミノ酸に置換するために必要な塩基置換数を示した．アミノ酸置換の種類によっては，最大 3 変異が必要となる．つまり，アミノ酸置換の起こりやすさはコドン表によって大きく制限を受けていることを示している．さらに，あるアミノ酸に対応するコドンの使い方は均一ではなく，特定のコドンに偏っていることが知られている．たとえば大腸菌の場合，ロイシンに翻訳されるコドンは，UUA, UUG, CUU, CUC, CUA, CUG の 6 種類があるが，実際に使われているのは大半が CUG に偏っている．したがって，大腸菌の場合，CUG

---

[2] ただし，同義変異だったとしても，コドンが変わればそのコドンの使用頻度によって翻訳量や速度に違いが出て，それにより適応度に影響が出る可能性はある．

	Ala	Arg	Asn	Asp	Cys	Glu	Gln	Gly	His	Ile	Leu	Lys	Met	Phe	Pro	Ser	Thr	Trp	Tyr	Val
Ala	0	2	2	1	2	1	2	1	2	2	2	2	2	2	1	1	1	2	2	1
Cys	2	1	2	2	0	3	3	1	2	2	2	3	3	1	2	1	2	1	1	2
Asp	1	2	1	0	2	1	2	1	1	2	2	2	3	2	2	2	2	3	1	1
Glu	1	2	2	1	3	0	1	1	2	2	2	1	2	3	2	2	2	2	2	1
Phe	2	2	2	2	1	3	3	2	2	1	1	3	2	0	2	1	2	2	1	1
Gly	1	1	2	1	1	1	2	0	2	2	2	2	2	2	2	1	2	1	2	1
His	2	1	1	1	2	2	1	2	0	2	1	2	3	2	1	2	2	3	1	2
Ile	2	1	1	2	2	2	2	2	2	0	1	1	1	1	2	1	1	3	2	1
Lys	2	1	1	2	3	1	1	2	2	1	2	0	1	3	2	2	2	2	2	2
Leu	2	1	2	2	2	2	1	2	1	1	0	2	1	1	1	2	2	1	2	1
Met	2	1	2	3	3	2	2	2	2	3	1	1	0	2	2	2	1	2	3	1
Asn	2	2	0	1	2	2	2	1	1	1	2	1	2	2	2	1	1	3	1	2
Pro	1	1	2	2	2	2	1	2	1	2	1	2	2	2	0	1	1	2	2	2
Gln	2	1	2	2	3	1	0	2	1	2	1	1	2	3	1	2	2	2	2	2
Arg	2	0	2	2	1	2	1	1	1	1	1	1	1	2	1	1	1	1	2	2
Ser	1	1	1	2	1	2	2	1	2	1	1	2	1	1	1	0	1	1	1	2
Thr	1	1	1	2	2	2	2	2	2	1	2	1	1	2	1	1	0	2	2	2
Val	1	2	2	1	2	1	2	1	2	1	1	2	1	1	2	2	2	2	2	0
Trp	2	1	3	3	1	2	2	1	3	3	1	2	2	2	2	1	2	0	2	2
Tyr	2	2	1	1	1	2	2	2	1	2	2	2	3	1	2	1	2	2	0	2

図 3.11 各アミノ酸の置換に必要な最小塩基置換数
数字は，木村資生『分子進化の中立説』紀伊國屋書店より抜粋．

のロイシンからメチオニン (AUG), バリン (GUG), プロリン (CCG), グルタミン (CAG), アルギニン (CGG) には変わりやすいが, フェニルアラニン (UUU, UUC) やチロシン (UAU, UAC), ヒスチジン (CAU, CAC) には, 図 3.11 から予想されるよりもずっと変わりにくいことになる.

 実際に多くの生物の相同タンパク質配列を比べて, どのアミノ酸がどのアミノ酸に置換しているかを調べたのが図 3.12 である. 一番左の列を見るとアラニン (Ala) からはセリン (Ser) やスレオニン (Thr) に変わりやすいのに対し, トリプトファン (Trp) には変わりにくいことがわかる. この傾向はコドン表から部分的に説明できる. アラニンのコドンは GCU, GCC, GCA, GCG の 4 種類あるが, いずれの場合も 1 番目の塩基が G からが U や A に変わればセリンかスレオニンに変わることができる. 一方でトリプトファン（UGG のみ）に変わるには, GCG から 1, 2 番目の塩基が両方変わるか, GCU, GCC, GCA からすべての塩基の変異が変わることが必要になる. また図 3.12 からはアミノ酸によって変わりやすさも大きく違うことがわかる. 一番下の行には元のアミノ酸についての平均（同義変異は除く）を示しているが, トリプトファン (Trp) に比べ, セリン (Ser) は 20 倍も変異しやすい. これはもともとトリプトファンに比べセリンはコドンの数が多いことに加え, タンパク質中での数も多いことに起因していると考えられる.

元のアミノ酸

	Ala	Arg	Asn	Asp	Cys	Glu	Gln	Gly	His	Ile	Leu	Lys	Met	Phe	Pro	Ser	Thr	Trp	Tyr	Val	平均
Ala	98759	27	24	42	12	23	66	129	5	19	26	22	11	6	99	264	267	1	4	193	65
Arg	41	98962	19	8	21	125	20	102	74	13	34	390	10	3	36	69	38	18	8	11	55
Asn	43	23	98707	284	6	31	36	58	92	26	12	150	8	3	6	344	137	0	23	11	68
Asp	63	8	235	98932	2	21	478	95	24	6	6	17	4	1	6	40	25	1	15	21	56
Cys	44	52	13	5	99450	4	3	41	17	8	15	3	0	28	6	147	23	16	68	41	29
Glu	43	154	33	27	2	98955	211	17	130	4	64	176	11	2	81	37	31	2	8	12	55
Gln	82	16	25	358	1	140	99042	83	9	1	103	9	2	10	21	19	2	2	31		30
Gly	135	70	33	66	11	10	70	99369	5	3	6	16	3	2	11	129	19	8	2	32	33
His	17	164	171	53	15	233	15	15	98867	10	49	31	8	18	58	51	28	2	189	8	59
Ile	28	12	21	6	3	2	1	5	4	98722	212	12	113	31	5	28	149	2	10	630	67
Leu	24	19	6	3	3	29	6	5	2	122	99328	9	90	101	53	40	16	8	8	117	35
Lys	28	334	108	14	1	122	107	20	12	11	13	99101	15	1	11	32	57	1	7	8	47
Met	36	22	14	10	8	19	11	10	8	253	350	37	98845	16	2	19	123	3	6	201	61
Phe	11	3	3	2	14	2	3	4	11	41	230	1	10	99357	8	65	8	8	179	40	34
Pro	150	36	5	7	3	66	12	16	26	5	97	13	4	9	99278	190	69	1	4	14	38
Ser	297	51	214	30	44	22	19	139	17	25	38	140	8	59	140	98548	278	4	20	27	76
Thr	351	33	100	22	9	21	20	24	11	134	25	57	49	6	50	325	98670	1	6	76	70
Trp	7	65	1	3	23	7	2	41	3	7	49	5	22	4	21	5	1	99684	24	16	17
Tyr	11	12	30	23	43	10	4	4	134	16	22	5	4	222	6	43	12	11	99377	11	33
Val	226	8	7	16	13	7	3	1	3	504	161	7	71	24	11	28	67	3	5	98772	64
平均	86	58	56	33	12	47	59	44	34	64	75	57	23	28	33	100	72	5	31	79	

(左端の見出し：変異後のアミノ酸)

図 3.12 各アミノ酸の置換の傾向
100 塩基当たり 1 個の変異が入る時間において，各元のアミノ酸から変異後のアミノ酸への変異が入る確率を 10^5 倍した数字を示す．1 万 6130 個のタンパク配列の 5 万 9190 変異について解析されている．一番右と下には同義置換を除いた平均値を示した．Jones et al. (1992) より抜粋して改変した．

また，たとえ変異によりアミノ酸配列が変化したとしても，出来上がったタンパク質の機能にどの程度の影響があるかは，変化前後のアミノ酸による．たとえば，Ala から Asp，あるいは Glu に変わった場合（これはコドンの 2 番目の塩基が C から A に変異すると起こる），もともと側鎖に電荷のない Ala から側鎖に負電荷のある Asp，あるいは Glu に変わることになるので，おそらくタンパク質の構造や性質に大きな影響を与えるだろう．これに対し，Ala から Val に変わる場合（これはコドンの 2 番目が C から T になることで起こる）には，どちらも側鎖には電荷がなく（大きさは違うが），それほど大きな影響はないかもしれない．アミノ酸配列の影響は，変異の入ったタンパク質の種類や場所によって影響を受けるため，どんな影響があるかを予測することは現状ではまだ難しい．

進化を理解する上でコドン表が興味深いのは，コドン表は進化の基となる変異によるバリエーションを決めるものでありながら，それ自体も進化の産物だということである．コドン表は初めから今の形で出来上がったはずはなく，もともとはもっと単純なものから今の形まで進化したと想像されている．つま

り，コドン表の進化の過程で生物の進化しやすさもまた進化したはずである．しかし，現在，原始的なコドン表を使っている生物は見つかっておらず，コドン表がどうやって進化してきたのかは大きな謎として残されている．

3.4 変異が表現型へ与える影響

3.4.1 変異のタンパク質機能への影響

上で見てきたように，DNA 上のタンパク質のコード領域に変異が入ると，ある割合でタンパク質のアミノ酸配列を変化させ，そのタンパク質の構造や機能（タンパク質レベルでの表現型）を変える．点変異によって，どのくらいの頻度でどのようにタンパク質の表現型が変わるのだろうか？

タンパク質をコードしている領域に点変異を入れたときの影響はいくつかのタンパク質で詳しく調べられている．たとえば 3 種類のタンパク質（TEM β-ラクタマーゼ，M. HaeIII メチルトランスフェラーゼ，ユビキチン）に，それぞれランダムな変異を入れたときの活性の分布を示したのが図 3.13 である．横軸に変異を入れる前の活性を 1 としたときの相対活性（つまり相対適応度），縦軸に頻度を示す．こうした変異を入れたときの適応度の分布は適応度効果分布（distribution of fitness effect, DFE）と呼ばれる．結果のパターンはタンパク質によって異なるが，共通した特徴もある．たとえば，いずれのタンパク質においても相対適応度が 1 付近に 1 つピークがある．これは多くの変異は中立かほぼ中立であり適応度を変えないことを示している．また，ユビキチンを除く 2 種類の遺伝子では，相対適応度が 0 のところにもピークがある．これは多くの変異が遺伝子の機能をほぼ完全に失わせることを示している．このような機能を完全に失わせるか，ほぼ影響しないかの二極性は変異の効果の傾向の 1 つである．ちなみにユビキチンについて機能を失う変異が少ないのは，ユビキチンの機能が他の 2 つよりも単純なためかもしれない．ユビキチンの機能は標的タンパク質に結合することで分解の目印となることだけであるが，他の 2 つのタンパク質は酵素として基質との結合や酵素反応に伴う構造変化などユビキチンよりも複雑な機能が必要となるため，多くの変異で機能を失いやすいのかもしれない．

もう 1 つ，3 つのタンパク質に共通した特徴は，相対適応度を上昇させるような変異はめったに見つからないということである．図 3.13 に示すデータでは，各遺伝子について 1425-2536 個の変異が解析されているが，各遺伝子の

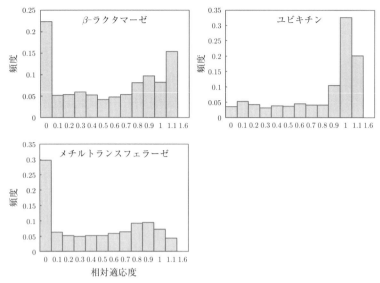

図 3.13 各タンパク質の点変異体の適応度分布
データは Boucher *et al.* (2016) より取得した.

機能を 1.6 倍以上向上させる変異は見つかっていない (Firnberg *et al.* 2014, Roscoe *et al.* 2013). この結果は 2000 程度の変異体のなかには,機能を大きく向上させるような変異はまず見つからないことを示している. これは,考えてみると妥当であろう. 生物の持っている遺伝子はすべて長い間適応進化を繰り返してきたはずであり,もう改良余地がないほど最適化されており,ほとんどの変異は機能を劣化させるだけなのだろう.

3.4.2 個体の表現型への変異の影響

上では 1 つのタンパク質の機能に対する変異の影響を見てきた. 次に,個体の表現型への影響についていくつか例を見てみる. ただし,タンパク質と異なり,細胞や個体の表現型に対する変異の網羅的な影響はほとんど調べられていない. おそらく点変異程度では検出できるような変化が見られないためだろう. したがって,以下で述べる例は,1 か所の変異で大きな表現型の変化が現れた珍しい例となる.

たとえば,図 3.14 は myostatin (MSTN) と呼ばれる遺伝子に 2 塩基の欠失が入っている犬の写真である. このタンパク質はもともと筋肉の成長を抑制していたが,この変異によって抑制が外れた結果,筋肉が異常に発達するように

変異なし (+/+)　　ヘテロ変異体 (mh/+)　　ホモ変異体 (mh/mh)

図 3.14 myostatin 遺伝子の変異によるイヌの表現型
Mosher *et al.*(2007) PLoS Genet 3(5): e79 を参照した.

なったという (Mosher *et al.* 2007). 現代社会では，ほぼすべての犬は人間の飼育環境下で生きているので，たとえ筋肉が発達しても適応度には特に影響しないだろうが，過去にオオカミとして野生に生きていたときであれば，この変異は適応度を上げたかもしれない．1 つの変異であっても，十分に適応度に影響しうることを示す例である．

もう 1 つの例は，ダーウィンフィンチのクチバシの太さと長さを決める遺伝子への変異である．ダーウィンフィンチはガラパゴス諸島に住む小さな鳥で，ダーウィンに進化論の着想を与えた生物の 1 つとして有名である．それぞれの島に特徴的なクチバシの長さと太さを持つ．グラント夫妻の長年の研究結果からこの違いは各島特有の食べ物に対して適応進化した結果だと考えられている．たとえば，固い木の実が多い島のフィンチ（オオガラパゴスフィンチ）は高くて幅の広いクチバシを持ち，逆にサボテンが多く，昆虫やサボテンの花を食べるフィンチ（サボテンフィンチ）は，サボテンの針に刺さらないように細長いクチバシを持つ（図 3.15）．

このクチバシの長さと太さは，BMP4 と CaM（カルモジュリン）という 2 つの遺伝子の発現量により影響を受けることがわかっている．BMP4 の発現量が低くなると，クチバシは低く細くなり，CaM の発現量が低くなると，クチバシは短くなる．オオガラパゴスフィンチは，BMP4 の発現が多く，CaM の発現量が少ない．逆にサボテンフィンチは BMP4 の発現量が少なく，CaM の発現量が多いことがわかっている．この発現量の違いをもたらす変異は未だ明らかではないが，少数の遺伝子の発現量が変わるだけで大きな形態変化が起こることを示す例である (Abzhanov *et al.* 2006).

一方で，個体や細胞の表現型の中には少数の遺伝子ではなく，多数の遺伝子の影響で決まっているものが多くある．たとえば身長である．ヒトの場合，身長に影響を与える遺伝子は 643 個あると推定されている (Park *et al.* 2011). こうした多数の遺伝子によって影響を受ける形質は，量的形質 (quantitative

ハシボソガラパゴスフィンチ
Sharp-beaked finch

サボテンフィンチ
Cactus finch
BMP4 の低下
CaM の増加
→ 細く長いクチバシ

オオサボテンフィンチ
Large cactus finch
BMP4 の維持
CaM の増加
→ 長いクチバシ

ガラパゴスフィンチ
Medium ground finch
BMP4 の維持
CaM の低下
→ 短いクチバシ

オオガラパゴスフィンチ
Large ground finch
BMP4 の増加
CaM の低下
→ 太い短いクチバシ

図 3.15 BMP4 への変異および CaM 遺伝子発現量変化によるダーウィンフィンチの表現型
Abzhanov et al.(2006) Nature 442, 563-567 より改変した．写真は以下の参照先から改変した．Cactus finch: "Common cactus finch" in Wikipedia under CC BY-SA 2.0. Large cactus finch: "Española cactus finch" in Wikipedia by Harvey Barrison under CC BY-SA 3.0. Medium ground finch: "Medium ground finch" in Wikipedia by Charles J. Sharp under CC BY-SA 3.0. Large ground finch: "Large ground finch" in Wikipedia by Peter Wilton under CC BY-SA 2.0.

trait) と呼ばれ，量的形質に影響を与える遺伝子座（遺伝子の場所）を QTL (quantitative trait locus) と呼ぶ．近年，ヒトの病気になりやすさを予測するために，ヒトの疾患に影響を与える QTL を探す研究が盛んに行われている．

3.5 表現型が適応度に与える影響

変異によって変わった表現型が適応度にどんな影響を与えるかは，簡単なケースを除いてよくわからないことが多い．簡単なケースとは，たとえば微生物の薬剤耐性などである．この場合は，薬剤耐性タンパク質（薬剤の排出ポンプや分解酵素だったりする）の性能が，薬剤存在下での微生物の適応度と直結しているだろう．また進化工学でタンパク質の人為選択をする場合も，タンパク質の機能が適応度（選択されやすさ）に直結しているため，適応度の推定は容易であろう．しかし，それ以外の生物が関わる過程において，変異や表現型から適応度を見積もることは難しい．それは，ある生物の表現型が適応度にどんな影響を与えるかは，ケースバイケースだからである．たとえば，泳ぎが速くなった魚の適応度が上がるかどうかは，泳ぎが速くなったことが生存に有利

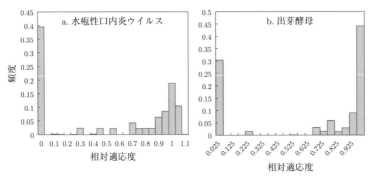

図 3.16 水疱性口内炎ウイルス (vesicular stomatitis virus) と出芽酵母 (Saccharomyces cerevisiae) の変異体の適応度分布
データは Eyre-Walker *et al.* (2007), Sanjuan *et al.* (2004), Wloch *et al.* (2001) より取得した.

な局面が生涯のうちでどのくらいあるかにかかっている．捕食者のいない環境では，泳ぎが速いことには利点はないかもしれない．もし，速く泳げるようになることで燃費が悪くなっていれば，生存に不利になる局面もあるかもしれない．適応度は，環境や周りの別個体によって大きく影響を受けるため一般論を述べることは難しい．したがって，生物の適応進化の場合には有益な変異は特定できたとしても，その変異がどうやって表現型や適応度を変えたのかは，結局よくわからないことが多い．

ただ，ランダムな変異を入れたときに，適応度がどうなるかは，一部のウイルス，酵母を使った実験で見積もられている（図 3.16）．ここでの適応度はウイルスの場合は 1 個のウイルスが生み出す感染可能な粒子数，酵母の場合は増殖速度である．いずれの場合も，分布の形状は図 3.13 で見たタンパク質における分布の 2 峰性の特徴をより顕著にしたものになっている．つまり，多くの変異は適応度に何の影響も与えないか，適応度を 0 にするかのどちらかになる．そしてやはり野生型よりも適応度を上げる変異体はめったに見つからない (Eyre-Walker and Keightley 2007, Sanjuan *et al.* 2004, Wloch *et al.* 2001).

コラム：獲得形質は遺伝するのか？

　進化にまつわる現象で古くからたびたび問題になってきたことに獲得形質の遺伝がある．獲得形質とは，生まれたときにDNAにより先天的に決められた形質ではなく，後天的に得た形質，たとえばヒトであれば筋肉の量や，ケガ，学習して学んだ知識などが相当する．これらが子孫に遺伝するというのが獲得形質の遺伝である．ダーウィンより先に提唱されていたラマルクの進化論では，よく使う形質が子孫に遺伝すると説明されていた．またルイセンコは小麦の"訓練"により収穫量を増やすことができると主張した．しかし，もちろん獲得形質が遺伝する証拠はない．ヒトをはじめ多くの多細胞生物の個体にどのような変化が起きたとしても，遺伝するのは生殖細胞と呼ばれる生殖器にある一部の細胞と，そこに含まれるDNAだけである．そこに多細胞個体の筋肉の量や，ケガの有無や学んだ知識が入り込むメカニズムは存在しない．しかし，いくつかの付加的なしくみによって，一部の獲得形質については，あたかも遺伝したかのように見えることはありうる．以下に2つの例を挙げる．

　1つ目は，遺伝的同化 (genetic assimilation) と呼ばれる現象である．ある生物が後天的に生存に有利な形質を獲得したとする．たとえば，魚が捕食者となる大型の魚の多い池で，追い立てられた結果，筋肉が発達し，速く泳ぐことができるようになったとする．この能力は子孫には受け継がれない．この個体1世代のみの性質である．しかし，もし，この環境で魚集団のいずれかの個体に，変異が入って筋肉が増強したり，速く泳ぐ変異が出現したらどうなるだろうか．そうした変異体は子孫を残す確率が高まるだろうから，集団内で割合を増やしていくことだろう．そしてそうした変異は，どちらかというと速く泳げない個体の子孫よりも，後天的に速く泳ぐことのできる個体の子孫に生じる可能性が高い．なぜなら，後天的に速く泳ぐことのできる個体の方が，単純にたくさんの子孫がいるからである．この結果，後天的に獲得した能力と同じ能力を遺伝的に付与するような変異が入る可能性が高くなる．この現象が遺伝的同化と呼ばれる．遺伝的同化が起こると，あたかも獲得形質が遺伝したかのように見えるが，実際は，獲得形質と同じ形質が有益であったために集団に固定しやすかっただけである．

　もう1つの獲得形質が遺伝したかのように見えるしくみとしてエピジェネティックな変化がある．エピジェネティックな変化とは，DNA配列は変化しないのに，表現型にバリエーションが生まれ，しかもその表現型は子孫

に遺伝する現象である．エピジェネティックな変化が起こるメカニズムは，DNA やヒストンのメチル化やアセチル化などの化学修飾であることが多い．真核生物の DNA は通常ヒストンと呼ばれるタンパク質に巻き付いて小さくパックされた状態で存在している．そして RNA への転写などで DNA が使われる際に，このパッケージングがほどける．DNA 領域やそこに結合しているヒストンが化学修飾を受けると，このパッケージングの強さが変化する．パッケージングが強くなれば，この部分の転写が抑制され，パッケージングが弱くなれば転写が促進され，表現型が変化することになる．そしてこの DNA，ヒストンの修飾のパターンは細胞分裂後も娘細胞に引き継がれる．それは，DNA 複製をしたあとに，鋳型となった DNA の修飾パターンが新規合成 DNA 鎖にもコピーされるしくみがあるからである．こうして，修飾のパターンとそれによる表現型は子孫に引き継がれる．

　実際に，こうしたメチル化の修飾パターンは，飢餓など環境要因で変化し，しかも子孫に引き継がれることが知られている．第一次世界大戦時，母体が飢餓を経験した場合，胎児が女性であるとその子（つまり飢餓を経験した人の孫）の世代まで引き継がれ，出生時の低身長化と肥満を引き起こしたとされる．このエピジェネティックな遺伝が起こると，親の経験に基づいて獲得した表現型が子孫に受け継がれることになり，あたかも獲得形質が遺伝したかのように見えることになる．

3.6 まとめ

- 変異には点変異，挿入，欠失，組み換えがあり，それぞれ異なるしくみで DNA 配列を変化させる．
- 変異は，複製時のミス，変異原や紫外線などの環境要因による DNA の損傷，脱塩基反応などの化学反応による DNA の損傷などで生じる．
- 生物において，タンパク質のコード領域に入った変異はコドン表に従ってアミノ酸変異に翻訳され，タンパク質の性質を変える．コード領域以外に入った変異は，タンパク質の発現量に変化を与える場合もある．その後，変化したタンパク質の性質や発現パターンにより，生物個体の表現型が変わる．そして，変わった表現型により適応度が変わる．
- バリエーションをもたらすしくみとして，DNA の変異や，それによるアミノ酸配列の変異は正確に検出できるようになっているものの，その変異

が，表現型や適応度にどんな影響を与えるのかは，未だ不明な点が多い．

3.7 さらに学びたい人へ

【変異のしくみ，複製，修復のしくみについて】
一般的な生化学，分子遺伝学の教科書を参照してほしい．
たとえば，
- ダニエル・L. ハーテル，エッセンシャル遺伝学・ゲノム科学　第7版，化学同人，2001
- D. Voet, J. G. Voet，ヴォート生化学　第4版，2012-2013

など．

参考文献

[1] Potapov and Ong, *PLoS One*, **6**, e0169774, 2017
[2] McCullum *et al.*, *Methods Mol Biol.*, **634**, 103-109, 2010
[3] Lin-Goerke *et al.*, *Biotechniques*, **23**, 409-412, 1997
[4] Lynch, *Trends Genet.*, **26**, 345-352, 2010
[5] Shibai *et al.*, *Sci Rep.*, **6**, 14531, 2017
[6] Itoh T. *et al.*, *FEBS Letters*, **450**, 72-76, 1999
[7] Konrad *et al.*, *Mol Biol Evol.*, **34**, 1319-1334, 2017
[8] Brash, *Photochem Photobiol.*, **91**, 15-26, 2015
[9] 中谷和彦・齋藤　烈，有機合成化学協会誌，**59**, 670-679, 2001
[10] Lindahl, *Nature*, **362**, 709-715, 1993
[11] Shen *et al.*, *Nucleic Acids Res.*, **25**, 972-976, 1994
[12] Ohno, Evolution by gene duplication. Springer-Verlag, 1970
[13] Porter *et al.*, *Proc. R. Soc. B*, **279**, 3-14, 2012
[14] Simakov *et al.*, *Nat Ecol Evol*, **4**, 820-830, 2020
[15] Jones *et al.*, *Bioinformatics*, **8**, 275-282, 1992
[16] Firnberg *et al.*, *Mol. Biol. Evol.*, **31**, 1581-1592, 2014
[17] Roscoe *et al.*, *J Mol Biol.*, **425**, 1363-1377, 2013
[18] Mosher *et al.*, *PLoS Genet.*, **3**, e79, 2007
[19] Abzhanov *et al.*, *Nature*, **442**, 563-567, 2006

[20] Park *et al.*, *PNAS*, **108**, 18026-18031, 2011
[21] Eyre-Walker and Keightley, *Nat Rev Genet.*, **8**, 610-618, 2007
[22] Sanjuan *et al.*, *PNAS*, **101**, 8396-8401, 2004
[23] Wloch *et al.*, *Genetics*, **159**, 441-452, 2001
[24] Voet and Voet, Biochemistry, Wiley, 2010
[25] Boucher *et al.*, Protein Science, **25**, 1219-1226, 2016

第 II 部

進化によってもたらされるもの

第4章

多様化をもたらすしくみ

4.1 生物の多様性の謎

　第I部では進化の基本的な過程であるランダムな変異によるバリエーションの創出と，それが自然選択，あるいは遺伝的浮動により集団に固定されていくしくみを見てきた．この過程が，進化で起こるすべての現象の基礎となる．しかし，この過程だけでは説明することができず，しかし生物界では普遍的にみられる現象がある．それが種の多様性や生物の複雑性である．第II部では，第I部で見てきた進化の素過程がどうやって種の多様性や生物の複雑性をもたらすのかを説明する．第4章ではまず，種の多様性について取り上げる．

　生物は多様である．現存している生物は800万種を超えるといわれているが，もともとは1種類の祖先生物から多様化したと考えられている．このような多様化は先の章で見てきたような単純な自然選択や遺伝的浮動だけでは実現しない．先の章で見たように，適応進化や中立進化では変異によるバリエーションと自然選択や遺伝的浮動が繰り返される．変異によって集団にバリエーションが生まれても，そのバリエーションのなかで最も適応度が高い，あるいは最も運の良いものが次に集団を占めるようになり集団は均一化する．このような過程で進化が続いていくと，集団は基本的には1つの系統とその少数変異体しか存在しないことになる．

　これを確認するために，第2章2.4.5項で行った中立進化の長期シミュレーション[1]について，系統樹を描いてみた（図4.1(a)）．比較のために，普通の生物（鳥類）の系統樹を隣に載せた（図4.1(b)）．シミュレーションでは1種類の初期配列からスタートして，細かい枝がありながらも1本の長い枝が最後の世代の集団まで続いている．この系統樹には大きな枝が1本しか存在し

---

[1] 生物の系統樹の枝の長さを決めているのはほぼ中立変異なので，中立進化のシミュレーションをしたが，有益変異でシミュレーションをしても同じような1本の枝になる．

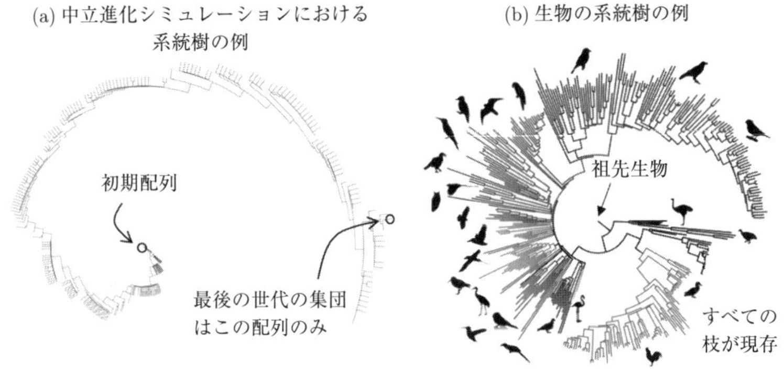

図 4.1 シミュレーションと実際の生物の系統樹の比較
(a) に示す中立進化のシミュレーションでは，スタート配列から大きな枝分かれはなく，最後の世代では 1 種類の配列のみが残ったのに対し，(b) に示す実際の鳥類の系統樹では同じくらいの長さの多数の枝分かれを生じ，すべての枝の先が現存している．(b) の系統樹は Kimball et al. (2019) より引用．

ない．これはつまり，1 系統がずっと集団を占めていることを示している．そして最終的に残ったのは 1 種類の配列のみである．途中の小さな枝の先の配列はすべてなくなってしまっている．一方で，生物の系統樹では祖先生物から複数の同じくらいの長さの枝が分岐している．すべての枝の先にいるのは異なる鳥の種であり，すべて現存している．つまり，この系統樹は，鳥類は異なる種へと分化し，さらにそれらの種が長期にわたって地球上で共存していることを示している．こうした種分化と共存は，上で述べたように単純な自然選択や遺伝的浮動のしくみだけで再現することができない．では，いったいどんなしくみが複数種の分化と共存を可能にしているのだろうか？　本章ではそのしくみについて説明する．さらにこのしくみによって生まれる種という概念についても説明する．

　図 4.1(b) のように多系統の生物種へと分化し多様化するためには，2 つの過程が必要である．1 つ目は遺伝子の変異による表現型の変化，2 つ目は変化した表現型が維持されることである．1 つ目の変異による表現型の変化は第 3 章で述べた点変異，挿入，欠失，組み換えといった変異のしくみで可能である．こうした変異は時に 1 変異によって大きな性質の変化をもたらすからである．しかし，2 つ目の変化した表現型が維持されることは難しい．せっかく表現型の変わった生物集団が誕生しても，元の生物集団との競争に負けて絶滅してしまっては変化した表現型を持つ集団は維持されず，種分化には至らない．種分化のためには，何らかのしくみで複数の表現型を持つ集団が絶滅せ

ず，長期間にわたって共存することが必要である．

また絶滅しなかったとしても，せっかく変化した表現型が元に戻ることもありうる．これは性のある生物で起こりやすい．もし変異によって性質が変わったとしても，もとの生物と生殖を繰り返したら，遺伝子組み換えにより遺伝子が混ぜ合わされてまた単一の集団に戻ってしまう．したがって，性のある生物にとっては生殖できなくなること（生殖隔離）が重要な条件になる．一方で単細胞生物など性のない生物にとってはこの条件は難しくない．これらの生物は個体間での遺伝子の交換をほとんど行わないため，一度獲得した性質は絶滅さえしなければ交じり合うことはない．

以上の2つの過程，特に2つ目の変化した表現型が長期に維持される過程が起これば，種分化と多様化が可能となる．この変化した表現系が維持されるしくみの違いにより，種の分化が起こるしくみは，異所的種分化と同所的種分化の大きく2つに分類できる．異所的種分化とはその名の通り，生物集団がお互いに交じり合わない別の場所に分かれることで，変化した表現型が維持される現象である．同所的種分化とは，別の場所に分かれず，同じ場所に生息するにもかかわらず変化した表現型が維持される現象である．

本章では，まず生物学における種の概念を説明し，そのあと，異所的種分化と同所的種分化について，自然界での例と数理モデルとシミュレーションを使って解説する．

4.2 種とはなにか

地球上に存在する生物は性質のよく似た集団に分かれている．たとえば哺乳類は，ネズミ，イヌ，ネコ，サルといったように性質のよく似た動物群に分けることができる．さらにサルのなかでも，ゴリラ，オランウータン，ヒトといったように細分化できる．こうして集団を分類できるということは，中間の生物がほとんどいないことを示している．もし，イヌとネコの中間の生物がたくさんいるならば，イヌとネコを別の生物群とは分類しないだろう．こうした生物のなかで似ている集団の基本的な単位は種と呼ばれている．現在までに見つかっている生物種にはすべてユニークな学名が付いている．人間の学名は *Homo sapiens* であり，Homo が属名，sapiens が種名と呼ばれ，生物の種はこの属名と種名のペアで区別されている．これを二名法といい，18世紀に博物学者のリンネによって提唱され，以来ずっと採用されてきた．現在，確認

されているすべての生物について，この二名法に基づく属名と種名が付いている．

種名はその生物独自のものであるが，属名はある程度よく似た種をまとめたグループの名前である．たとえば，Homo 属には，かつて Homo sapiens 以外にも Homo neanderthalensis（ネアンデルタール人），Homo erectus など複数のホモ属が存在していた．現在までに学名のついている生物種は約 175 万種類である．未だ見つかっていない種も合わせると，現在の地球上にはおよそ 500 万-3000 万種類の生物種がいると見積もられている（環境省 『環境循環型社会白書　平成 20 年度版』）．

これほどたくさんの種が命名されているにもかかわらず，すべての生物学者が納得する種の定義は未だにないとされている．ダーウィンも自ら『種の起源』のなかで「あらゆるナチュラリストを満足させる（種の）定義はこれまでなかった」と述べている (Darwin 1859)．これは種の定義がないわけではなく，生物の分類や目的ごとにたくさんの異なる種の定義が存在するからである．ある報告によると種の定義は 28 種類もあるらしい (Wilkins 2018)．たとえば，最も有名な種の定義は生物学者のエルンスト・マイアの述べた「種は実際にあるいは潜在的に相互交配する自然集団のグループであり，他の同様の集団から生殖的に隔離されている」だろう．これはお互いに生殖できてしまうと，遺伝子プールが混ざり合ってしまうことから，生殖隔離が種の前提だと主張している．この定義は合理的ではあるものの，潜在的に相互交配するかどうかをどうやって確かめるのかに疑問が残るし，そもそもこの定義は性のない多くの生物には当てはめることができない．同じく生物学者のドブジャンスキーは性のない生物には種は存在しないと述べているが (Dobzhansky 1951)，これは一般的な種の概念から乖離しているように思われる．

現在のところ種の定義は，生物の種類によって異なる定義が採用されている．細菌であれば，すべての生物が持つ 16S rRNA 遺伝子の配列を比較しておおよそ 97.8% 未満の相同性であれば別種として認められるようである．しかし，この基準は動物には当てはめられない．ヒトとチンパンジーの 18S rRNA は 99.7% (5/1868) 以上一致している．マウスとヒトでも 99.0% (19/1868) が一致している．この基準ではすべての哺乳類が単一種になってしまう．動物の場合の新種の基準は DNA 配列ではなく，体の形や模様など形態の違いが重視されている．

このように種の定義が生物の種類によって異なるのは，結局，種というの

は人間が考えた恣意的な概念だということを示している．自然界に存在するのは，ゲノム DNA 配列の異なる様々な生物群だけである．最近分岐した生物の DNA 配列はよく似ていて，分岐してから時間が経つほど変異が蓄積して DNA 配列が似ていなくなっていく．DNA 配列に変異が蓄積するにつれて表現型も変わっていく．種の定義は，どの程度，DNA 配列や表現型が変わったら別種として線を引くかの問題である．DNA 配列の相同性だけを用いれば客観的な定義が可能である．相同性の値が○○以下は別種だと一律に線を引けばよい．しかしそのやり方では，今までの形態を基にした分類と相違が出てきてしまう．前の章で見たように極端な場合にはごく一部の変異でも形態に大きな違いが出現しうる．形態の違いと DNA の違いは必ずしも相関しない．また，ほとんどの生物は未だ DNA 配列が読まれていないし，読むコストも無視できない．

そもそも生物を種の単位で分類するようになったのは，多種多様な生物を整理して人間が理解しやすくするためであろう．人間が手軽に見ることのできない DNA 配列による種分類は客観的ではあるが便利ではない．種の分類はもともと恣意的なものである以上，便利な指標を使っておけばよいものと思われる．

以上で説明したように，現在人間が扱っている「種」というものはあまり厳密に定義されたものではない．しかし，自然界の生物には「種」を使って分類したくなるような不連続的なまとまりがあるのは確かである．本章では，これまでの慣習に倣ってこのまとまりを「種」と呼ぶことにしたいが，それを「種」と呼ぶかどうかにはかかわらず，本章ではこの不連続なまとまりが生じるしくみを解説する．

> **コラム：なぜ生物には種というものがあるように見えるのか**
>
> 現在の種の分け方が恣意的なものだったとしても，現在，地球上に見つかっている生物に，種という，よく似た生物ごとのまとまりがあるように見えるのは事実である．仮に，種というまとまりがない世界を想像してみたい．その世界では，生物の持つすべての表現型が連続している．たとえば，人間とチンパンジーの間には，人間とチンパンジーの中間の表現型を持つ生物が連続的に存在している状況である．この場合，人間とチンパンジーの間に明

確な区切りはなく，人間とチンパンジーを別種として分ける考えは出てこないだろう．このような感じで，もし，すべての生物が連続的につながっていたとすると種という概念は出てこないように思われる．しかし，もちろん現在の地球はそうではなく，生物によってはっきりした区別が存在する．人間とチンパンジーの間を連続的につなぐ生物は存在していない．なぜこの世界の生物は連続的ではなく，種という塊ごとに離散的に存在しているのだろうか？

その理由を考えると，それは生物が指数的に増殖するという性質をもっているからではないかと思われる．指数増殖するものは増えれば増えるほどますます増える速度が上がる．最初は複数系統が同数存在していたとしても，そのうち1系統が少しでも割合を増やしたら，その系統は次の世代ではますます増えやすくなる．こうして差が広がっていくため，複数の系統が長期的に共存することが許されない．こうして仮に連続的な生物がいたとしても，そのうち最も適応的であったか，あるいは単に運が良かった個体の子孫が集団を占めることになり，すぐに連続的な集団ではなくなってしまうだろう．そうすると，もし，生物の増殖が指数的ではなく線形であれば，生物の形質は連続的になるかもしれない．線形というのはつまり，どんな個体数であっても常に一定の数の子孫を残すという非現実な状況であり，実現する方法は思いつかないのだが，そんな世界はありえないだろうか．

4.3　種が生じるしくみ1——異所的種分化

4.3.1　異所的種分化のしくみ

自然界において，生物が新しい種へと分化する1つ目のしくみは，集団の一部が別の場所に分かれ，そこで進化することによって起こる異所的種分化と呼ばれるしくみである．異所的種分化では，まず集団が地理的に分断され，お互いに競合も交雑もしなくなる．その後，それぞれの集団が別の中立変異や時には有益変異を蓄積していくことで遺伝子配列の異なる集団となっていく（図4.2）．こうして遺伝学的な別種とみなされるようになっていく．

これを確かめるために，先ほどと同じ中立進化のシミュレーションで共通祖先集団を2つに分けて，それぞれで独立に行ってみる．その途中に出てきた配列についてまとめて系統樹にしたものを図4.3に示す．ここでは，2つの枝が生じている．この系統樹は，単一のシミュレーションを行ったとき（図

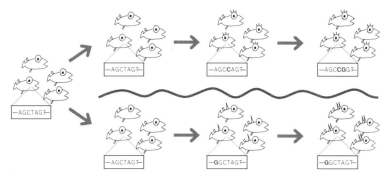

図 4.2　異所的種分化のしくみ
地理的に隔離された集団（波線の上下）は独立した変異を蓄積し，それに伴い表現型も変わっていく．

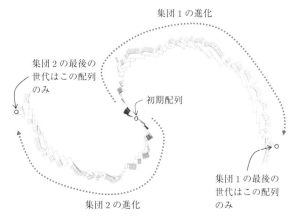

図 4.3　隔離された 2 集団での中立進化シミュレーション
同じ祖先配列を 2 つの集団（集団 1, 2）に分離し，それぞれ独立した中立進化シミュレーションを行い，途中に現れた配列すべてについてまとめて系統樹解析を行った．

4.1(a)) のような 1 本の大枝のある系統樹とは大きく異なっている．ここで 2 つの枝が生まれた理由は，隔離された集団が別の中立変異を蓄積していったためである．中立変異の種類は無数にあり，どれが集団に固定されるかはランダムである．すなわち，隔離された集団ごとに異なる中立変異セットが固定されるはずである．したがって，中立進化が続くほど，隔離された集団間での遺伝子配列は離れていくことになる．

　異なる中立変異が蓄積していけば，そのうち一部の変異により表現型や形

4.3　種が生じるしくみ 1——異所的種分化

態も変化するだろう．そして，時間が経つほど，それぞれの集団の生物は見た目でも別種だとみなせるようになる．実際に，多数のショウジョウバエ，淡水魚系統を使った側から，分岐後の環境を問わず，隔離されてからの時間が長ければ長いほど生殖隔離へと近づくことが知られている (Coyne and Orr 1997, Bolnick 2005)．したがって，地理的な隔離が続けば，そのうち生殖隔離が成立し，たとえ隔離がなくなったとしても，もう遺伝子は交じり合わなくなると考えられている．

4.3.2 異所的種分化の例

これまでに観察されている生物進化で，異所的種分化によるものだと考えられているものを2つ紹介する．1つ目はオーストラリア大陸とそれ以外の大陸における哺乳類の進化である．原始的な哺乳類は，2億年前頃には生まれていたとされる．その頃はまだすべての大陸がつながっていた時代である．その後，2億年前から1億3000万年前頃になると，有袋類の祖先と我々ヒトの祖先となる有胎盤類が分岐した．有胎盤類は，有袋類よりも機能的な胎盤を有しており，より長い時間胎児を体内で成長させることができる．一方で，有袋類はまだ自然界で生きていけないくらい小さな状態の胎児を産み落とし，母親の持つ袋の中で育てる必要がある．その頃に有袋類は当時陸続きで温暖であった南極大陸を経てオーストラリア大陸に渡り，その後，オーストラリア大陸はほかの大陸から分離し，ほかの大陸とは地理的に隔離されることになった（遠藤2018）．オーストラリア大陸以外では，その後，ネズミ，サル，ネコなど，私たちが多く目にする有胎盤類が栄え，有袋類はオポッサムなどわずかな種を除き絶滅したのに対し，オーストラリア大陸では，有袋類が栄え，コアラ，カンガルー，ウォンバットなどさまざまな固有種が生まれた（図4.4）．これはオーストラリア大陸が地理的に隔離された異所的種分化の起きた例だと捉えることができる．

異所的種分化が起きた別の例としては，先に出てきたガラパゴス諸島のフィンチがある．ガラパゴス諸島では，少なくとも14種のフィンチが見つかっており，ほとんどの島で複数種のフィンチが共存している．これら多数の種は，まずは異所的種分化により生まれ，その後，同所的共存に至ったと考えられている．ガラパゴス諸島のフィンチの種分化の過程は以下の2段階に分けられる（図4.5）．まず，第1段階として，複数の祖先種が新しい島への移動を行う．次に第2段階として，移動した集団が新たな島の環境条件に適応する

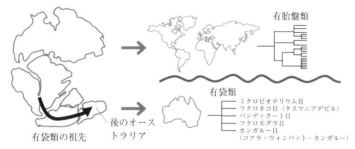

図 4.4 異所的種分化の例——オーストラリア大陸での哺乳類
約 2 億年前から 6000 万年前に原始的な有袋類が後のオーストラリア大陸に渡り，その後，オーストラリア大陸はほかの大陸から地理的に隔離された．有袋類は亜アメリカ大陸にも生息するが，オーストラリアでは多数の固有種が進化した．オーストラリアにもコウモリやイヌなど有胎盤類も生息するが，ほかの大陸に比べて相対的に少ない．

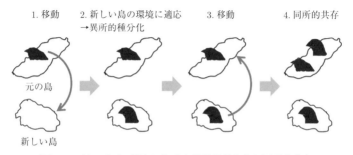

図 4.5 ガラパゴス諸島における異所的種分化と同所的共存

ように進化する．この段階で異所的な種分化が完了する．さらにガラパゴス諸島の場合は，その後，第 3 段階として新しい島で適応した集団が元の島へ戻り，元の祖先種と共存をしたらしい．この過程を繰り返すことによりガラパゴス諸島では多種類のダーウィンフィンチが生まれたとされている (Grant and Grant 2002)．ただし，同所的共存が起こるには異所的種分化だけでなく，次の節で説明するようなニッチの棲み分けなど，同所的種分化が起こる条件も同時に満たす必要がある．

以上のような同様の異所的種分化は，陸地の分断だけではなく地殻や気候変動により生物集団の移動が制限され集団の分断が起きた場合であれば，どんなところでも生じる可能性がある．たとえば，東アフリカの湖に住む淡水魚であるシグリッドのケースが有名である．シグリッドは東アフリカの三大湖（タンガニィカ湖，ビクトリア湖，マラウィ湖）のそれぞれで独自の種が生息しているが，これはもともとタンガニィカ湖にいたシグリッドが，新しく形成された

ビクトリア湖とマラウィ湖に河川を通じて移動することで広がったとDNA配列解析から推定されている.

4.4　種が生じるしくみ2──同所的種分化

4.4.1　同所的種分化の難しさ

　異所的種分化の節では,生物集団が隔離された場合に種分化が起こることを説明した.自然界でこのしくみが主要な種分化のしくみであるならば,隔離された環境ごとに1種類ずつの生物が存在しているはずである.たとえば,ある池に棲んでいる魚はこの種,そことはつながっていない別の池では別の種,といった具合である.しかし,自然界はそうはなっていない.ある池に棲んでいる魚が1種類ということはない.同じ環境であっても,多くの場合は多種類の生物が同時に共存している.なにか同じ場所に多数の種が共存できるしくみがあるはずである.そして,同じ場所で共存が可能なのであれば,地理的隔離がなくても複数の生物集団が独自の変異を蓄積していくことが可能なはずである.この地理的隔離がなくても種分化に至るしくみを同所的種分化と呼ぶ.

　自然界では,同じ環境でも多数の種が共存している.たとえば,1Lの海水中には数百種のプランクトン(浮遊性の微生物)が含まれている (Marañón 2009).これら微生物には種によってさまざまな能力の違いがあるはずである.増殖の速いものもいれば,遅いものもいるだろう.こうした増殖速度の違いにもかかわらず,海水中という1つの環境中で無数の生物が共存している.なぜ,先ほどのシミュレーションのように最も増殖の速い微生物だけが他を駆逐してしまわないのだろうか.これはプランクトンのパラドックスとして知られている (Hutchinson 1961).

　プランクトンのパラドックスを解消するしくみとして,ニッチの違い,生物間相互作用の効果,空間構造という大きく3種類のしくみが知られている.以下ではそれぞれについて,どうやって同所的な共存を可能にしているのかを説明する.

4.4.2　ニッチの違い

(1) ニッチの違いの計算機シミュレーション

　同所的に複数種を維持するしくみの1つとして,ニッチの違いがある.ニッチとは,生態学の用語で生態的地位のことを指す.具体的には,生物の餌や

住処のことである．たとえば，同じ海水中に存在していても，光合成をしている微生物と，ほかの微生物を捕食している微生物とでは餌が違うのでニッチがちがう．また，同じ光合成微生物であっても，海水表面に生息するものと，海底付近に好んで生息するものでもニッチが違う．このようにニッチが違う生物は競争をしないため，たとえ，指数的に増殖する者どうしでも共存することができる場合がある．

まず，このニッチの違いによる複数種の共存をシミュレーションにより確かめてみる．環境には2種類のニッチとして2種類の餌 α, β があるとする．生物はAとBの2種類いるとして，この2種類は餌の好みが同じ場合，もしくは異なる場合の2通りで，この2種類が共存できるかを確かめてみる．

シミュレーションは以下の手続きで行う（図4.6(a)）．

0) 最初にA，Bが半々ずつの個体数が100の集団と餌 α, β それぞれ50個を用意する．
1) すべての餌について，どの個体が獲得できたかを決める．この時の獲得確率は，餌に対する好みが大きい方が獲得確率が高いとする．
2) 餌が獲得できた個体は次世代に2個体の子孫を残す．
3) 再び餌 α, β それぞれ50個供給し，1)から3)を繰り返す．

まずは2種類の生物A，Bの餌 α, β に対する好みが同じ場合である．これはつまり，生物A，Bのニッチは同じである状態に相当する．この場合は，必ずAかBどちらかが集団を占め，もう片方は絶滅する（図4.6(b)）．Aが生き残るかBが生き残るかは偶然によって決まり，シミュレーションをやるたびに変わる．このシミュレーションでは次のようなことが起きている．このシミュレーションでは，AかB偶然餌を獲得できた方が先に増えることになる．先に増えた方が個体数が多いのでますます餌を獲得できる確率が上がり集団中での割合を増やす．最終的にすべての餌を独占して，もう片方を絶滅させる．ここで起きていることは，運よく餌を獲得できた個体が子孫を残しているだけであり，中立進化のシミュレーションと実質的に同じである．したがって，最終的にはAかBかどちらかが集団を占めることになる．

次に2種類の生物A，Bの餌 α, β に対する好みが違う場合である．たとえば，Aは α が好きで，獲得確率が β の9倍，逆にBは β が好きで獲得確率が α の9倍とする．つまりAとBのニッチが異なっている条件である．この条件でシミュレーションをすると，AとBは個体数を上下させながらも長期間

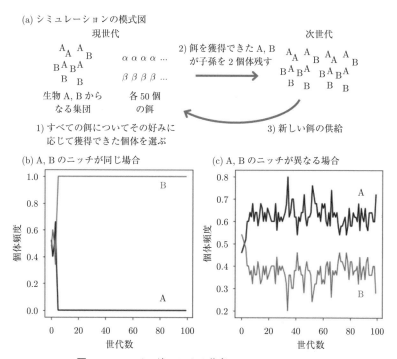

図 4.6 ニッチの違いによる共存のシミュレーション
(a) シミュレーションの模式図．(b) A, B で餌の好みが同じ場合（ニッチが同じ）の結果．(c) A, B で餌の好みが違う（ニッチが違う）場合の結果．

にわたって共存することができる（図 4.6(c)）．このシミュレーションでは次のようなことが起きている．まず先のシミュレーションと同じように，A か B か偶然選ばれた方が集団内で数を増やす．たとえば A が先に増えた場合，A が好んで使う餌 α は A が独占することになる．しかし，餌 β は A にとって獲得確率が低い．したがって，数が減ってしまった生物 B でも数が多い A と十分に競合できて，餌を獲得し子孫を残すことができる．これにより，A, B 両方が子孫を残し続けることができる．ここで重要なのは A と B がどのくらい α と β の好みが違うか，である．今回は 9 倍の違いを設定したが好みの違いが小さければ，先に増えた A に B は対抗できなくなり全滅する．

　以上のシミュレーションの結果からは，餌というニッチが 2 種類存在すると，条件によっては 2 種類の生物種が共存しうる．ここではニッチを餌だとみなしたが，これは住処だと思っても結果は変わらない．重要なのは最大でニッチの数と同じ数だけの生物種の共存が許されることである．上記シミュレー

ションでも餌を3種類に増やすと，最大で3種類の生物種の生存が可能になる（興味があればやってみてほしい）．またもう1つ大事なことは，ニッチが複数あるからといって，必ずしも複数の種が共存できるわけではないことである．分化できるかどうかは，上記のシミュレーションの場合，最初の生物の性質や，結果は示していないが，変異による能力の変わりやすさなどに大きく依存する．ニッチの数はあくまでも最大の種数となる．

(2) ニッチの違いの実例

ニッチが同じ種は共存できないという法則は，ガウゼによる2種類のゾウリムシ（ヒメゾウリムシ *Paramecium aurelia* とゾウリムシ *Paramecium caudatum*）を使った実験で確かめられている．ゾウリムシは池や川など淡水に生息する単細胞の真核生物で草履のような形をしている．この2種類のゾウリムシはどちらも池や川の上層に生息し，細菌などを捕食して栄養としている．つまりニッチが同じである．ガウゼは，どちらも単独で培養すれば一定の個体数で継代できるが（図4.7(a))，一緒に培養をすると *P. aurelia* しか生き残れないことを見出した（図4.7(b)）．この結果から，同一のニッチを持つ2種類は共存できないという法則（ガウゼの競争排除則と呼ばれる）が広く知られるようになった．同様な結果は，ショウジョウバエ (Ayala *et al.* 1973)，マメゾウムシ (Bellows and Hassell 1984, Kishi *et al.* 2009)，コクヌストモドキ（穀物にわく甲虫）(Neyman *et al.* 1956)，でも得られている．

一方でガウゼは別のゾウリムシ（ミドリゾウリムシ *P. bursaria*）を使った実験も行った．このゾウリムシは先ほどの2種類のゾウリムシとは異なり，池や川の底に生息し，光合成をすることができる．つまり，ニッチが異なっている．このミドリゾウリムシを *P. caudatum* と一緒に培養をすると，そのどちらも一定の個体数で共存させることができた（図4.7(b)）(Gause and Witt 1935)．以上の結果はニッチが同じ生物はこの単純な環境では共存できず，逆にニッチが違えば共存が可能であることを示している．

ニッチの違いとして，餌や住処の違いのほかにもさまざまなものがある．たとえば，窒素とカリウムの利用可能量の違い (Lechowicz and Bell 1991)，活動する時間の分割（時間的ニッチ分割），得意な資源密度の違い (Frederickson and Stephanopoulos 1981, Grover 1990) などがニッチの違いとなることが報告されている．地球の膨大な生物多様性の少なくとも一部は，ニッチ分割の自由度の高さによってもたらされているといってよいだろう．

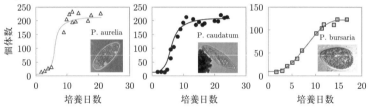
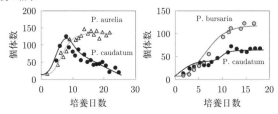

図 4.7 ニッチの違いによる共存の実験
データは Guase and Witt (1935), Clapham (1973) より取得した. 写真は Wikipedia (*P. aurelia*, CC BY-3.0), (*P. bursaria*, CC BY-2.0), (*P. caudatum*, CC BY-3.0) より.

4.4.3 生物間相互作用 (捕食, 寄生など)

(1) 生物間相互作用とは何か

　もう1つ, 複数種の共存を許すしくみとして, 生物間相互作用がある. ほとんどの生物は独立に生きているわけではなく, ほかの生物と様々なタイプの相互作用をしている. おそらく最も普遍的にみられる相互作用として, ほかの生物を餌とする捕食や寄生がある.

　捕食と寄生はまったく違う現象のように感じるかもしれないが, いずれもほかの生物全体やその一部を自身の栄養として使う点では同じである. ただ, 捕食の場合は, 被食者よりも捕食者の方が大きく被食者は死んでしまうことが多いが, 寄生の場合は, 宿主よりも寄生者の方が小さく宿主は死なないこともあるくらいの違いである. いずれの場合も自分以外の生物を餌として増えることには違いはない.

　捕食者や寄生によって, 捕食者や寄生者は多くの場合, 被食者や宿主の増殖を妨げる. この関係性を逆に見れば, 被食者や宿主は捕食者や寄生者の増殖を助けていることになる. こうした生物間の増殖阻害や促進といった相互作用があると, 複数の生物の共存が可能となる. 以下ではまず計算機シミュレーションを使って生物間相互作用による共存のしくみを説明し, その後, 自然界にお

ける実例を紹介する．なお，捕食者・寄生者にとって，被食者・宿主はある種のニッチだとみなすこともできるが，ここでは生物どうしの相互作用はニッチとは別の現象として扱っている．

(2) 生物間相互作用の計算機シミュレーション：単一の捕食者・寄生体と被食者・宿主が共存する場合

捕食者・寄生体 (P) と被食者・宿主 (H) の 2 種類の生物からなる 200 個体の集団を考える．H は毎世代，一定確率で 2 個体の子孫を残す．P は生物 H の個体数に比例した確率で生物 H を捕食，あるいは寄生に成功し，子孫を 2 個体残すとしよう．捕食・寄生された生物 H は死んでしまうことにする．捕食・寄生確率は H の個体数に比例するとする．つまり，H がたくさんいるほど，捕食・寄生が成功しやすいとする（図 4.8(a)）．この設定のもと，以下の手続きで計算機シミュレーションを行う．

0) 最初に H，P がそれぞれ 100 個体いる集団を用意する．
1) H は確率 $p = 0.9$ で次世代に 2 個体の子孫を残す．P は H の個体数に比例する確率（比例係数 $q = 0.007$）で次世代に 2 個体の子孫を残す．親世代は次世代に残らないとする．
2) P と H を合わせた次世代の個体数が最大 200 になるようにランダムに集団を間引く．
3) 1) から 3) を 500 世代繰り返す．

この設定でシミュレーションを行ったときの H と P の個体数を図 4.8(b) に示す．個体数は振動しているが，P も H もずっと生き残っていることがわかる．このような個体群振動が起こるのは，P と H の増えやすさがお互いの個体数によって刻々と変化することによる．たとえば，H がたくさんいるときには，P は H を見つけやすくなるので次は P が増えやすくなる．その状況がしばらく続き，集団中の H が減って P が増えてくると，P はだんだん H を見つけにくくなり増えにくくなる．そうすると P の個体数は減っていく．逆にわずかに残った H は P がいなくなったために増えやすくなり，再び H がたくさんいる集団が形成される．こうして H と P は個体数の増減の振動を繰り返しながら共存することができるようになった．要するに，捕食や寄生という生物間相互作用を導入したことにより，捕食者・寄生者と被食者・宿主という 2 種類の生物の共存が可能となった．

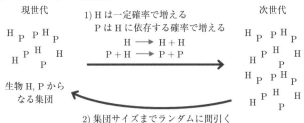

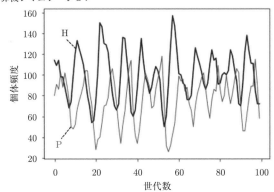

図 4.8 捕食・寄生による共存のシミュレーション
(a) シミュレーションの模式図 (b) 計算機シミュレーションによる捕食者・寄生体 (P), 被食者・宿主 (H) の個体数ダイナミクス

　ただ，この共存にはいくつかの条件が必要である．あまりに捕食者・寄生者の捕食・寄生能力が高いと被食者・宿主を絶滅させてしまい，その後自分たちも絶滅する．また集団サイズも重要である．個体数振動の底にきたときに十分な個体数がないと，確率的に絶滅が起こる．これらの前提条件をどうすべきかは，このシミュレーションでどんな自然現象をモデル化したいかによる．たとえば，哺乳類の草食動物と肉食動物のモデルなのか，人間とウイルスのモデルなのか，細菌とゾウリムシのモデルなのかで条件は変わってくるだろう．今回のシミュレーションの前提が気に入らない人はぜひ自分でパラメータをいじってシミュレーションしてみてほしい．自分でいろいろやってみることで，個体数の変わり方（ダイナミクスという）に重要なパラメータがどれなのかがわかってくる．

　上記のモデルでは一連の手続きによる計算機シミュレーションを行ったが，微分方程式を用いた捕食者と被食者の数理モデルとして，アルフレッド・ロト

カとヴィト・ヴォルテラの考案したロトカ・ヴォルテラ (Lotka-Volterra) 方程式がある．こちらの方程式の方が有名なので，追加で説明を加えたい．この方程式は，被食者の個体数を x，捕食者の個体数を y として，その時間変化が以下のように表現される．

$$\frac{dx}{dt} = ax - bxy \tag{4.1}$$

$$\frac{dy}{dt} = cxy - dy \tag{4.2}$$

式 (4.1) では，被食者の個体数の時間変化 (dx/dt) が，被食者が増える要素 (ax) と減る要素 ($-bxy$) の 2 つの要素によって決まることになっている．増える要素 (ax) の意味するところは，x の増殖は a を比例係数として，x の個体数に比例するということである．x が大きくなるほど増える個体数の絶対数は増えるので，これは妥当な過程だろう．減る要素 ($-bxy$) の意味するところは，x の個体数は捕食によって減り，捕食の速度は，比例係数を b として x と y 両方の個体数に比例するということである．捕食速度が x と y の両方に依存することは，被食者 x が多いほど獲物が見つけやすく，捕食者 y が多いほど食べられる被食者の総数は大きくなるはずだから妥当な過程だろう．

式 (4.2) では，捕食者の個体数の時間変化 (dy/dt) は，増える要素 (cxy) と減る要素 ($-dy$) の 2 つの要素によって決まるとされている．増える要素 (cxy) の意味するところは，捕食者は被食者を捕食できた場合にのみ増殖できるため，その増殖速度は y だけではなく x にも比例するということである．減る要素 ($-dy$) が意味するのは，捕食者は捕食されることはないため，捕食者の数が減る過程は寿命や病気やケガなどに限られる．よってこちらは x には依存せず，捕食者の個体数 y だけに比例することになる．

この式には，被食者・宿主 y は捕食者・寄生体 x の増殖速度には依存しないという上記の計算機シミュレーションと同じ非対称性がある．この微分方程式の数値解を図 4.9 に示すが，この場合も x と y は振動しながら共存することができる．図 4.8 に示した計算機シミュレーションとの違いは，ロトカ・ヴォルテラ方程式では個体数が連続的（小数点を持つ個体数がありうる）なことである．したがって，どんなに個体数が小さくなっても（計算機で扱えなくならない限りは）0 になることはない．つまり絶滅しない．これは，集団サイズが無限に大きな集団を扱っていることに相当する．

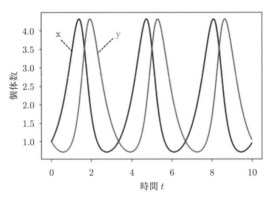

図 4.9 ロトカ・ヴォルテラ方程式の数値解析
$a = 2; b = 1; c = 1; d = 2$ の条件で数値解を求めた．

(3) 生物間相互作用の計算機シミュレーション：複数の捕食者・寄生体と被食者・宿主が共存する場合

上の例では捕食者・寄生者は被食者・宿主と共存できる場合があることを見てきた．次に，捕食者・寄生者がいると，複数種の被食者・宿主の共存も可能となることを紹介する．以下では簡単のために寄生者と宿主について説明するが，捕食者と被食者の関係でも同じことが成り立つ．

寄生者と宿主の相互作用は，1通りではない．宿主によっては，寄生されにくいもの，されやすいものの違いが生まれうるだろう．こうした違いにより複数種の宿主の共存が可能になる．たとえば，元の宿主から寄生されにくい宿主の変異体が生まれたとする．ただし，耐性を獲得するコストのために，元の種よりも残せる子孫の数が少なくなるとしよう．そうすると，元の宿主型（感受性型），寄生されにくい宿主型（耐性型），そして寄生者との3者が共存できるようになる．これをシミュレーションで確かめてみる．

先ほどと同じシミュレーションの設定で，宿主 H1 は感受性型として，加えて耐性型の宿主 H2 を導入する．寄生者 P は H2 には H1 よりも低い確率でしか寄生できないとする．しかし H2 は H1 に比べて低い確率でしか子孫を残せないとする．この条件でシミュレーションを行った結果が図 4.10(a) である．宿主である H1，H2 と寄生者である P の3者ともに振動しながら共存していることがわかる．ここで起きていることは以下のように説明できる．まず子孫を残す確率の高い H1 が増えるとそれを餌として P が増え H1 が減る．P が増えると P に寄生されにくい H2 が有利になるため増え，それに伴い P が減る．

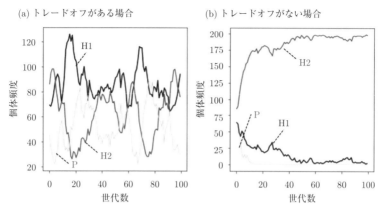

図 4.10 2 種類の宿主と 1 種類の寄生者の共存のシミュレーション
(a)H1, H2 が増殖する確率をそれぞれ $p1 = 0.9$, $p2 = 0.7$ とし, H1, H2 が P に捕食・寄生される確率をそれぞれ $q1 = 0.007$, $q2 = 0.002$ とした. つまり H1 と H2 の増殖する確率と捕食・寄生される確率の間にトレードオフがある. (b)a の条件から $p1 = p2 = 0.7$ に変更し, トレードオフをなくした場合. H1, P が絶滅するようになる.

そうして P が減ると再び H1 が増えやすくなることになる.

ここで起きているのはじゃんけんのような三すくみの関係である. H1 よりも P, P よりも H2, H2 よりも H1 が強いために, これらはどれも全滅することなく共存することができる. この三すくみを可能にしているのは, H1 と H2 の捕食者・寄生体に対する強さと増殖しやすさにトレードオフがあることである. つまり, H2 は H1 よりも捕食者・寄生体に対して強いが, その代わりに増殖確率が低い. このような 2 つの性質でどちらかが優れていれば, もう片方は劣るようになることをトレードオフがあるという. 宿主の持つ複数の性質（この場合は, 捕食者・寄生体への強さと増えやすさ）にトレードオフがあれば, すべてについて優れた種が一人勝ちすることなく, その性質の異なる複数種が共存できる可能性が出てくる. これを確かめるために, 先ほどのシミュレーションで H1 と H2 の増殖する確率をどちらも同じ値 ($p1 = p2 = 0.7$) にしたのが図 4.10(b) である. この場合, 寄生されやすい H1 は H2 との競争に負けて数を減らし, そのうち絶滅してしまう. H1 が減ると P もまた絶滅してしまい, H2 しか生き残らなくなってしまう.

このようなトレードオフは, 自然界でありふれているようだ. 実際に観察されている例として, ガラパゴス諸島のダーウィンフィンチのクチバシで噛む力と発声能力の間にはトレードオフがあることが指摘されている. つまり, 硬い

4.4 種が生じるしくみ 2——同所的種分化　129

木の実を割るために嚙む力を強くすると，発声能力が低下し異性に対する魅力が低下する可能性がある (Herrel et al. 2009)．他の例として，カタツムリの捕食者であるマイマイカブリのもつ捕食の成功を決める2つの能力（殻の破壊と殻への潜入）にはトレードオフがあることも報告されている (Konuma et al. 2013)．

　結局のところ，1つの生物が利用可能なエネルギーや資源，遺伝子数，時間は必ず上限がある．これらに上限がある以上，常に生物の機能にはトレードオフがあるはずである．もしそうでなければ，あらゆる環境であらゆる生物よりも速く増えるパーフェクトな単一種が地球上を埋め尽くしているはずである．

　ただし，トレードオフさえあれば，常に複数種の被食者・宿主が共存できるわけでもない．上記シミュレーションのパラメータを少し変えてみればすぐわかるように，複数種が共存できるパラメータの条件は限られており，トレードオフがあっても1種や2種になってしまうことも多い．生物相互作用とトレードオフがあれば，共存できる最大数が大きくなると理解したほうがよいだろう．

(4) 自然界における生物間相互作用による複数種共存の例

　次に自然界における捕食者・寄生者と被食者・宿主の共存の例を紹介する．自然界に捕食者と被食者の共存の例は数多くあるが，単一の捕食者と単一の被食者について，その個体数を計測し共存していることを示すデータ例は多くはない．有名な例として，カナダの毛皮取引商が集めた約90年間のヤマネコとウサギの毛皮の取引量のデータがある．これは間接的なデータではあるが，おそらく捕食者であるヤマネコと被食者であるウサギの個体数を反映していると予想される．これらの取引数は，図4.8(b) や図4.9のようにお互い少しずれた振動ダイナミクスを示す（図4.11）．

　ウサギとヤマネコの例ほどはっきりしたデータは得られていないものの，もっと身近な捕食者と被食者の個体数振動の例として，マイマイガの例がある．マイマイガは日本でも何年かおきに大量発生する5 cmほどの蛾である（図4.12）．大量発生すると山や森林の樹木の葉を食い尽くし，景観を変えてしまうこともある．最近では2013, 2014年に大量発生し，ニュースとなった．マイマイガは数年のスパンで大量発生し，そして急にいなくなる．この急にいなくなる理由として，マイマイガに感染する（すなわち寄生する）核多角体病ウイルスが蔓延することが示唆されている (Takatsuka 2016)．もし，ウイルス

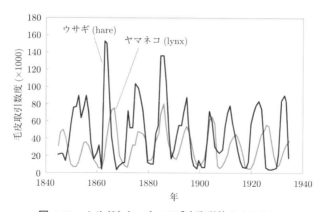

図 4.11 ウサギとヤマネコの毛皮取引数ダイナミクス
カナダの毛皮商であるハドソン湾会社が買い付けたウサギとヤマネコの毛皮の数の推移．間接的なデータではあるが，ウサギとヤマネコの個体数を反映していると推測される．

図 4.12 マイマイガの成体（オス）
Wikipediaマイマイガより (CC BY-SA 4.0).

の個体数を測定したとしたら，マイマイガの発生に合わせて急増化しているかもしれない．

　被食者が複数の種類に分化し共存する場合も知られている．たとえば，イギリスに住むカタツムリであるモリマイマイには，色や模様の異なる様々な種類が存在し，その模様は系統として子孫に受け継がれる（これを多型と呼ぶ）．そしてほとんどのモリマイマイの集団には，複数の模様や色のタイプが共存している．こうした共存は，捕食者に対する捕まりやすさの違いによって以下のように説明されている (Konuma et al. 2013)．モリマイマイの主たる捕食者は鳥だが，鳥には学習能力があり，よく見つけることのできるモリマイマイの

4.4　種が生じるしくみ 2——同所的種分化　131

模様を覚える．たとえば，黄色の帯があるタイプがたくさん生息していれば，黄色の帯を狙って探すようになる．そうすると，それ以外の模様を持つもともと少ないモリマイマイは生き延びやすくなるというわけである．つまり，たくさん生息しているタイプほど捕食者に狙われやすく生息数を減らすことになり，生息数が少なくなれば逆に増えやすくなるということである．

　同様な捕食者が多く存在する被食者（優先種）を選択的に捕食することにより，被食者の種の多様性をもたらす現象は，イギリス沿岸の巻貝や (Lubchenco 1978)，プランクトン (Leibold et al. 2017) でも報告されている．こうした頻度が低くなると増えやすくなる現象は，負の頻度依存選択 (frequency-dependent negative selection) と呼ばれる．負の頻度依存選択があれば，複数の種類の被食者・宿主が共存することができるようになることが知られている．

　同様に宿主と寄生者の関係性の違いからも，複数種の宿主の共存が可能になることが知られている．たとえば，細菌である大腸菌とそれを宿主とする寄生者のウイルス（細菌に感染するウイルスはファージと呼ばれる）について，数理モデルを使った理論研究から，共存可能な宿主の種類数は，最大でもファージの種類数より1多い数であることが予想されている．そして，この予想は，自然界のファージの種類の測定からも支持されている (Haerter 2014)．さらに第6章で述べる人工RNA複製システムの進化実験の結果でも，寄生型のRNAが出現すると，それに対して感受性と耐性の2種類の宿主型RNAが共存するようになることが見出されている (Kamiura et al. 2022)．

　以上では，捕食者・寄生者1種に対して被食者・宿主が2種類共存する場合を取り上げたが，自然界での捕食・寄生の関係性はもっと入り組んでおり，捕食者・寄生者の数も多い．それに対して被食者・宿主側の関係性も様々であろう．そうした複雑な相互作用の中で，いったいどのくらいの数の種が共存できるのだろうか？　何が共存できる最大種数を決めているのだろうか？　この答えは未だ明らかではない．本節で見た単純なモデルでは，捕食者・寄生種が1種類増え，相互作用の種類は1種類増えると，それに対応して被食者・宿主の共存可能な数が1種類増えた．この傾向を単純に適応すれば，相互作用の数だけ共存可能な種の最大数が増えることになるのかもしれない．その場合の相互作用は，捕食や寄生といった直接的な栄養のやり取りだけではなく，排せつ物を栄養として使うなどの間接的なやり取りも含まれうる．自然界に多くの種が共存している要因の少なくとも一部は，こうした生物間相互作用によるも

のだと推測される．

(5) 捕食，寄生の起源

　以上で見てきたように寄生体・捕食者と宿主・被食者など異なる戦略を持つ生物は同所的に維持されうる．しかし，同所的種分化に至るには，こうした戦略を持つ生物が出現してこなければいけない．次に，こうした異なる戦略を持つ生物が単一種から出現しうるのかを考えてみたい．

　大型動物の捕食者や寄生体が，少数の変異により出てくることは想像しにくい．たとえば，シマウマに何個か変異が入ってもライオンのような捕食者になれるようには思われない．捕食者になるには牙や爪，消化器など複数の要素がありそうである．ただ，大型動物はずいぶん進化してしまった後の生き物である．ここではもっと原始的な生き物，たとえば単細胞生物を考えてみたい．

　細菌の中には他の細菌を殺して自らの栄養として使うものがいる．細菌の捕食者である．捕食の方法には様々あり，被食細菌内に侵入し内部から細胞を壊すものや，被食細菌に吸着し分解酵素を細胞内に送り込むものがいる (Pérez et al. 2016)．たとえば，最も単純な捕食の例として，放線菌（Streptomyces 属）の多くは分泌性の抗生物質を放出し，近くの細菌を殺してそれを栄養に使って増えることができる (Kumbhar et al. 2014)．この方法の場合，捕食するために必要なのは，他の細菌を殺す物質を分泌することだけであるため，必要な遺伝子は少数だろう．単純な世界では比較的容易に捕食者になりうる．

　また細菌に寄生して増える細菌も知られている．たとえば，口の中にいるある種の細菌 (Fret bacterium fastidiosum, Tannerella serpentiformis など) は，培養にヘルパー株と呼ばれる別の細菌を必要とすることが知られている (Vartoukian et al. 2013, Vartoukian et al. 2016)．つまり，これらの細菌は他の細菌に寄生しないと増殖することができない．おそらく増殖に必要な因子が helper strain から供給されていると推定される．こうしたほかの細菌への依存性は，元の菌が増殖に必要な栄養を作る能力を一部失うだけで成立するため，容易に出現しうる．このように捕食や寄生といった戦略は容易に出現しうる．こうした理由から，捕食と寄生という戦略の起源は，どちらも生命そのものと同じくらい古いと考えられている (Bengtson 2002)．

4.4.4 空間構造

(1) 空間構造とパッチ間移動のシミュレーション

ニッチと生物間相互作用以外に複数種の共存を可能にするもう1つの方法は，環境に存在する空間的な構造と，それらの間での移動である．単純な空間構造の例として，生息可能な地域（パッチ）が点在しているような地形を考える（図4.13）．このパッチ間はつながってはいないものの，ときどきで生物の移動が可能な程度の距離にあるとする．たとえば，鳥や種子が遠くまで運ばれるタイプの植物などにとっての諸島（近くにある島の集団）や，草原に点在する小規模な森などがこれに相当する．このような条件設定は，4.3.2項で説明した異所的種分化と似ているが，異所的種分化の場合よりも距離は離れておらず，生物の流入がもっと頻繁に起こる状況を想定している．

さて，こうした空間構造（パッチ）を導入すると共存可能な種の数が増えることをシミュレーションで確かめてみる．こうした空間構造とは，今までシミュレーションをしていた環境が複数あり，緩やかにつながっている状況に相当する．そこで今回は，増殖能力のまったく同じA，Bという2種類の生物を競争させてみる．図4.6(b)で見たように，空間構造がない条件では，そのうちどちらかの生物だけが生き残るようになる．これに対し今回は，縦横10×10個並んだ合計100個のパッチを考える．隣り合うパッチには，個体当たり一定の確率で移動するとする（図4.14(a)）．

以上の設定でシミュレーションをし，全パッチの平均個体数を示したのが図4.14(b)である．比較のために空間構造がない条件（つまり1つだけのパッチ）で同じシミュレーションをした結果を図4.14(c)に載せた．パッチが1つの場合は，競争排除則から予想されるように，やはりほどなく1種のみになってしまうが，パッチが100個ある場合は，少なくとも200世代まではAもBも存続した．この理由は，100個のパッチの場合でも，それぞれのパッチでは，AかBのどちらかになってしまうが，100個のいずれかにはAもBも存続しており，そこからまた近隣のパッチへの移動が常に起こることにより，どちらかが絶滅する可能性が大きく低下することになる．これを実感してもらうためには各パッチの個体数の動画を見るのがわかりやすい．ウェブ上には，時間ごとの各パッチのA，B個体数をアニメーションで表示するコードも置いておいたので，興味があればそれを見てほしい．

複数のパッチがあるときには，もう1つ新しい共存のしくみが生まれる．それは移動確率（分散）の違いである．もし，ある種が競争に弱かったとして

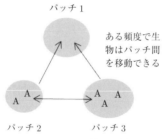

図 4.13 パッチ構造の模式図

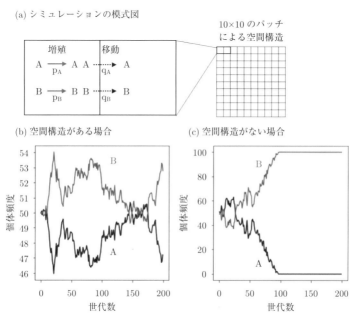

図 4.14 空間構造とパッチ間移動のシミュレーション（増殖能力と移動能力が同じ場合）
すべてのパッチに A と B が 50 個体ずつ存在する条件から開始した．

も，移動しやすく，頻繁に新しいパッチに移動ができるのであれば，どんどん空いたパッチに移動して，そこで先に増えることによって，常に競争から免れて増えることができる．そうして複数種が共存することができる (Hutchinson 1951)．ただし，このタイプの共存が許されるのは，空いているパッチが存在する間だけである．すべてのパッチが競争に強い種が占められていては，移動しやすい種に優位性がなくなってしまうからである．また，もう 1 つ重要なのは適応度と移動率とのトレードオフである．もし，両方の能力が高いものが

4.4 種が生じるしくみ 2──同所的種分化

現れてしまえば，片方の能力だけ高い種は太刀打ちできないためである．

(2) 自然界での空間構造による共存の実例

　自然界で空間構造とパッチ間の移動能力の違いにより複数種が共存している直接的な例は知られていないが，適応度（競争力）と移動能力にトレードオフがあるケースとして，陸上の植物が提案されている．陸上植物は一度根を張るとそこから移動することができない．種子や花粉を介して，別の場所に子孫を送り込むことしかできない．したがって，植物にとって地上は実質的に移動を制限された無数のパッチからできているとみなすことができる．そうみなすと，もし，植物の競争力と移動能力にトレードオフがあれば，その2つの能力の違いによって複数種の共存を達成しているかもしれない．実際に，草原の草本植物などにおいて，競争力（種子の発芽や成長のしやすさ）と移動能力（種子の遠くまで飛ばされやすさ）にトレードオフがあることが報告されている (Tilman *et al.* 1991)．しかしながら，このトレードオフは見られない場合も多くあり，空間構造とパッチ間移動能力の違いによる共存がどの程度あるかは未だはっきりしていない．

4.4.5　分化は起こるのか？——複数の被食者・宿主が変異により出現するシミュレーション

　4.4節では，これまで同所種分化のための共存のメカニズムとして，ニッチの違いや生物間相互作用，空間構造，確率的な流入の効果がありうることを説明してきた．しかし，以上のしくみは，もともと性質が異なる2種類の生物が維持されるしくみであって，種が分化するしくみの説明にはまだ足りない．同所的種分化を説明するには，2種類が維持できるしくみとともに，もともと1種類だったものが2種類へと分かれるしくみが必要となる．

　問題をもう少し具体的にしたい．たとえば，本章で説明したように，ニッチの違いによる共存のためには2種類の生物種が十分に異なるニッチへ適応していることが必要である．また，生物間相互作用による共存のためには，2種類の被食者・宿主が，捕食者・寄生者に対して十分に異なる耐性と増殖能力を持っている必要があった．このように複数種の共存のためには，そもそも異なるニッチへ適応した個体や，異なる耐性や増殖能力を持った個体が集団中に出現する必要がある．どうしたらそのようなことが可能だろうか？　第3章で見たように，生物が性質を変えるしくみは遺伝子への変異であり，1変異によ

る効果は，多くの場合わずかである．したがって，共存を可能にするくらいに十分に性質が変わるためには，おそらく多数の変異の蓄積が必要であろう．その場合，問題になるのは，多数の変異蓄積途中の十分に性質が変わっていない状態の 2 種が共存できるのか，ということが問題となる．たとえば，ある生物に変異が入り，少し餌の好みが変わった（すなわち少しだけニッチが変わった）変異体が現れたとして，そのわずかなニッチの違いしかない複数個体は共存できるのか，という問題である．もし共存できなければ，またすぐにどちらか 1 種類に戻ってしまうことになる．つまり，同一環境で 2 種が分化するためには，変異の蓄積中はずっと種類が維持され続けなければならないことになる．これは難しそうな条件である．なぜなら，たとえばニッチの違いによる種分化を考えると，少数の変異しか入っていない状況では，元の種とニッチの違いはわずかであり，同じニッチを取り合うことになるからである．

　この難しさを確かめるために，図 4.6 で行ったニッチの違いによる共存のシミュレーションにおいて，変異により好みが少しずつ変わる過程を導入してみる．このシミュレーションをまとめると以下の手続きとなる（図 4.15(a)）．

0) 最初に生物 A0 のみを 100 個体含む集団と餌 α，β それぞれ 50 個を用意する．生物 A0 について α の獲得確率は 0.9，β の獲得確率は 0.1（ほとんど利用できない）とする．
1) すべての餌について，どの個体が獲得できたかを決める．この個体も獲得できなかった餌は失われる．
2) 餌が獲得できた個体は次世代に 2 個体の子孫を残す．このときに一定の確率 μ で餌 α に対する獲得確率が -0.1 となり，餌 β に対する獲得確率が $+0.1$ となる新種が出現する．新種は変異の数に応じて A1, A2, A3,⋯, A9 まで出現するとする．
3) 再び餌 α，β それぞれ 50 個供給し，1) から 3) を繰り返す．

　このシミュレーションを 1000 世代行った結果を図 4.15(b) に示す．世代を経るとときどき好みの変わった変異体が出現し，その一部は子孫を増やして集団に広まっていく．しかし，ほとんどの時間で，ある 1 種が集団を占めており，図 4.6 のように 2 種が共存することは起きなかった．ちなみに図 4.6 で A, B と同じ性質を持つのは，この図では A0 と A8 となる．つまり，A0, A8 からなる集団からシミュレーションを始めれば，この 2 者は共存できるが，A0 から徐々に好みを変えていった場合には，2 者が分岐することはまず起こ

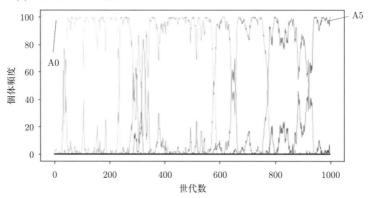

図 4.15 変異が入る場合のニッチの違いによる共存のシミュレーション
(a) シミュレーションの模式図．(b) シミュレーション結果．最終的な集団はほぼ A5 のみに占められていた．

らない．この結果は，以下のように説明できる．

　変異により少しずつ変わる場合は，もとの株と変異後の株の差異は小さく，ニッチははっきりと分かれてはいない．したがって，両方が存続することはなく，競合することによって片方だけが増える．こうして，集団は主に 1 種類のまま変異が蓄積していくことになる．すなわち，変異により少しずつ好みが変化する場合には，たとえ十分好みが離れた後は共存できるのだとしても，そもそもそこまでたどり着くことが難しい．

　それでは，どうやったら 1 種から 2 種への種分化が起きうるのだろうか？ 1 つの方法は，1 回の変異によって十分に大きく好みが変わることである．上のシミュレーションの例であれば，1 回の変異によって餌 α を好む性質から，β を好む性質へと大きく変化ができれば（たとえば A0 からいきなり A8 が出現すれば），図 4.6(c) のシミュレーションと同じ状況になるためその 2 種類は

いきなり共存ができるだろう．その場合問題となるのは，1回の変異でそのような大きな性質の変化がありうるのかという点である．この場合の変異は1塩基変異でなくてもよい．遺伝子の組み換えでも倍化でも，1回のイベントであればよい．こうした1回の変異イベントで，生物はどのくらいの性質の変化が可能かは，ほとんどわかっていない．序章の図5のショウジョウバエのhox遺伝子変異や第3章の図3.14のイヌのmyostatin遺伝子の変異のように少数変異で大きな変化もありうるが，そうした変異がニッチの変化にも起きうるものかは明らかではない．

1種から2種への種分化が起こるもう1つの方法は，異所的な種分化との組み合わせである．一度別の場所に分かれた集団が，その場所で進化することによりニッチが大きく変わり，その一部が元の場所へ戻ってくれば，十分にニッチの異なる2集団となり共存できるかもしれない．図4.5で見たようにガラパゴス諸島のダーウィンフィンチの種分化はこの方法で起きたことが提唱されている．しかし，これが自然界でどの程度広く起きているかはいまだ不明である．

以上では，1種から2種への種分化はそんなに簡単ではないことを述べてきたが，かといって起きないわけでもないようだ．第1章の図1.3で紹介した実験室で大腸菌の培養を長期間行った実験では，1種類の大腸菌から性質の異なる2種類の主要なタイプと2種類のマイナーなタイプの計4種類の大腸菌が共存するようになったことが報告されている．主要な2種類の大腸菌では増殖速度や栄養の取り込み速度，栄養の漏洩速度に違いがあり，この違いにより共存できていたようである (Helling *et al.* 1987)．マイナーなタイプは，主要なタイプからの栄養漏洩に依存して増えているようである．どうやってここまでの分化にたどり着いたのかは明らかではないが，1種類から同所的にニッチが分かれることは十分可能であることを示す知見である．

4.5 まとめ

- 自然選択や遺伝的浮動が起これば，基本的に集団は均一化していき多様性は失われていくにもかかわらず，自然界では多様な種が共存している．これはプランクトンのパラドックスとして知られている．
- 生物の種分化のしくみとして，異所的種分化と同所的種分化の2つのしくみがある．

- 同所的共存を可能にするしくみとして，ニッチの違いによるもの，生物間相互作用によるもの，空間構造によるものなどがある．
- 1種類の生物から性質の異なる2種類へと分化するしくみとして，異所的に分化した生物が再び同所へと集まる可能性や，一度の変異イベントで大きな性質の変化が起きる可能性があるが，いまだ証拠は少ない．

4.6 さらに学びたい人へ

【共存条件について】
- ミッテルバッハ・マギル，群集生態学，丸善出版，2023

自然界の生物の分布や共存の法則についての知見が幅広く網羅されている．
- 巌佐 庸，数理生物学入門，共立出版，1998

生態学だけではなく，増殖のダイナミクスやゲーム理論などの生物学にかかわる数理モデルが幅広く解説されている．

【種分化について】
- Peter R. Grant, B. Rosemary Grant，なぜ・どうして種の数は増えるのか ガラパゴスのダーウィンフィンチ，共立出版，2017

本書でもたびたび紹介したガラパゴス諸島のダーウィンフィンチの種分化について，研究者自らが著したおそらく最も詳しい書籍．
- 河田雅圭，ダーウィンの進化論はどこまで正しいのか？，光文社新書，2024

進化について勘違いされやすい点が多くの実例とともに解説されている．進化論についての本書であまり扱わなかった生殖隔離について特に詳しい．

参考文献

[1] Kimball *et al.*, *Diversity*, **11**, 109, 2019
[2] Darwin, On the origin of species, 1859
[3] Wilkins, The reality of species: Real phenomena not theoretical objects. In R. Joyce, ed. Routledge Handbook of Evolution and Philosophy, Routledge, 167-181, 2018
[4] Dobzhansky, 遺伝学と種の起源, 培風館, 1951
[5] Coyne and Orr, *Evolution*, **51**, 295-303, 1997

[6] Bolnick, *International journal of organic evolution*, **59**, 1754-1767, 2005
[7] 遠藤秀紀, 有袋類学, 東京大学出版会, 2018
[8] Grant and Grant, *Amer. Sci.*, **90**, 130-139, 2002
[9] Marañón, in Encyclopedia of Ocean Sciences (Second Edition), 2009
[10] Hutchinson, *Am. Nat.*, **95**, 137-145, 1961
[11] Gause and Witt, *Am. Naturalist*, **69**, 596-609, 1935
[12] Clapham, Natural Ecosystems, Macmillan, New York, Collier-Macmillan, London, 1973
[13] Ayala *et al.*, *Theoretical Population Biology*, **4**, 331-356, 1973
[14] Bellows and Hassell, *Journal of Animal Ecology*, **53**, 831-848, 1984
[15] Kishi *et al.*, *Journal of Animal Ecology*, **78**, 1043-1049, 2009
[16] Neyman *et al.*, *Proceedings of the Third Berkeley Symposium on Mathematical Statistics and Probability*, **4**, 41-79, 1956
[17] Lechowicz and Bell, *Journal of Ecology*, **79**, 687-696, 1991
[18] Frederickson and Stephanopoulos, *Science*, **213**, 972-979, 1981
[19] Grover, *American Naturalist*, **136**, 771-789, 1990
[20] Herrel *et al.*, *Functional Ecology*, **23**, 119-125, 2009
[21] Konuma *et al.*, *Ecology*, **94**, 2638-2644, 2013
[22] Takatsuka, *J Invertebr Pathol.*, **138**, 1-9, 2016
[23] Lubchenco, *American Naturalist*, **112**, 23-39, 1978
[24] Leibold *et al.*, *Ecology*, **98**, 48-56, 2017
[25] Haerter, *ISME Journal*, **8**, 2317-2326, 2014
[26] Kamiura *et al.*, *Plos Computational Biology*, **18**, e1010709, 2022
[27] Pérez *et al*, *Environ Microbiol.*, **18**, 766-779, 2016
[28] Kumbhar, *Arch Microbiol*, **196**, 235-248, 2014
[29] Vartoukian *et al.*, *Int J Syst Evol Microbiol.*, **63**, 458-463, 2013
[30] Vartoukian *et al.*, *J Dent Res.*, **95**. 1308-1313, 2016.
[31] Bengtson, *The Paleontological Society Papers*, **8**, 289-318, 2002
[32] Hutchinson, *Ecology*, **32**, 571-577, 1951
[33] Tilman *et al*, *Ecology*, **72**, 1038-1049, 1991
[34] Helling *et al.*, *Genetics*, **116**, 349-358, 1987

第5章

複雑化をもたらすしくみ

5.1 生物進化における複雑性の進化

　前の章で生物はニッチの違いや相互作用を介して複数種へと多様化しうることを見てきた．こうした多様性は進化がもたらす当たり前ではない現象の1つであるが，もう1つ進化がもたらす当たり前ではない現象がある．それは，進化によって次第に複雑な生物が生まれることである．生物が進化を始めたのは，また生物だとは呼べないくらいの原始的な形態のとき，一説によればRNAワールドと呼ばれる時代だったと考えられている (Joyce 2002)．RNAワールドにはまだタンパク質やDNAはなく，RNAだけからできている原始生命体が自己複製していたと想像されている．その自己複製するRNAが進化を始めて，次第に複製以外の機能を獲得していき，そのうちタンパク質の翻訳機能や，DNAや細胞膜を獲得し原核生物となり，さらにオルガネラなどを獲得して真核生物となり，さらに多細胞化し，私たちが目にする様々な生物へと進化していったとされている（図5.1）．この過程で生物は，より多機能で複雑で大型に進化している．こうした複雑な生物の創出は，進化がもたらす驚くべき結果である．ここではこの現象を複雑性の進化と呼び，それを可能にするしくみを解説する．ただし，複雑性の進化については，いまだ未知の部分が多い．それは現象がいわゆる大進化であり，自然界や実験室で観察されることがないことが一因であろう．したがって，本章の内容は理論研究や限られた観察結果からの推測が多く含まれることを承知いただきたい．

　なお，図5.1では，進化によって生物が単純な姿から複雑な姿へと変化していく傾向があるかのように描いているが，それは正しくないイメージなので注意されたい．確かに地球の歴史上では，より複雑な生物ほど後の時代に誕生しているが，かといって昔からいた単純な生物が減ったわけではない．現在の地球上にはヒトをはじめ複雑な大型生物が無数に生息しているが，最も個体数が多い生物はおそらく大昔から細菌などの単細胞原核生物である．基本的に形

図 5.1 想像されている原始生命からの進化過程

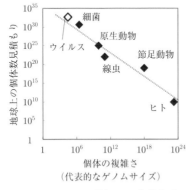
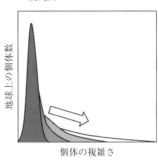

図 5.2 地球上での生物個体数の分布

個体数については，Tomasik (2019) を参照した．見積もりに幅があるものについては最も大きな値を用いた．ウイルスは原核生物の 100 倍とした (Minot *et al.* 2013)．平均 DNA 量については，原核生物 (3 Mbp)，原生動物 (9 Gbp，ゾウリムシ)，線虫 (100 Mbp)，節足動物 (1 Gbp)，哺乳類 (3 Gbp)，ヒト (3 Gbp) を用いた．個体当たりの平均細胞数については，原生動物線虫 (1000 個)，節足動物 (10^9 個)，ヒト (6×10^{13} 個) の値を用いた．

態が複雑で大型になるほど地球上の個体数は著しく減少していく（図 5.2(a)）．複雑性の進化とは生物が複雑性を増した生物へと変遷していく過程ではなく，生物の平均的な姿は何も変わらず単純なままで，ただ，ごくわずかに複雑な形態を持った生物が生まれる過程である．グールドはこれを背物の複雑さの分布の右端が伸びていく過程だと表現している（図 5.2(b)）（グールド 2003）．

ただし，こうした生物の複雑さの分布の右端が伸びていくという描像が正しいのは，原核細胞が誕生して以降の話である．原核細胞が誕生する前は，先に述べた RNA ワールドの自己複製 RNA のような原始生命体から原核生物までの進化が起きたはずであるが，自己複製 RNA もその途中の原始生命体も 1 つも地球上には見つかっていない．つまり，原核生物までの原始の進化過程はその後の進化過程とは異なり，単純なものが滅びて複雑なものだけが生き残る変化過程だったのかもしれない．このような原始の進化過程がどのようなものだ

ったのかは，現在のところほとんど何もわかっていない．

　さて，原核生物以降の複雑性の進化に話を戻したい．ここで複雑性の進化といっている現象は，先ほど説明したように単細胞の原核生物からオルガネラのある真核生物，多細胞生物，さらに複雑な形態を持った生物といった高機能で大型で複雑な生物が生まれる過程である．いわゆる大進化過程とおおむね一致する．ここで起きていることは単細胞から多細胞のように，もともと単独で増えていたものがひとまとまりとなって増えるようになる変化である．この変化は，増える単位が変わり自然選択が働く単位が変わるという大きな変化であることから，major transitions in evolution (MTE) と呼ばれている (Maynard Smith and Szathmáry 1995)．本章では，進化により複雑性が増加する過程として，MTEがいったいどのようなしくみで可能なのかを解説する．

5.2　MTEが起こるしくみ

　これまでにMTEが起きたと考えられている代表的な過程を図5.3に示す．比較的よくわかっている最初のMTEは，原核生物の細胞内共生による単細胞真核生物の進化である．この過程でもともと独立に増えていた古細菌の中に真正細菌が入り込み，細胞内共生を始めた．取り込まれた真正細菌はエネルギー合成を専門に担当するようになり，後のミトコンドリアとなった．取り込んだ方の古細菌は真核生物の祖先になったと考えられている．次に起こった代表的なMTEは単細胞真核生物から多細胞真核生物への進化である．もともと独立に増えていた単細胞真核生物がひとかたまりの個体としてふるまうようになった．その中で各細胞は生殖細胞や体細胞など別々の役割を担うようになった．そして次に生じたのが個体間の社会性である．アリやハチのコロニーのように，独立に行動できる個体が役割分担をして，効率よく子孫を残すことができるようになった．

　これらのすべてのMTEに共通しているのは，分業 (division of labor) と協力 (cooperation) である．原核生物から真核生物への進化では，取り込まれた真正細菌がエネルギー生産を担当し，取り込んだ古細菌がそれ以外を担当するという分業が行われ，お互いが協力することによって真核生物細胞としての生存が可能となった．単細胞から多細胞の進化では，各細胞が専門の機能へと分化し，すべての細胞が協力することで，多細胞個体として機能することができている．動物個体においては，発生初期に細胞は生殖細胞と体細胞へと分化す

原核生物から真核生物への進化

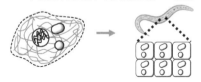
単細胞真核生物から多細胞生物への進化

個体から社会性への進化

図 5.3 代表的な major transition in evolution 過程

る.生殖細胞は子孫を作るための機能を担当し,体細胞はそれ以外のすべての機能を担当する.この分業により子孫に渡すための遺伝情報の複製回数は少なくすみ,また環境にもさらされないため変異も少なくすることができる.個体から社会性への進化では,アリの場合であれば女王アリと働きアリのように,生殖を担当する個体とそれ以外の労働を担当する個体へ分業し,協力し合うことによって,子孫を多く残すことができている.

なお,前述の MTE に比べて証拠は少ないものの,原核生物以前の原始生命の進化過程においても MTE は何度も起きたと推測されている.生命の祖先となったのはおそらく RNA やペプチドなどからできた自己複製分子である.これらの自己複製分子が分業と協力を行い,現在の細胞のように核酸(DNA と RNA),ペプチドやタンパク質,脂質が役割分担をする細胞ができたと想像されている.さらに DNA が獲得され,遺伝子が生まれてからも,独立に生まれた遺伝子どうしの分業と協力により,多数の遺伝子(現存生物では最小でも約 500)が集積したゲノム DNA が生まれたと推測されている.こうした分子レベルでの分業と協力が原核生物細胞に至るまでの前生物学的進化で起きたと推測される.

こうした知見から推測されるのは,分業と協力が,生物の複雑性を上昇させるカギだということである.分業により各機能は専門化し効率化する.それによってより規模を大きくしたり高機能化が達成できる.こうしてより複雑な生

物を生み出すことが可能になる．

では，どうやったら進化により分業と協力が可能になるのだろうか？　分業（機能の分化）は第 4 章で解説した多様化のしくみで可能になる．多様化した生物種が異なる機能を持つようになれば，分業する土台が整う．問題は協力である．本章ではまず，細胞間，個体間，分子間の協力関係は自然選択により容易に壊れることを紹介する．そして，そのような壊れやすい協力関係を維持するしくみを解説する．このような協力を維持するしくみを理解することで，MTE が可能になった理由がわかるはずである．

5.3　協力関係の不安定性

まず，協力関係は協力をしないものによって容易に不安定化することを確かめるために，協力的な生物 C (cooperator) と非協力的な生物 D (defector) を使ったシミュレーションを行う．今回のシミュレーションでは，C, D いずれも，自分以外のランダムな 1 つの個体と相互作用を行う．C はその相手が C であろうと D であろうと協力し，相手の適応度を b (benefit の b) だけ上昇させるとする．しかし，その協力のコストとして自身の適応度は c だけ減る (cost の c)．一方で D はその相手の適応度は変えない代わりに，自分の適応度も減らさないとする（図 5.4(a)）．C と D の何も相互作用しないときの適応度は同じ w とすると，C, D が相互作用相手としてそれぞれ C, D を選んだときの適応度は図 5.4(b) となる．この適応度を用いて，以下の手続きで個体数変化のシミュレーションを行った．

0) 最初に生物 C のみ，あるいは C を 100 個体，D を 100 個体含む集団を用意する．
1) C について，相互作用する相手を集団からランダムに選ぶ．同じ相手が重複して選ばれることも許す．その結果から，図 5.4(b) に従って各個体の適応度を決定する．
2) 決定した適応度に従って次世代に子孫を残す．
3) 集団サイズが 200 となるようにランダムに個体を間引いたのち，1) から 3) を繰り返す．

この手続きを，$w = 2, b = 2, c = 1$ の条件で 100 世代経過した結果を図 5.4(c) に示す．まず，C のみ（D がいない初期条件）で行った場合には，当然ながら C がずっと生き残る（左図）．一方で，初期条件で半数を D にした

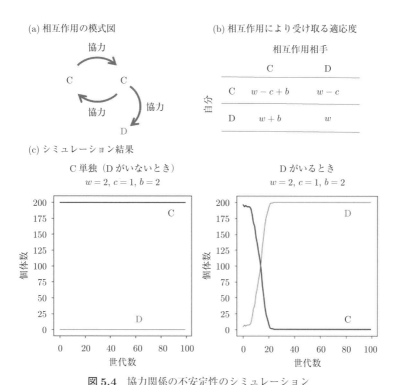

図 5.4 協力関係の不安定性のシミュレーション

場合は，すぐに協力的な C が絶滅し，非協力的な D のみが生き残ることになる（右図）．この結果になるのは，C は D との競争に勝てないからである．D は協力のコストを支払わずに C からの協力にただ乗りすることができる．そのため，常に C よりも D の方が適応度が高くなる．したがって，こうした協力のコストを支払わずに協力の利益だけ受け取る個体（ずるをしているようにみえるのでチーター (cheater) と呼ばれる）がいる場合，協力的な個体は競争に負けてしまう．つまり，単純な自然選択では協力関係はチーターによって容易に壊れる．

5.4 協力関係が維持されるしくみ

5.4.1 協力が維持されるしくみの種類

それではどうやったら協力関係が維持されるのだろうか？　これまでの研究から，協力を維持するためのしくみとして，直接互恵性，間接互恵性，ネッ

	分子間の協力	遺伝子間の協力	細胞内共生	細胞間の協力	血縁のある個体間の協力	血縁のない個体間の協力
直接互恵性	×	×	×	×	×	○
間接互恵性	×	×	×	×	×	○
ネットワーク互恵性	×	×	×	×	×	○
血縁選択	×	×	×	○	○	×
グループ選択	○	○	○	○	○	○

図 5.5 協力を維持するしくみの各 MTE への効果

トワーク互恵性，血縁選択，グループ選択の5つの主なしくみが知られている (Nowak 2006)．最初の3つのしくみ（直接互恵性，間接互恵性，ネットワーク互恵性）は，協力的な個体どうしがお互いを認識して選択的に相互作用をするしくみである．これらのしくみが働くためには，対象の生物に記憶などある程度高い認知能力を必要とするため，ヒトや脊椎動物など大型の動物個体が社会性を形成するときの MTE で働くしくみである．あとの2つ（血縁選択，グループ選択）については，血縁者や同一グループでの選択的な相互作用があることによって，結果として協力的な個体どうしが相互作用するようになるしくみである．血縁選択については先の3つほどの認知能力は必要とせず，昆虫などが社会性を形成する際の MTE に働く．最後のグループ選択については，まったく認知能力は必要ではないため，すべての MTE についても働きうるしくみである（図 5.5）．以下で各しくみについて詳しく解説する．ヒトや一部の哺乳類にのみ働くとされている直接互恵性，間接互恵性，ネットワーク互恵性については簡単に説明し，もっと広い生物や非生物にも働きうる血縁選択，グループ選択についてより詳しく説明したい．

5.4.2 直接互恵性 (direct reciprocity)

直接互恵性とは，協力的な個体が他の個体の過去のふるまいを記憶しておい

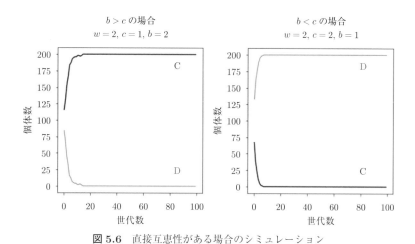

図 5.6 直接互恵性がある場合のシミュレーション

て，過去に協力的だった個体を選んで相互作用をするしくみである．このしくみが働くには，個体を識別し，過去のふるまいを記憶しておくという高度な認知能力が必要となる．このようなしくみがあれば，たとえ非協力的な個体がいたとしても，協力的なCどうしが選択的に相互作用をすることが可能になる．ここでは簡単なシミュレーションとして，Cは相互作用相手としてCを選ぶことができるとしてみる．当然のことながら，Cの個体がCを選ぶことができるなら，非協力的なDの存在下でもCは維持される（図5.6左）．

このような直接互恵性があれば，協力関係は維持される可能性がでてくる．ただし，直接互恵性（および後で説明する，ほかのしくみ）によってCどうしの相互作用が保証されたとしても，協力が維持されるには協力による適応度の上昇分 (b) が協力のコスト (c) を上回っていること（つまり $b > c$ という条件）は必要となる．これが満たされていない $b < c$ の条件ではCどうしの相互作用が保証されていても，CはDとの競争に負けてしまう（図5.6右）．それは，協力で得られる利益よりも協力のコストの方が高いため，協力が有利にならないことによる．すなわち，協力が維持されるには，互恵性に加えて，協力によってコストよりも高い利益がもたらされることが必要である．

ヒトの場合は，多くのケースにおいてこれは満たされるようである．日常で使う道具はほぼすべて，自分で作るよりも専門家に作ってもらった方が質がよい．よほどのことがない限り，食べ物も住処も衣類も専門家が作ったものを買うだろう．これは，ヒトにおいては，分業し専門化してそれを協力関係によっ

5.4 協力関係が維持されるしくみ 149

て取り引きする方が全体の利益が高くなることを示している．同じことが，ヒト以外の生物にも当てはまるかは自明ではない．専門化してもその産物を他の生物に使ってもらい，かつお返しももらわなければ自身の適応度にはならない．ヒトの場合は，人口密度の高さと，コミュニケーション能力，流通力によりそれを可能にしているが，他の生物では難しいかもしれない．それで人間社会で協力関係が特に発展している1つの理由かもしれない．

　直接互恵性を通じて協力関係を維持していると考えられている自然界の例として，チスイコウモリの餌の分譲や旧世界ザルの毛づくろいなどが知られている．アメリカ大陸に生息するナミチスイコウモリは，洞窟内でメスだけの群れを作って暮らしている．このコウモリは動物の血液を吸って栄養にしているが，2晩連続で血を吸えないと餓死してしまう．そこで保険のために，血を吸えた個体は血を吸えなかった非血縁の個体に獲得した血を分け与える．このとき，頻繁に血を分け与えている個体ほど，分けてもらえる頻度も高いことが知られている (Carter and Wilkinson 2015)．またニホンザルなどの旧世界ザルは群れのメンバーどうしで毛づくろいをし合う．サルの毛づくろいでは，シラミの卵が取り除かれている．シラミが増えれば，シラミを介した感染症やかきむしることによる傷口からの感染症などの被害をもたらすため，サルは頻繁に毛づくろいをする．自分では手が届かない部位があるため，ほかの個体からの協力が必要となる．ニホンザルやマンドリルなどの観察結果からは，血縁者との毛づくろいが起こりやすいようだが，非血縁者であっても過去に最も頻繁に毛づくろいをしてくれた個体を毛づくろいの相手として選びやすいことが報告されている (Schino *et al.* 2007, Schino and Pellegrini 2009)．これらの知見は，自然界でも直接互恵性のしくみが働いていることを示唆している．

5.4.3　間接互恵性 (indirect reciprocity)

　間接互恵性とは，過去に直接会ったことがない相手について，間接的な評判などから判断し，協力的だと予想される相手とのみ相互作用するしくみである．評判というものを利用するには目の前にいない個体を評価する必要があり，直接互恵性よりもさらに高い認知能力と言語能力が必要となる．したがって，間接互恵性を利用しているのはおそらく人間に限られる．このしくみがどれほど人間社会の協力性の維持に貢献しているかは，私たち人間にとっては説明の必要はないかもしれない．人間社会において一度信用をなくしたらそう簡単に取り戻せないことを私たちはよく知っているし，誰が信用できて誰が信用

できないかの情報（つまりゴシップ）が多くの人は大好きであることも皆よく知っているだろう．

5.4.4 ネットワーク互恵性 (network reciprocity)

ネットワーク互恵性とは，空間的な構造によって相互作用できる個体間に偏りができることにより，協力的な個体どうしが相互作用しやすくなるしくみである．図 5.4 のシミュレーションでは，相互作用する相手は集団のなかからランダムに選ばれていた．つまりどの個体も均等に相互作用する可能性があった．この状況は集団がよく混ぜ合わされている状態 (well-mixed) と呼ばれる．しかし，自然界ではそんな状況はありえない．程度の差はあれ，近いものほど相互作用しやすいといった必ず空間的な制限があるはずである．そのような空間的な制限による相互作用のしやすさとしにくさは，ネットワークで表現することができる．図 5.7 では well-mixed の状況ともっと空間的に制限された状況をネットワークで表した．ネットワーク図では，線がエッジ，線で結ばれているものがノードと呼ばれる．今回の場合はエッジがつながっているノード（今回は C か D）の相互作用が許されていることを示す．左に示す空間的な制限のない (well-mixed) 状況では，すべてのノードがエッジでつながっており，すべての個体間での相互作用が許されている．これに対し，右に示す空間的に制限された状況では，一部のノード間にしかエッジが存在せず，一部の相互作用しか許されていない．

こうしたネットワークは無数にありうるが，大きな傾向として，コストに対する利得の比 (b/c) がネットワーク上の近接するノードの数 (k) を超えると（つまり $b/c > k$）協力性が維持されやすいことが報告されている (Ohtsuki et al. 2006)．

ネットワーク互恵性が働いている例として，人間社会における隣人との関係

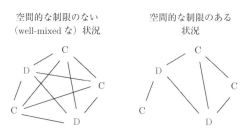

図 5.7 個体間で可能な相互作用のネットワーク表現

性が指摘されている．私たち人間は，接する機会の多い相手（隣人や同僚）とは協力関係を築きやすい．それはその人たちがネットワーク中で私たちの近傍にいる（エッジでつながっている）からだと解釈できる．一方で，自然界においては，ネットワーク互恵性のはっきりした例は知られていないようである．

5.4.5　血縁選択 (kin selection)

　血縁選択とは，血縁のある（つまり遺伝子を共有している）個体どうしが選択的に相互作用することで，協力が維持されるしくみである．前の項で述べた直接，間接，ネットワーク互恵性は，協力する個体が，同じく協力をし返してくれる個体と選択的に相互作用するしくみであった．一方で，血縁選択のしくみは，相手から直接協力をお返ししてもらう必要はない．ただ，協力をする自分と協力を受ける相手が遺伝子を共有しており，協力行動がその共有遺伝子に基づいていればいい．この条件を満たせば，協力を受けた相手も，ほかの血縁者に協力をすることで，血縁者の集合体としての適応度を上げることができ，協力行動が維持されることになる．要するに，自分が直接子孫を残さなくても，同じ（協力的な）遺伝子を持った血縁者が子孫を残してくれれば，自分が子孫を残したのと同じように協力性が維持されるということである（図5.8）．

　血縁選択が起こるには，協力をする個体と協力を受ける個体の遺伝子の近さが重要になる．近ければ近いほど，協力をする個体にとっては協力をするメリットが大きくなる．遺伝子の近さは，基本的には近縁であるほど近くなる可能性が高い．この血縁選択に関わる遺伝子の近さは血縁度と呼ばれる．血縁度は，個体の持つ遺伝子セットの近さを示す指標で，$1 \sim 0$の値を取り，0が遺伝子が完全に異なる個体，1が完全に一致する個体（つまりクローン）であることを示す．血縁度は，近似的に家系図上の距離で求めることができる[1]．通常の二倍体の生物では，親から見たら子は半分の遺伝子を共有しているので血

---

[1] 厳密には，協力性の維持を考えるとこの血縁度は文字通りの血縁の強さではなく，協力性に関わる遺伝子のうち，集団内に固定されていないものをどのくらい共通して持っているかを示す値である．なぜなら，そもそも血縁度とは，協力的でない個体がいる集団において協力性が維持されるしくみを説明するために導入された指標だからである．したがって，本当は協力性に関わらない遺伝子をどれだけ共通して持っていても，ここでの血縁度には影響しない．ただ，多くの遺伝子を共有していれば，協力性に関わる遺伝子も共有している可能性が高いので，近似的に遺伝子セットの近さが血縁度に一致するとみなすことができる．次のコラムと補遺S7にもう少し数学的に詳しい説明を載せたので興味があれば参照してほしい．

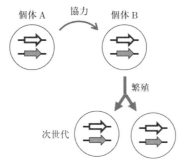

図 5.8 血縁選択のしくみ
A と B が同じ遺伝情報を共有しているのであれば，子孫を作るのが A だろうと B だろうと次世代の遺伝子プールの組成は変わらず，協力性が維持される．

縁度は 1/2．兄弟どうしでは両親のどちらの遺伝子を受け継いだかによって，血縁度は 1〜0 までばらつくが平均は 1/2 となる．

　血縁選択が働く場合は，今まで使っていた適応度という指標では不十分になる．今まで使っていた適応度は個体ごとに決められている指標で，それぞれの個体が作る子孫の数の期待値であった．しかし，血縁選択が働いている場合には，ある個体の直接の子孫の数は少なかったとしても（すなわち適応度が低かったとしても）ほかの血縁度の高い個体の繁殖に協力すれば，血縁者の適応度を上げることで間接的に子孫に残る遺伝子の頻度を上げることができる．こうした血縁者を介した効果を考慮するために包括適応度 (inclusive fitness) という指標が考案された．包括適応度は，もともと適応度 w の個体 A が血縁関係 r の個体 B に協力し，個体 B の適応度を b だけ上げ，自身の適応度を $-c$ だけ下げたとすると，個体 A の適応度は $w-c$，個体 A の包括適応度は $w-c+br$ となる．つまり包括適応度とは，自身の適応度 $(w-c)$ に加えて，自身が協力することによって血縁者のなかの自身と同じ遺伝子が得をした分 (br) を含めたものである．

　この包括適応度を使って，血縁選択によって協力が維持される条件を求めることができる．協力が維持されるには，包括適応度が協力をしないときの適応度 w を上回ればいいので，$w+br-c>w$ を満たせばいい．この不等式を式変形すると $br>c$ となる．つまり協力によって相手が得られる適応度の利得 (b) に相手の血縁度 (r) を掛けたものが，協力のコスト (c) を上回れば協力が維持される．この法則はハミルトン則と呼ばれている (Hamilton 1964)．

　なお，血縁選択が起こるためには，血縁者を認識するなど，何らかの手段で

血縁者どうしが選択的に相互作用するしくみが別に必要になる．血縁選択をしているとされるアリでは，同じコロニー（つまり血縁者）かどうかを体表にある化学物質で見分けているらしい（勝又・尾崎 2007）．またそんなことをしなくても，同じ巣の中にいる個体は血縁者の可能性が高いことから，巣を作る生物については，近くにいる個体と協力するだけで血縁選択が担保されるだろう．

> **コラム：プライス方程式とハミルトン則と血縁度**
>
> 　ハミルトン則はもともと経験則であり，何か他の法則から導出されたわけではなかったが，後に第1章で見た自然選択の基本方程式であるプライス方程式から導出されることが明らかになった（導出は補遺 S6 を参照）．プライス方程式からハミルトン則を導出すると，血縁度 r は，ある個体の協力的形質 x と相互作用相手の協力的形質 x' を使って，$\mathrm{Cov}(x,x')/V(x)$ で表すことができる．
>
> 　この血縁度 $\mathrm{Cov}(x,x')/V(x)$ の意味するところを考えてみたい．分子の $\mathrm{Cov}(x,x')$ はある個体の協力的形質 x と相互作用相手の協力的形質 x' との共分散であり，x の集団平均を x_{ave} とすると，$E[(x-x_{\mathrm{ave}})(x'-x_{\mathrm{ave}})]$ で定義される．つまり，x と x' が集団平均よりそろって大きかったり，そろって小さければ大きくなる値である．今回 x は 0（Dのとき）か 1（Cのとき）なので両方 1 だったり，両方 0 であれば大きくなる．ただし，集団が全部 1 であったり，全部 0 だったりすると x_{ave} と差がなくなるので $\mathrm{Cov}(x,x')$ も 0 となる．そして，$\mathrm{Cov}(x,x')$ の最大値は x が完全に x' と一致するときであり，これは $V(x)$ に一致する．よって $\mathrm{Cov}(x,x')/V(x)$ とは，最大を 1 とする 0 から 1 の値になる．まとめると，$\mathrm{Cov}(x,x')/V(x)$ とは，集団中のある個体と相互作用相手が平均と比べてどのくらい"そろって"協力的か，あるいは"そろって"非協力的かを示す指標である．これは本文の注釈で述べた血縁度の説明と一致している．
>
> 　個人的には，血縁度という名前があまり実態を反映しておらず，誤解を招きやすいような気がしている．実際のところ血縁度 r とは，血縁かどうかは直接的には関係なく，ある個体と相互作用相手の協力性（あるいは非協力性）が集団の平均よりも上か下かで揃っているかで決まる値である．その意味では，血縁選択はその原理からすれば，血縁のある個体間に限定されたしくみはない．ただ近似的に血縁関係で働くことが多いというだけである．また，血縁選択はその原理（相互作用相手と協力性がそろっていることが大

事）を見ると，あとで述べるグループ選択（グループ内で協力性がそろっていることが大事）ととてもよく似ていることがわかる．ちなみにグループ選択が起きる条件もプライス方程式から導出できる．これらについては補遺 S7, S8 に詳しく説明しているので興味がある読者は参照してほしい.

　こうした血縁選択が働いている生物の最も有名な例は，ハチ目（膜翅目）（アリ，ハチ）の社会性だろう．血縁選択のしくみは，そもそもこの社会性を理解するために見つけ出されたという歴史的経緯がある．アリのほとんど，ハチの一部の種は社会性昆虫と呼ばれ，個体間で役割分担をした共同体で生活している．ミツバチの場合，卵を産むのは巣のなかに 1 匹だけいる女王と呼ばれる個体だけである．卵から生まれるほとんどの個体は働きバチと呼ばれ，採餌や卵や幼虫の世話を行う．働きバチは通常メスだが卵を産むことはなく，直接の子孫は作らない（よって適応度は 0 である）が，女王の産卵や子育てに協力することにより包括適応度を上げていると考えられている．アリやハチは，不妊カースト（身体の構造上，子孫を作れなくなった個体群）を含む高度に組織化された社会性を持っており，真社会性と呼ばれる．
　ハチ目で社会性が発達しやすい理由の 1 つとして，半倍数体であることが指摘されている．ハチ目の多くの種において，メスは二倍体（染色体を 2 対持つ），オスは一倍体（染色体を 1 対しか持たない）である．このような染色体の持ち方を半倍数性と呼ぶ．半倍数性の生物では，通常の倍数性の生物とは異なり父親は 1 種類の染色体しか持たないため，子供に受け継がれる父親由来の染色体はすべて同じものとなる．したがって，半倍数性生物の場合，姉妹兄弟の持つ染色体のうち父親由来の半分はすべての子供で必ず共通していることになる（図 5.9）．これにより，半倍数性の生物においては，姉妹の平均血縁度は 3/4 となり，通常の二倍体の場合の平均血縁度 (1/2) より高い．これが働きバチやアリ（通常メスのみ）が自身の子孫ではなく，女王の子育て（つまり自身の姉妹の成長）に協力する一因だと推測されている．ただし，ほとんどのハチは社会性を持たず単独生活をしていることから，半倍数性であったからといって必ずしも社会性を持つわけでもないようである．また，ハチ目以外で社会性を持つシロアリや，哺乳類のハダカデバネズミは半倍数体ではないので，半倍数体が社会性の必要条件というわけでもないようだ．ただ，シロアリやハダカデバネズミについては，近親交配が多く行われた結果，倍数性であっ

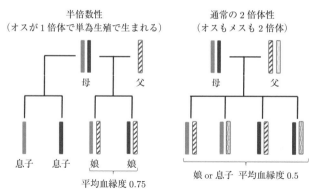

図 5.9 通常の二倍体性生物と，半倍数性生物の遺伝の違い

半倍数性の場合，ある娘からみて，姉妹の遺伝型は，1/2 の確率で自分とまったく同じ（血縁度 1）であり，残りの 1/2 の確率で半分だけ同じ（血縁度 0.5）となるため，平均血縁度は 0.75 となる．通常の二倍体の場合は，ある娘から見て，兄弟姉妹の血縁度は 1/4 ずつの確率で 1, 0.5, 0.5, 0 となるため，平均血縁度は 0.5 となる．

ても 2 対の染色体がほとんど同じになっており，ほかの生物よりも血縁度が高くなっていることにより血縁選択が起きやすくなっている可能性が指摘されている (Reeve *et al.* 1990).

アリやハチのような高度に組織化された社会性ではなく，血縁関係のある個体間でのもっと緩やかな協力関係は，哺乳類，鳥類，魚類などでも多く見られる．直接互恵性のところで例に出したニホンザルの毛づくろいの頻度も，血縁関係にある個体間では高いことが知られている (Oki and Maeda 1973). また，ライオン，オオカミなどは群れで狩りをするが，どちらも血縁関係にある個体どうしで群れを作り，協力して狩りをすることが多いようである．詳しく調べられた例としては，カナダのアメリカアカリスの 19 年にわたる観察から，自分の子どもではないのに授乳する例が 5 件観察された．その場合は，いずれも血縁関係のある個体によるもので，いずれもハミルトン則：b（非母親に授乳された仔の生存率）$\times r$（血縁度）$> c$（非母親の本来の仔の生存率）が満たされており，血縁選択の効果が指摘されている (Gorrell *et al.* 2010).

5.4.6　グループ選択 (group selection)

グループ選択とは，複数のグループに分かれている集団において，個体のレベルだけではなく，グループの単位でも選択を受けるしくみである．群選択とも呼ぶ．このしくみが働くためには，グループ内で個体が増えるとグループの数も増える，あるいはほかのグループへとメンバーが広がっていくしくみ（グ

ループのメンバーが移住するなど）が必要となる．群れで狩りをする生物を考える．仮に群れのメンバーには血縁関係がまったくないとしよう．群れによってメンバーの協力性はバラバラで，協力的な個体 C と非協力的な個体 D がランダムに分配されているとする（図 5.10）．このとき，狩りに成功しやすい群れは，おそらく協力的な個体 C がたくさん含まれている群れだろう．そうした群れのメンバーは子孫をたくさん残すことができるだろう．そうして群れのメンバーが増えていけば，増えた個体が別の群れへと入っていったり，新しい群れを作って独立していくだろう．このときに増えた新しい個体も，協力的な個体の子孫なので，協力的な個体の割合が多いはずであろう．こうしてこの地域には協力的な個体が増えて，協力性が維持されることになる．これがグループ選択の効果である．

グループ選択の特徴は，特にグループ内のメンバーの中に血縁関係が必要ないことである（あってもよい）．また協力的な相手を見つける認知能力も必要ない．ただ，個体がグループ単位に分けられていて，その中で相互作用が起こることと，ときどきグループ間のメンバーの流入があればいい．いままでの協力性の維持のしくみでは，相手の過去の行動の記憶が必要であったり，血縁関係にある相手の認識が必要であったり，ある程度の認知能力を必要としたが，グループ選択の場合は個体についてどんな能力も要求しないため，単細胞や分子レベルでの協力性の維持に働く主要なしくみであると考えられる．

次に，グループ選択の効果を，空間的な移動の制限のあるシミュレーションで確かめてみたい．先のシミュレーションと同様に，協力的な個体 C と非協力的な個体 D を考える．図 5.4 のシミュレーションで確認したように，この 2 つが存在すると，C は D との競争に負けて生き残ることができない．今回は，ここに 30×30 の 2 次元の区画構造を導入する（図 5.11(a)）．C と D は同じ区画の中の個体としか相互作用できず，それぞれの区画内で図 5.4 と同じ C と D の複製が起こるとする．つまり各区画が 1 つのグループとなる．それぞれの区画は完全には隔絶されておらず，区画内の個体数に依存して周りの区画に拡散していくとする．区画の端はそれ以上拡散しなくなると挙動が変わってしまうので，一番端の区画は逆の端の区画にループしていて端のない構造だとする．また，これだけではほどなくすべての区画が C か D で埋まってしまうため，毎世代，一定割合 (3.3%) の区画をランダムに空にすることで，毎世代新しい空間を供給することとする．

こうした設定でシミュレーションをし，すべての区画の平均個体数を示した

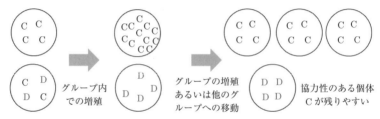

図 5.10 グループ選択で協力性が維持されるしくみ
協力的な個体 C と非協力的な個体 D について，集団がグループに分けられている場合，D を含まない，あるいは比較的 D の少ないグループでは C が生き残るとともに，C どうしの相互協力により効率よく増殖できる．こうして増えた C は他のグループに広がっていく．一方で D を含んだグループでは C が競争に負けていなくなると，C からの協力が得られなくなるので，D もあまり増えられなくなり，D は他のグループには広がりにくくなる．こうして D よりも C が選択的に広がっていき，協力性が維持できることになる．

のが図 5.11(b) である．区画のない場合（図 5.4(c) の右）とは異なり，C が振動しながら存続している．何が起きているかもう少し詳しくみるために，ある 1 つの区画の個体数を示したのが図 5.11(c) である．C, D どちらも大きく振動しているが，C が増えたあとには D が増え，D が増えると D はいなくなる．そのうち D がいなくなると再び C が増える様子が見られる．この結果は，区画がある場合には，多数の区画のうちどこかに D のいない区画が存在しているため，そこで協力的な C が増殖を維持できていることを示している．

　こうした協力性を維持する効果は区画だけではなく，他の形の空間構造や単に拡散が遅いことでもよいことがわかっている．とにかく，非協力的なものの侵入を遅らせて，協力的なものが集まったときに選択的に増えやすくなるしくみが備わっていればよい．

　なお，用語の使い方での注意であるが，グループ選択の別名である群選択や群淘汰は，過去には（一部今でも），グループ単位での選択という意味ではなく，「種の繁栄のための進化のしくみ」という意味で使われていた．この意味の場合は「古典的な群選択」と呼ばれたりもする．こうした古典的な群選択とは，「個体が自身の繁殖成功を犠牲にして種の長期的な生存のための行動をするしくみ」のことを指すが，現在，このようなしくみは存在しないとされている．確かに，自身を犠牲にして種のために行動しているように見える生物もいるが（働きアリなど），そのふるまいの理由は，生物が種のために働いているわけではなく，本章の血縁選択のところで説明したように，働きアリの協力的行動により働きアリ自身の包括適応度が上がるためだと解釈されている．そもそも，第 1 章で解説したように，進化のしくみは適応度の高い個体が結果と

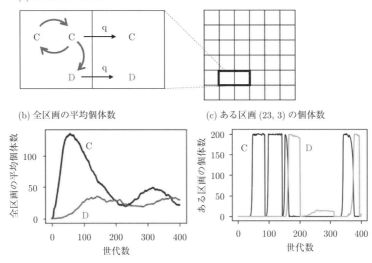

図 5.11 グループ選択のシミュレーション

して増えるという現象であるため，種の長期的な生存を目指すような形質が出てくる理由がない．この意味で「古典的な群選択」は誤った解釈である．こうした群選択という用語にまつわる誤解を避けるために，本書ではグループ選択という言葉を使った．最近ではグループ選択の考え方をもっと一般化するために，マルチレベル選択という用語が使われることも多い．

コラム：ゲーム理論と進化ゲーム理論

協力的な行動を含む生物の行動の進化については，ゲーム理論の枠組みでの研究例も多い．ここで簡単にではあるが，ゲーム理論との関係と，そこから発展して出てきた進化ゲーム理論について紹介をしたい．ゲーム理論とは，異なる戦略を持つ人や生物（エージェントと呼ばれる）の間で利益のやり取りがある際に用いられる理論である．ゲーム理論が用いられる状況として囚人のジレンマが有名である．囚人のジレンマでは共犯関係にある 2 人の囚人（今回のエージェント）が自白か黙秘かの 2 つの行動を選択する．このとき，お互いはお互いの行動はわからないまま自分の行動を決める．もし両方とも黙秘をすれば，お互いに軽い罰（1 年の懲役）ですむ．しかし片方が

5.4 協力関係が維持されるしくみ

黙秘でもう片方が自白をすれば，自白をした方は情状酌量されて無罪，黙秘をした方が罪をとわれて10年の懲役となる．両方とも自白をすればお互いに5年の懲役となるゲームである．この状況をまとめたもの（利得行列と呼ばれる）を図5.12に示す．この利得行列では一番左の列に，利得を受け取る側の囚人の行動，一番上の行に相手の囚人の行動を示している．このゲームで得られるのは利益ではなく懲役という罰なので，懲役の年数にマイナスをつけたものを利得としている．

囚人のジレンマの特徴は，相手が黙秘をしようと自白をしようと自分は自白をした方が得をするということである．相手が黙秘をしたときに自分も黙秘をすれば利益は-1年（つまり1年の懲役）であるのに対し，自分が自白をすれば，利益は0年（懲役なし）ですむ．もし相手が自白をしたとしても，自分が黙秘をして-10年（10年の懲役）をえるよりも，自分が自白をして-5年（5年の懲役）をした方が得である．したがって，このゲームでの合理的な（＝自分が得をする）戦略は必ず自白をすることである．

しかしながら，この最も合理的な戦略が最適な（＝最も利益の多い）戦略ではないことがこのゲームの難しいところである．このゲームにおいて囚人2人の利益が最も多くなる状況は，相手も自分も黙秘をすることである．そうなればお互いに-1年の利益（1年の懲役）ですむからである．ところが，先ほど述べたようにお互いが合理的に自分が得をするための判断をするとこの状況には到達できない．これがジレンマと呼ばれる構造である．

ジレンマが生じる原因は，利得行列の値の関係性にある．利得行列の成分をそれぞれa, b, c, dと名付けると（図5.13），囚人のジレンマが生じる条件は，$a > c, b > d, a > d$である．この条件は，図5.4で示したcooperatorとdefectorのモデルでも満たされている．図5.4(b)に示した行列がまさに利得行列である．w, c, bはすべて正の値であり，図5.6で見たように協力が維持されうるには$b > c$の条件が追加で必要になるため，この利得行列は上記のジレンマが生じる条件を満たしている．すなわち，協力関係が安定に維持される条件というのは，囚人のジレンマで最大の利益を上げる条件と同じ

図 5.12 囚人のジレンマの利得行列

図 5.13 一般的な利得行列

である．したがって，協力性の維持の理解にはゲーム理論の考え方が取り入れられてきたという経緯がある．

しかし，ゲーム理論と生物の協力関係の違いとして，ゲーム理論では利益を扱うのに対し，生物の協力関係では適応度を扱い，その適応度の値によって次世代の集団の組成が変わっていくという点がある．この点を考慮し，エージェントの集団の組成変化を取り入れたのが進化ゲーム理論である．進化ゲーム理論を使えば，戦略の異なる生物（エージェント）の割合が変わっていったときに安定な集団組成を理解することができる．進化ゲーム理論を使って，哺乳類や鳥類でしばしば観察される儀礼的な闘争（自分も相手も傷つかないように勝敗を決める闘争方法）が進化した理由の説明がされている．進化ゲーム理論についてもっと学びたい場合は，成書（J. メイナード・スミス『進化とゲーム理論』産業図書，1985）を参照されたい．

5.5 協力関係（相利共生関係，利他性）が生まれるしくみ

本章では，協力関係が維持されるしくみについて解説をしてきた．それでは，そもそも協力関係はどうやって出現するのだろうか？　前の章で進化が続くと，捕食・寄生という戦略をとる生物が出現し，被食者や宿主と共存するようになることを説明した．こうした寄生などの生物間相互作用が協力関係（共生関係）へと移行する可能性があることが指摘されている．

生物間の関係性は，どちらがどちらにどの程度利益をもたらしているかで寄生（parasitism; 片方は利益を，相手は損失を得る）[2]，片利共生（commensalism; 片方は利益を得て，相手は何も得ない）と相利共生（mutualism; いわゆる共生，両者が利益を得る）に区別される（図 5.14）．相利共生とはつまり

---

[2] 寄生や捕食は片利共生に含める場合もある．

協力関係である．また，これら寄生，片利共生と相利共生は，お互いに変わりうるものであり，多くの生物で相利共生から片利共生へ，逆に相利共生から片利共生へ変化した例が知られている (Drew *et al.* 2021)．ボルバキアという昆虫の共生細菌は一般的には宿主昆虫の生存に必須ではなく片利共生だと考えられているが，一部の寄生体（トコジラミ）では宿主にビタミンB群を供給することで相利共生になった例がある (Nikoh *et al.* 2014)．ほかにも，細菌どうし (Harcombe *et al.* 2018)，ファージと細菌 (Shapiro *et al.* 2016) で寄生，あるいは片利共生から相利共生へ変化した観察結果が報告されている．

　自然界の生物間相互作用でも，寄生と共生を完全に区別することは難しい．クマノミはイソギンチャクの中に隠れて暮らしている．このクマノミの行動はクマノミだけが得をしている片利共生だと考えられてきたが，近年の研究によると，クマノミの住むイソギンチャクの方が成長速度が速いことから，どうやら何かイソギンチャク側にもメリットがあることがわかってきた (Porat and Chadwick-Furman 2004)．クマノミのせいで成長速度が変わる理由として，クマノミがほかの魚からイソギンチャクを守っている可能性や，クマノミの排泄物がイソギンチャクの栄養となっている可能性が考えられるようだ (Roopin *et al.* 2008)．

　また，分子の進化実験においても，相利的な関係は自然発生することも報告されている．近年私たちの研究室では，RNAが自分の遺伝情報に基づいてタンパク質を翻訳しながら自己複製するシステムを作り，RNAの複製を長期にわたって継代した．その結果，RNAは進化を起こし，複数系統へ多様化し，さらに多様化した各系統はお互いを増やし合う協力的な関係性を持つように至った（図5.15）(Mizuuchi *et al.* 2022)．この実験で私たちが行ったのは，ただ自己複製RNAを微小区画内に封入した条件（したがって，グループ選択が起こる条件）で複製に必要な因子を供給しながら長期で継代しただけである．それだけで1種類のRNAが多様化し協力的な関係性が出現したというこ

図 5.14　寄生・片利共生・相利共生の模式図

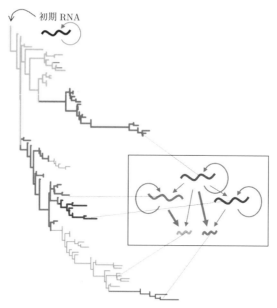

図 5.15 自己複製 RNA の進化実験で見られた多様化と協力的な複製
1 種類で単独複製していた初期 RNA を 480 回継代した結果，5 種類の系統へ自発的に分化した様子を系統樹で示す．最終的な集団に存在した 5 種類の RNA は相互依存的な複製を行っていた．四角内では，どの RNA がどの RNA を複製しているのかを矢印で示す．矢印の太さが複製効率を示している．系統樹は Yukawa *et al* (2023) より改変した．

とは，RNA やタンパク質には協力性が生まれやすい傾向があるということかもしれない．

　自然界にあふれる協力性，そして分子のシステムでも容易に協力性が出現することから，どうも地球上，あるいは地球の生物を構成している分子では，協力関係は容易に出現しうるようである．この協力が出現しやすい傾向が，生物の MTE を可能にし，地球上で複雑な生物進化を可能にした可能性がある．いったい地球環境や生体分子のどの性質が，協力を出現させやすくしているのかを明らかにすることが今後の課題であろう．

> **コラム：なぜ分業と協力が起きるのか？**
>
> 本文中で，生物進化のなかで何度か MTE が起き，そのたびにもともと独立に増えていた生物が分業と協力を始めることで，大きく複雑な生物として増

5.5　協力関係（相利共生関係，利他性）が生まれるしくみ

えるようになっていったことを紹介した．また，そうして生まれた生物（原核生物に対する真核生物や，単細胞生物に対する多細胞生物，社会性を持たない生物に対する社会性を持つ生物）の個体数は，元の独立して増えていた生物よりも基本的に少ないことも紹介した．それではなぜ，そもそも MTE などが起きるのだろうか？ MTE を達成するための協力関係は基本的にもろい．本章で紹介したような協力を維持するしくみがなければ，すぐに壊れてしまう．そうであるならば，MTE など起こさずに，ずっと単細胞原核生物のまま繁栄する世界があってもよかったはずである．

　MTE が起きたからには，MTE によって出現した生物は自然選択されているはずで，もともとの生物に対して，競争で負けない性質を持っているはずである．MTE とそれに伴う分業と協力のメリットの1つは，様々な生命活動の効率化と大型化だと思われる．真核生物は原核生物どうしの分業と協力で成立しているが，片方の原核生物が細胞内でエネルギー生産を担当することにより，もともと細胞膜でしかできなかったエネルギー生産が細胞内部でも可能となり，エネルギー生産の効率化ができるようになった．これにより原核生物の細胞に比べ真核生物の細胞は体積換算で大雑把に 100 倍以上になっている（大腸菌と酵母の比較）．細胞が大型化すれば，持ちうる遺伝子の数も，細胞としての機能の数も増え，よりいろいろな環境やいろいろな資源で増えることができるようになるだろう．つまり，今までは利用できなかったニッチで生きることができるようになる．いわば新しい市場の開拓である．これが MTE が起きる理由ではないかと思われる．

　では，そもそも分業と協力により，エネルギー生産の効率化など，何らかの利点があるのはなぜだろうか？ 分業と協力は常に利益をもたらす方法ではない．私たち人間の日常生活を考えると，だれかと作業を分担することで効率化することもあれば，1人で作業した方が効率が良い場合もあるだろう．単独で働くより分業して働くことが効率的になるためには，分業によって生じるコミュニケーションコストよりも分業によって単一の作業に専門化することの利益が勝る必要がある．経済学者であるアダム・スミスは，人間社会での分業と協力が有利になる条件は「十分に大きな市場規模と流通の円滑さ」だと述べた（アダム・スミス『国富論』，1776）．これは生物進化にも当てはまるかもしれない．分業と協力による MTE が起きる条件は，MTE が起きたことによって獲得できる十分に大きなニッチ（市場）と分業や協力のコストを下げるしくみの成立（流通の円滑さ）が満たされたときに起きているのかもしれない．

5.6 まとめ

- 生物進化では複雑な生物が誕生する傾向がある．これは単純な自然選択と遺伝的浮動だけでは説明できない．
- 生物が複雑化する過程は，major transitions in evolution (MTE) と呼ばれる．MTEでは，もともと独立して増えていた生物が，分業と協力により大きな生物単位となって増えるようになる．
- 協力関係は自然選択により壊れやすい．協力関係を維持するしくみとして，直接互恵性，間接互恵性，ネットワーク互恵性，血縁選択，グループ選択がある．
- 協力関係（相利共生関係）は片利共生関係から変化しうる．
- なぜ生物界では MTE が何度も起きえたのだろうか？　まだはっきりした答えは得られていない．

5.7 さらに学びたい人へ

【major transitions in evolution について】
- J. メイナード スミス，E. サトマーリ（著），長野 敬（訳）進化する階層：生命の発生から言語の誕生まで，シュプリンガー・フェアラーク東京，1997

原著は Maynard Smith, John and Szathmáry, Eörs, The Major Transitions in Evolution. Oxford, England: Oxford University Press, 1995

　MTE について各段階ごとに詳しく説明されている．進化が起きているのは動物や植物だけではなく，分子から言語まで多階層で同時に起きることで複雑な生物界が形成されていることを実感できる．

- ジョン・メイナード・スミス，エオルシュ サトマーリ（著），長野 敬（訳），生命進化8つの謎，朝日新聞出版，2001

　上記の「進化する階層」と同じ内容が一般向けにやさしく書かれている．
【血縁選択・血縁度，グループ選択など協力を維持するしくみについて】
- 辻　和希（著），"第2章 血縁淘汰・包括適応度と社会性の進化"，石川　統ら（編）シリーズ進化学6　行動・生態の進化，岩波書店，2006

　血縁選択の説明が特に詳しい．本書で紹介したプライス方程式からハミルト

ン則の導出もこの文献を参考にした．またこの書籍は別の章も，行動や性の進化，共進化のプロセスなどが専門的な内容を含めて詳しく解説されている．

参考文献

[1] Joyce, *Nature*, **418**, 214-221, 2002
[2] スティーヴン・ジェイ・グールド，フルハウス 生命の全容：四割打者の絶滅と進化の逆説，ハヤカワ文庫，2003
[3] Tomasik, How Many Wild Animals Are There?, web site, http://reducing-suffering.org/how-many-wild-animals-are-there/, 2019
[4] Minot *et al*, *PNAS*, **110**, 12450-12455, 2013
[5] Maynard Smith and Szathmáry, The Major Transitions in Evolution, Oxford, England: Oxford University Press, 1995
[6] Nowak, *Science*, **314**, 1560-1563, 2006
[7] Carter and Wilkinson, *Proc. R. Soc. B.*, **282**, 20152524, 2015
[8] Schino *et al*, *Journal of Comparative Psychology*, **121**, 181-188, 2007
[9] Schino and Pellegrini, *American Journal of Primatology*, **71**, 884-888, 2009
[10] Ohtsuki *et al.*, *Nature*, **441**, 502-505, 2006
[11] Hamilton, *Journal of Theoretical Biology*, **7**, 17-52, 1964
[12] 勝又綾子，尾崎まみこ，比較生理生化学，**24**, 3-17, 2007
[13] Reeve *et al.*, *PNAS*, **87**, 2496-2500, 1990
[14] Oki and Maeda, Grooming as a regulator of behavior in Japanese macaques. In C.R. Carpenter(ed.) Behavioral Regulators of Behavior in Primates, 149-163. Lewisburg, Bucknell University Press, 1973
[15] Gorrell *et al.*, *Nature Communications*, **1**, 22, 2010
[16] Drew *et al.*, *Nat Rev Microbiol.*, **19**, 623-638, 2021
[17] Nikoh *et al.*, *PNAS*, **111**, 10257-10262, 2014.
[18] Porat and Chadwick-Furman, *Hydrobiologia*, **530**, 513-520, 2004
[19] Roopin *et al.*, *Mar Biol*, **154**, 547-556, 2008
[20] Mizuuchi *et al.*, *Nature Communications*, **13**, 1460, 2022
[21] Yukawa *et al.*, *Current Opinion in Systems Biology*, **34**, 100456, 2023
[22] 辻 和希，第2章 血縁淘汰・包括適応度と社会性の進化, in 石川 統ら（編）シリーズ進化学6 行動・生態の進化，岩波書店，2006

[23] Gardner, *Philos Trans R Soc Lond B Biol Sci.*, **375**, 20190361, 2020
[24] Harcombe *et al.*, *PNAS*, **115**, 12000-12004, 2018
[25] Shapiro *et al.*, *PeerJ*, **4**, e2060, 2016

第6章

生物以外で進化するもの

6.1 生物以外で進化するものとは何か

　進化は生物だけに起こる現象ではない．序章（3節「進化が起こるための条件」）で説明したように，進化とは一定の条件（1. 複製すること，2. 性質に変化が生じること，3. 性質の変化は遺伝すること）を満たすものに必然的に起こる現象である．したがって，この3つの条件を満たすものであれば生物以外でも進化が起こることになる．一般的に進化が生物の特徴だと思われているのは，これら3条件を満たす存在が自然界には生物以外にはないからである．しかし，人間が人工的に作ったもののなかには，この3条件を満たすものが存在する．そのような生物以外に進化を起こすものとして，これまでにDNA, RNA, タンパク質といった生体分子を用いた複製反応系や，コンピュータープログラム，遺伝的アルゴリズムにおけるパラメータが知られている．本章ではこれらが進化する例を紹介する．

　こうした非生物であり進化するものは，進化という現象の理解に役に立つ．まず，生物でなくても進化を起こすということ自体が，進化は生物に特有の現象ではなく，一定の条件を満たすものであれば何にでも起こる物理現象であることを明確に示す証拠となっている．さらにこうした非生物の進化を観察することで，進化という現象の一般法則の理解にも役に立つ．生物はどんな単純なもの（たとえば細菌）であっても数百の遺伝子をもつ極めて複雑な分子システムである．生物を扱っている限り，遺伝子に変異が生じたときにその変異が生物の性質（表現型）にどんな影響を与えるかは，ほとんどの場合わからない．その表現型が適応度にどんな影響を与えるかも，ほとんどの場合わからない．したがって，生物を対象としている限り，進化という現象の理解も限定的にならざるをえない．一方で，上記の非生物でありながら進化をするものであれば，生物よりもずっと単純である．DNAやRNAといった生体分子であれば，変異からその機能（多くの場合，DNAやRNAの構造や，コードされて

いるタンパク質の活性）がどう変わるかを理解することは，生物に比べればずっとたやすい．そして，こうした生物以外の進化を理解することで，生物進化で観察された現象のうちどれが地球生物に特異的な現象で，どれが進化するものに一般的に起こる現象なのかが理解できるようになるだろう．このような考えにより，本書では生物だけではなく，こうした非生物の進化についても取り上げる．

　こうした生物以外で進化するものは，その材料から大きく2つに分類される．1つ目の分類は，生物を構成する核酸（DNAやRNA）やタンパク質といった生体高分子が複製しているものである．この例として，初めて人工的に構築された進化する分子反応系としてシュピーゲルマンらが作ったRNAの複製システムやそれに翻訳反応を組み合わせたシステムを紹介する．また，分子の進化システムの応用として核酸やタンパク質の人為進化による進化工学を紹介する．

　もう1つの分類は計算機の中で起こる進化である．この例として計算機内で自己複製するコードであるデジタルオーガニズムを紹介する．また計算機内の進化の応用例として，パラメータ最適化手法である遺伝的アルゴリズムを紹介する．

　いずれの非生物においても，適応進化と中立進化のどちらも起きうるが，基本的には適応進化のみが注目されている．その理由は，こうした生物以外で進化するものは，もともと工学的な改良を狙っていることが多いためである．たとえば，核酸やタンパク質の進化工学では，より機能（＝適応度）の高い分子を得るために進化を行う．遺伝的アルゴリズムでは，より目的に合致した（＝適応度が高い）パラメータ値を得るために進化を行う．したがって，適応度を上げるような進化，すなわち適応進化を起こすことがそもそもの目的であることが多い．

　非生物の進化には，次の節で示す自己複製RNAの進化実験や，デジタルオーガニズムの進化シミュレーションのように，工学的な改良ではなく，進化のしくみそのものの理解を目指したものもある．しかし，こうした場合もやはり，起きているのは適応進化であり，中立進化はほとんど起きない．その理由は，適応進化の方が中立進化よりも圧倒的に速く起こるためである．たとえば，集団サイズが1000の集団に適応度が2倍に上昇した変異体（人為進化では特に珍しくない）が生まれると，その変異体は10世代後には集団の大多数を占めることになる．一方で中立進化の場合は，ある1つの中立変異体が大

多数になるまでには $2N$ つまり 2000 世代が必要となり，まずこのような中立進化は観察できない．したがって，以下に示す非生物の進化の例では，基本的に適応進化が起きている．

ただし，非生物の進化過程において，中立進化がまったく影響を及ぼさないわけではない．適応進化が起きている集団において，有益な変異と同じ個体に別の中立変異が入っていれば，有益変異が集団中に増えるのに伴って一緒に中立変異が固定されることがある．これはヒッチハイク効果と呼ばれる．また，非生物の進化過程においては，集団サイズ N は自由に変更ができることが多い．N を小さくすることで，わざと中立進化を起こしやすくすることも可能である．

6.2 自己複製分子

6.2.1 自己複製 RNA の試験管内進化

史上初めて非生物で適応進化が起きたことを発表したのは，イリノイ大学のソル・シュピーゲルマンのグループである．シュピーゲルマンらは 1967 年に RNA ファージ（細菌のウイルス）のゲノム RNA と，同ウイルスの RNA 複製酵素を使って，RNA が複製する反応系を構築した (Mills et al. 1967)[1]．RNA とは DNA とわずかに化学組成が違うが，DNA と同じように 4 種類の塩基（DNA を構成する塩基は A, G, C, T であるのに対して RNA を構成する塩基は A, G, C, U）の配列からできている．この反応系は，ゲノム RNA と RNA 複製酵素と RNA の材料（基質）となる 4 種類の塩基を含んでいる．この反応液を 35℃ で 20 分インキュベーション，つまり温めてやると，複製酵素はゲノム RNA を鋳型として相補的な RNA 鎖を合成する．つまり，元のゲノム RNA を表鎖とすると，それに相補的な裏鎖が合成される．さらにその合成された裏鎖を鋳型としてその相補鎖，つまり元のゲノム RNA と同じものが合成される（図 6.1）．このようにして RNA は生物と同様に指数関数的に増殖する．

ただし，ここでの RNA 複製は完璧ではない．複製酵素はときどき複製ミス

---

1) 余談だが，ここで使われている RNA ウイルスは日本で単離されたものらしい（岡田・石浜 1982）．このウイルスは Qβ ファージと呼ばれる大腸菌に感染するウイルスであり，RNA ウイルスの中でも最も小さく単純なゲノムを持っていることから，本実験に適していたようだ．

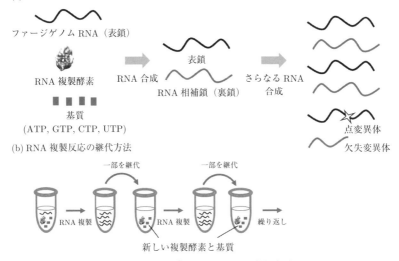

図 6.1 シュピーゲルマンらの進化実験

を起こすので新しく合成された RNA には変異が入る．その多くは点変異であるが，ときどき，欠失変異も起こる．その結果，複製を起こすたびに性質の変化した RNA が生まれ，バリエーションのある集団が形成される．

この反応系で RNA は進化するための3条件を満たす．まず RNA は複製酵素によって複製することができる．複製の際には変異が入って，RNA の性質（配列や長さ）に変化が生じる．RNA の増えやすさは RNA の配列や長さによって決まるため，各 RNA の複製のされやすさ（適応度）にバリエーションが生まれる．この RNA の性質は，複製後のコピー（子孫）にも遺伝する．したがって，3条件をすべて満たし，進化を起こすはずである．

シュピーゲルマンらのグループはこの RNA 複製反応を長い間繰り返した．1回の反応ではそのうち材料が使い尽くされたり，複製酵素の活性がなくなって RNA 複製が止まってしまうため，RNA を含む反応液の一部を新しい反応液（新しい複製酵素と材料が含まれる）で希釈し再び温める．この継代を74回繰り返したところ，反応液に含まれる RNA 集団の RNA 組成がだんだん変わってきた．この現象は RNA 集団の遺伝子組成変化であり，まさに集団遺伝学的な定義での進化である．そしてこの組成変化を繰り返すことによって，もともとの RNA は4000塩基長あったが，次第に短くなった RNA が集団内での割合を増やしてきた．最終的な集団に含まれている RNA はほぼ完全に500

塩基長にまで短くなっていた．

　この実験系における適応度とは，RNA の複製の速さ，あるいは最終的な複製量である．RNA 複製においては，そのいずれも RNA の長さに反比例する．つまり，RNA が短いほど複製が速く，また材料も少なくてすむので一定量の材料からより多くの複製を作ることができ，適応度が高くなる．したがってこの実験系では，欠失変異により短くなった RNA が出現し自然選択され続けた結果，集団を占める RNA の長さが短くなっていったと推測される．

　シュピーゲルマンらの実験が画期的だったのは，生物学的な進化を起こすために生物が必要でないことを示した点である．生物はすべからく複雑で未知の機能も多い．この生物ではない単純な分子でも生物学的な進化が起こるという事実は，進化という現象が生物特有の複雑さと分離して理解できること，さらには利用できることを意味していた．この知見を受けて，分子の進化は進化工学として応用されるようになっていく．

6.2.2　自己複製分子の進化実験の発展

　シュピーゲルマンの実験の後も，DNA 複製酵素や転写酵素を組み合わせた DNA や RNA の複製システムなどいくつかの分子複製システムでは，継代による適応進化，すなわち複製速度の上昇が観察されている (Breaker and Joyce 1994, Ellinger et al. 1998)．これらの分子複製システムでは，適応進化現象は起きたものの，第 4，5 章で紹介したような多様化や複雑化などの現象は見られていない．これに対し，その後開発された翻訳共役型の RNA 複製システムでは，同所的な多様化など，もう少し生物界に近い進化現象がみられている．この研究は私たちのグループで行われたものであるが，生物以外でも生物らしい進化を起こすことができることを示した好例だと思われるので，本項でもう少し詳しく解説したい．

　私たちが構築した翻訳共役型の RNA 複製システムは，シュピーゲルマンらの RNA 複製システムに RNA からタンパク質への翻訳反応に必要なすべての因子（無細胞翻訳系）を組み込んだものである．シュピーゲルマンらのシステムでは，RNA 複製酵素を外から加えていたが，この翻訳共役型のシステムでは，RNA 自身の遺伝子から RNA 複製酵素が翻訳されることになった（図 6.2）．これによって，RNA 複製酵素の機能も進化のしくみで変化していくことが可能となった．進化可能な範囲が広がったことになる．

　ただし，翻訳と共役させたことにより，この RNA 複製反応はただ必要な要

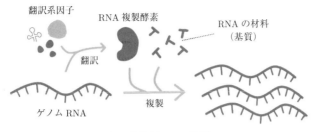

図 6.2 　翻訳共役型 RNA 複製システム

素（無細胞翻訳系など）を供給しながら継代しても RNA 複製反応は持続せず，どんどん複製量が低下し，そのうち RNA はなくなってしまうようになった (Ichihashi *et al.* 2013)．その理由は，このままでは変異によって出現した機能の低下した複製酵素遺伝子を持つ RNA を取り除く方法がないからである．第 3 章で見たように，ほとんどの点変異はタンパク質の機能を下げる．したがって，複製が続くとどんどん機能の低下した複製酵素が増えることになる．こうした複製酵素遺伝子を持つ RNA が複製しなければよいのだが，普通の反応液中では RNA から翻訳された RNA 複製酵素はすぐに拡散してしまい，翻訳元となった RNA を増やさず，縁もゆかりもない他の RNA を増やすことになる．したがって，この状態では機能の低下した複製酵素遺伝子を持っていても，何の不利益もなく複製してしまう（図 6.3 左）．この状態が続けば，そのうちすべての RNA の持つ RNA 複製酵素遺伝子の機能が低下していき，RNA はまったく増えられなくなっていく．この問題を解決する 1 つの方法は，反応液を区画化し，各 RNA を別々に分けて翻訳と複製を行うことである．そうすれば，RNA は自分から翻訳した複製酵素によって増やされることになり，機能を失った複製酵素遺伝子を持つ RNA は自然に負に選択（淘汰）されることになる（図 6.3 右）．

そこで私たちのグループでは，油中水滴を用いた区画中で翻訳共役型の RNA 複製反応を行い，一定時間ごとに新しい無細胞翻訳系を含む水滴を供給しながら継代することで，RNA 複製を持続する実験を行った．240 回までの継代の結果，まず RNA 複製酵素遺伝子を欠失した寄生型の RNA が出現し，元のタイプである宿主型の RNA と共進化を始めた (Mizuuchi *et al.* 2022)．共進化の結果，宿主型の RNA は寄生型耐性型と感受性感受性型へと多様化し，それらが共存するようになった（図 5.15）．ここまでの結果は後で紹介するデジタルオーガニズム Tierra で見られたこととよく似ている．最終的な集

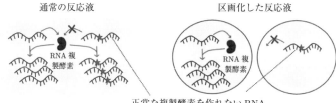

図 6.3 翻訳共役型 RNA 複製における区画の効果
区画化していない通常の反応液では，有害な変異（×印）が入って複製酵素を作れなくなった RNA でも問題なく増えてしまうが，区画化した反応液では正常な複製酵素を自ら作れない RNA は増えない．

団では少なくとも 5 系統の RNA が存在しており，それらが相互依存的な複製関係を形成していた．これらの結果は，今まで生物界に特異的な現象であった共進化や多様化が，生き物ではない分子の RNA 複製システムでも起こることを示している．ただし，なぜシュピーゲルマンらのシステムや，それ以外の今までの分子複製システムで起きなかったことがこの翻訳共役型システムで起きたのかは，いまだはっきりしていない．翻訳系が重要だったのかもしれないし，区画構造を導入したことでグループ選択が起こったことが重要なのかもしれない（第 5 章で見たように区画構造はグループ選択を可能にする）．

6.3 分子の進化の応用——進化工学

6.3.1 進化分子工学のはじまり

シュピーゲルマンらの実験で生物でなくても，適応進化が起こることが初めて実証されたが，そこで生み出された RNA は単によく増えるだけの RNA で，特に実用的な価値はなかった．しかし，一部の研究者らは，試験管内での進化のやり方を一部変えることで，品種改良のように望みの性質を持った分子を生み出すことができる可能性に気が付いた．これが分子進化工学の先駆けとなった．

シュピーゲルマンらやそのほかの分子の進化実験で起きている現象は以下の 3 つの要素に分けることができる．1. RNA の複製，2. RNA への変異導入，3. より速く多く増える RNA の選択．

シュピーゲルマンの進化実験では，これらの要素が同時に起きていた．RNA の複製と同時に変異が導入され，さらに同時により速く多く増える RNA

が頻度を増やして自然選択されていた．こうした，複製と変異と選択がすべて同時に起こることは，自然界で通常の生物の進化と同じしくみである．

しかし，試験管の中でRNAなどの分子の進化を起こす場合には，この3つの要素を同時に起こす必要はなく，1つの要素ずつ分けて順番に起こしてもよい．たとえば，1.RNAの複製と2.RNAへの変異導入を別に行えば，まずはRNAを正確に（変異を入れずに）複製させたのちに，そのRNAを使って特定の部位だけに変異を入れることができる．さらに，3.より速く多く増えるRNAの選択をするのではなく，たとえば対象の分子に結合するようなRNAを選択することもできる．そのためには，実験手法の中に複製したRNAのなかから特定の化合物に結合するものを実験者が選び取るステップを加えればよい．そうすれば，よく増えるものの代わりに，その特定の化合物によく結合するものを進化することができる．こうした人為的な選択ステップを加えることにより，速く増える以外の性質を持つRNAを進化させることができる．

また，シュピーゲルマンらの実験で進化させられるRNAは，RNA複製酵素によって複製できる配列をもつ特定のRNAに限られていた．しかし，この制限も増やし方を工夫すれば取り払うことができる．たとえば，RNAを逆転写酵素を使って一度DNAに戻して，さらにそのDNAをPCR反応によって複製してから転写酵素を使ってRNAを合成することにすれば，多段階の反応は必要になるものの，どんな配列でも複製することができるようになる．さらに，PCRを使えば，RNAでなくても，DNAのまま複製し，DNAの状態で選択をすることもできる．こうした手法により，任意の配列のRNAやDNAを人為進化することができるようになった．

6.3.2　RNAの進化工学

こうした考えをもとに，まず実施されたのは，特定の化合物に結合するRNAやペプチドの人為進化である．これらは異なるグループによって同じ年の1990年に報告された (Tuerk and Gold 1990, Ellington and Szostak 1990, Scott and Smith 1990)．ここではRNAの例を紹介する．

RNAは常に一本鎖であり，折り畳まれて立体構造をとる（たとえば図2.13参照）．この構造によって，特定の化合物に選択的に結合することができる．もし，結合させたい標的分子を樹脂などに結合させておき，ランダムな変異を入れたRNA集団（変異RNAライブラリと呼ばれる）を樹脂と混ぜれば，標的分子に結合しやすいRNAだけを樹脂の上に残すことができる．そして，

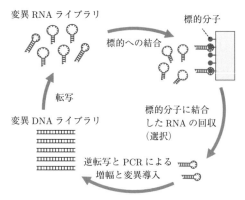

図 6.4 SELEX 法による標的分子に結合する RNA の人為進化

樹脂から RNA を回収し，逆転写反応により DNA に変換し，さらに PCR 反応により DNA を増幅させて変異を導入することで，選択した RNA 配列をもとにした変異 DNA 集団（変異 DNA ライブラリ）ができる．その後，転写反応により再び変異 RNA ライブラリを調整し，次の世代の選択を行うことができる．この過程を繰り返せば，標的分子に結合する RNA を進化させることができる（図 6.4）．以上の人為進化方法は SELEX (Systematic Evolution of Ligands by EXponential enrichment) 法と呼ばれ，これまでに様々な人工核酸が開発され，一部は医薬品としても利用されている．

6.3.3 タンパク質の進化工学

人為進化の手法は RNA などの核酸だけではなく，生物の持つ主たる機能分子であるタンパク質にも適応することができる．ただし，RNA や DNA よりはタンパク質の人為進化は難しい．その理由は，RNA や DNA であれば相補鎖と塩基対を作ることにより，その配列を複製することが容易であるのに対し，タンパク質のアミノ酸配列は直接複製する方法が今のところないからである．したがって，タンパク質配列を人為進化させるには，DNA や RNA で複製と変異導入を行い，その配列をタンパク質へ翻訳し，望みの機能を持つタンパク質の情報を持つ RNA や DNA を回収することが必要になる．すなわち，何らかの方法で，望みの機能を持つタンパク質からそのタンパク質を翻訳した RNA や DNA を捕まえてくる必要が出てくる．これを表現型（この場合はタンパク質の機能）と遺伝型（この場合は DNA や RNA の配列）の対応付けと呼ぶ．

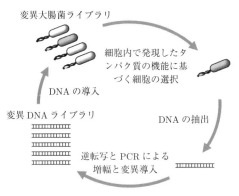

図 6.5 大腸菌を使ったタンパク質の人為進化

　表現型と遺伝型の対応付けを行う最も簡単な方法は，生物の細胞を使うことである．たとえば，人為進化させたいタンパク質をコードした変異 DNA ライブラリ（様々な変異を導入した DNA 集団を DNA ライブラリと呼ぶ）を大腸菌などの微生物に導入する．通常，DNA の導入効率は低いため，大腸菌細胞にはせいぜい 1 つの DNA しか導入されない．したがって DNA ライブラリ中の DNA は，すべて異なる大腸菌に導入されることになり，異なる DNA を持つ変異大腸菌ライブラリができあがる．それぞれの大腸菌細胞の中では各 DNA から標的タンパク質が翻訳される．その機能を何らかの方法で評価し，望みの機能を持つタンパク質を翻訳している細胞を選ぶことができれば，その細胞から DNA を取り出し，さらに変異導入と増幅をして，DNA ライブラリを作ることができる（図 6.5）．このサイクルを繰り返せば，任意のタンパク質の人為進化が可能となる．

　このような方法で人為進化させられたタンパク質として，蛍光タンパク質がある．蛍光を発するタンパク質としては，オワンクラゲから単離された緑色蛍光を示す GFP やサンゴから単離された赤色蛍光を示す dsRed がある．このタンパク質の人為進化により，青色，黄色，オレンジ色などすべての可視光を網羅するくらいの幅広い蛍光を示すタンパク質が作り出されている (Shaner et al. 2004)．この人為進化を達成するには，蛍光タンパク質遺伝子にランダム変異を入れた DNA を大腸菌に導入し，生えてくるコロニーの蛍光を測定し，より望みの蛍光を持つコロニーを選んで DNA を抽出し，変異導入を繰り返せばよい．

　タンパク質を人為進化させるための表現型と遺伝型の対応付けの方法は，微

生物を使うことだけではない．微生物を使うことの効果は，微生物細胞ごとに別の DNA が封入され，そこから転写，翻訳されて発現するタンパク質とその基となった DNA が同じ細胞中に含まれることである．したがって，望みの機能を持つタンパク質を含んだ細胞を回収すれば，一緒に DNA も回収することができる．すなわち，表現型であるタンパク質と遺伝型である DNA が細胞という同じ袋に包まれていることが関連付けを可能にしている．これはつまり，微生物細胞でなくても，DNA や RNA からタンパク質を発現させられて，基となった DNA や RNA とタンパク質を同じ場所にとどめておけるしくみがあればよいことになる．このような微生物を使わないしくみとして，メッセンジャー RNA(mRNA) ディスプレイ，リボソームディスプレイ，ファージディスプレイ，リポソームディスプレイ，*in vitro compartment* 法，など様々な方法がある（図 6.6）．

簡単に説明を加えると，mRNA ディスプレイは，翻訳の鋳型となる mRNA とそこから翻訳されたタンパク質を物理的に結合させておく技術である (Nemoto *et al.* 1997, Roberts and Szostak 1997)．これにより，SELEX と同じように標的分子に結合したタンパク質を回収すれば RNA も一緒に回収できる．リボソームディスプレイでも同様に，mRNA とタンパク質を結合させるが，そこにリボソームを介するという違いがある (Mattheakis *et al.* 1994, Hanes and Plückthun 1997)．ファージディスプレイはファージ（細菌のウイルス）の表面タンパク質に目的タンパク質を融合させることで，表層に目的タンパク質を持ち，内部にそれをコードした DNA を持つファージを作る．SELEX と同じように標的分子に結合したファージを回収すれば，ファージ中の DNA も回収することができる (Smith 1985)．リポソームディスプレイでは，微生物の代わりに転写・翻訳反応系を含んだ人工脂質膜（リポソーム）を用いる．たとえば，対象タンパク質遺伝子を持つ DNA をリポソームに導入し，対象タンパク質を発現させる．その機能を何らかの方法で蛍光により評価できれば，より望みの蛍光を持つリポソームをセルソーターなどで回収することで，その中に含まれる DNA を回収できる (Fujii *et al.*, 2013)．*in vitro compartment* もリポソームディスプレイに近いが，リポソームではなく，油中水滴を使うことが多い．油中水滴中で DNA から標的タンパク質を発現させ，何らかのしくみでそのタンパク質の機能に基づいて蛍光を発したり，DNA を増幅することで，目的活性の高いタンパク質を発現した DNA を回収 (Tawfik and Griffiths 1998)，あるいは直接増幅をすることができる (Sakatani *et al.*

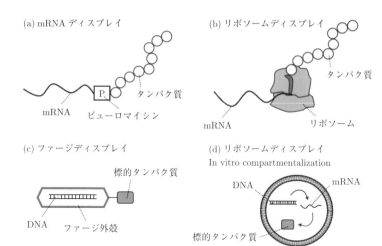

図 6.6 そのほかのタンパク質の人為進化法
(a) mRNA ディスプレイでは，ピューロマイシン (puromycin) という抗生物質をmRNA の 3′ 末端に結合させておく．ピューロマイシンはアミノ酸の代わりに合成中のタンパク質に取り込まれることで mRNA と合成中のタンパク質を結合させる．(b) リボソームディスプレイでは，mRNA から終止コドンを抜いておくことで，タンパク質合成中のリボソームを立ち往生させる．これにより，合成したタンパク質を放出させず，mRNA-リボソーム-タンパク質複合体を形成させる．(c) ファージディスプレイでは，改良したい標的タンパク質をファージの外殻タンパク質と融合させた遺伝子を宿主細菌に発現させることで，ファージ表面に標的タンパク質を持ち，内部にその DNA を持ったファージを作らせる．(d) リボソームディスプレイ，および *in vitro compartmentalization* では，脂質二重膜小胞（リポソーム）あるいは油中水滴内で標的タンパク質を DNA から発現させ，リボソーム，あるいは水滴の単位で選択を行う．

2019)．

　上記のような分子の進化工学は，触媒活性を持つ RNA（リボザイム）の開発や，特定の化合物に結合するペプチドや抗体の開発など様々なターゲットに対して広く使われている．このように広いターゲットに対して進化工学を使うことができる理由は，進化のしくみを使えば原理のわかっていないものでも改良ができるからである．今のところ，ある配列をもつ RNA やタンパク質がどんな構造をとるかは完全に予測することはできず，したがって，頭や計算機でデザインするだけでは望みの活性を持つ RNA やタンパク質を得ることはできていない．こうしたふるまいを完全に予測できない複雑な分子であっても，進化のしくみを使えば改良をすることができる．それがまさに生物が RNA やタンパク質を使うことができている理由でもある．

6.3.4　進化分子工学における組み換え

　進化分子工学の成功に影響する重要なパラメータの1つに初期集団（ライブラリ）のバリエーションがある．多様性は進化の源であるため，ライブラリは多様な変異体を含んでいた方がよい．さらに，効率のよい進化工学を達成するには，ただ多様なだけではなく，その質も重要である．たとえば，ランダムな点変異でライブラリを調整すると，そのうちほとんどの変異はタンパク質の機能（適応度）を下げる効果しか及ぼさないことが知られている（図3.13参照）．有益な効果を及ぼす点変異は少なく，1.1倍程度の適応度を上昇させる変異が数%程度見つかり，それ以上上昇させるものはほぼ検出されない．つまり，ランダムな点変異の導入で構築したライブラリに含まれる候補遺伝子のほとんどは，選択の候補にはならず無駄となってしまう．

　そこで，質の良いライブラリとして，ライブラリに含まれる有害変異の確率をもっと下げたライブラリを作る方法が考案されている．その1つは，有性生物のもつ交差のしくみを利用した方法である．この方法では，すでに有益，あるいは中立だとわかっている変異を持つ遺伝子を集めてくる．これは，先の実施した人為進化で得られた遺伝子を使ったり，別の生物が持つ相同遺伝子を集めてくることで達成できる．こうして集めた遺伝子を使って，シャッフリングPCR[2]（性のしくみになぞらえてセクシャルPCRとも呼ばれる）を行い，元の遺伝子の部分を様々な組み合わせで持つ遺伝子ライブラリを作る．このPCRでは，わざと伸長反応中に止まりやすいようにしておくことで，別の鋳型に乗り換えて伸長反応を続けることを引き起こす（図6.7(b)）．これにより，あたかも遺伝子間で交差（相同組み換え）が頻繁に起きたような産物を得ることができる．こうした交差を起こしたライブラリの各遺伝子は，少なくとももともとは有益か中立の変異のみが含まれるため，有害な変異が少ない，質の良いライブラリとなる．こうした交差を使った多様化の手法は，あとで示す遺伝的アルゴリズムでも採用されており，進化の効率を上げるために有用な方法である．

---

[2]　普通のPCR (polymerase chain reaction) とは，標的となる二本鎖DNA配列の両端に短い一本鎖DNA（プライマー）を設計し，耐熱性DNAポリメレースと一緒にDNA複製反応を行うことで，標的DNA領域だけを増幅する技術である（図6.7(a)）．反応中に温度の上げ下げを行うことで指数的なDNAの増幅が可能となる．

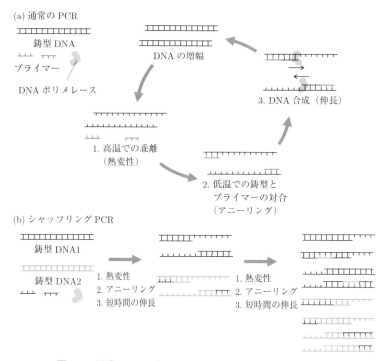

図 6.7 通常の PCR とシャッフリング（セクシャル）PCR
(a) 通常の polymerase chain reaction (PCR) では，1 種類の鋳型となる DNA を入れておき，増幅したい部分を挟むように設計した短い一本鎖 DNA（プライマー）と耐熱性ポリメレースを入れて，温度サイクルを繰り返す．高温で二本鎖 DNA が乖離し，低温でプライマーが乖離した DNA に貼り付き，そこから DNA 合成が行われる．これを繰り返すと，プライマーで挟まれた部分の DNA が倍々に増えていく．
(b) シャッフリング PCR では，異なる変異の入った 2 種類の鋳型となる DNA を同じプライマーセットを使って増幅する．このときに，ポリメラーゼによる DNA 合成が起こる低温の時間を短くすることによって，DNA 合成が途中で止まるようにしておく．次に高温になると，途中まで合成された DNA がはがれ，低温になったときに別の鋳型 DNA に結合し，続きの DNA 合成をするものが出てくる．このようにして元の 2 種類の鋳型 DNA がモザイク状に混ざった DNA が増幅される．

6.4 デジタルオーガニズム

6.4.1 デジタルオーガニズムの始まり

　コンピューターの中で進化現象を起こす試みもなされている．歴史的にはまず，進化のしくみを利用した遺伝的アルゴリズムと呼ばれるパラメータ最適化手法が開発されたが，こちらは生物の進化と様子が少し違うため後回しにし

て，もっと生物の進化とよく似た形でプログラムを進化させた例を紹介する．このような研究は，生命の持つ能力をコンピューターの中で再現することで理解しようとする人工生命研究の中から生まれてきた．20世紀の後半，普通の研究者がコンピューターを扱えるようになってくると，コンピューターの中で生命現象を再現する試みがなされてきた．その中でも，計算機の中で自己複製と進化を再現すると何が起こるのか？ というのは多くの研究者の興味を引き付けた．

　生物のような自己複製の研究を目的として作られた初期のプログラムの例として，人工生命の研究者であるラスムッセンらの開発した Core world がある (Rasmussen 1990)．面白いことに，これもまた多くの分子の人為進化が報告されたのと同じ 1990 年に報告されている．1990 年は人工物の進化研究にとって特別な年であったようだ．ただし，このソフトウェアは生物進化というよりも，原始地球での化学進化（単純な化学物質が反応し，より複雑な化学物質が出てくる過程）のシミュレーションに近い．特定の個体は想定されておらず，Core と呼ばれる環状の世界の中に 10 種類の命令（これが化学物質に相当する）が配置されている．命令はときどきランダムに変化することになっている．この Core の中の命令を一定のルールで実行していくと，次第に自己複製するような命令，あるいは命令のセットが割合を増してくる．ただ，ここでは一般的な意味での進化（命令のセットが何らかの意味で発展しているという意味）は起きているものの，個体として定義されるものや遺伝に相当するものはなく，生物学的な進化に相当するものは起きていない．

6.4.2　Tierra

　その後，もっと生物に近いやり方で進化するプログラムとして，生態学者のトム・レイにより Tierra というソフトウェアが開発された (Ray 1991)．Tierra では，仮想空間を用意し，そのなかで仮想生物の生存と増殖をシミュレーションしている．この仮想生物は，それぞれが独立したプログラムを持っている．このプログラムは，32 種類の命令の配列でできていて，この命令の配列を使って各仮想生物は増えたり，メモリ内を移動したり，別の仮想生物にちょっかいをかけたりできる．この命令が生物でのゲノム DNA に相当する．この命令は複製のたびに少しずつ変わる（つまり変異が起こる）．変異が起こると仮想生物の子孫は親とは少し違う能力を持つことになる．もし増殖に有利な能力を獲得すると，集団のなかで割合を増やしていく．これはまさに生物学

的な進化である．そして生物進化と同様に特にどう進化するかはあらかじめ想定されていない．もちろん最初は人間の手で複製するような命令のセットから始めているが（そうしないと，すべての仮想生物が増えられなくて何も起こらないため），あとは仮想生物任せである．その状態でいったいどんな仮想生物へと進化していくだろうか？

トム・レイらがシミュレーションを長期間走らせた．その結果，まずプログラムが短くなった仮想生物が集団を占めるようになった．もともと設定した初期のプログラムは 80 個の命令からできていたが，進化を経て現れたのは 60 個の命令からできているプログラムであった．60 個にまで減っても自分を複製する能力は維持されていた．プログラムが短いほど複製に必要な時間は短くなるため，元のプログラムよりも速く増えることができたと考えられる．この現象は前述のシュピーゲルマンらの RNA 複製系と同じである．

次に現れたのは寄生型の仮想生物であった．この仮想生物は複製するために重要な命令を失っていたため単独では増えられないが，隣にまともな仮想生物がいるとその命令を利用して増えることができる．まるでウイルスがほかの生物の細胞に感染して増えるかのように他の仮想生物に寄生して増えるようになった．こうした仮想生物の命令は 45 個しかないため，増える時間がさらに速い．したがって集団内であっという間に増えていった．寄生体が集団内で主要になってくると，次に起きたのはこうした寄生体に対して耐性を持つ仮想生物の出現である．この仮想生物は，寄生されないように命令を変えている．こうして寄生体に耐性型の仮想生物が増えてくると，今度はその耐性をかいくぐるような寄生体が出現し，宿主と寄生体のいたちごっこが始まった．これは自然界でもしばしばみられる進化的な軍拡競争である．トム・レイはさらに寄生体に対して寄生するような仮想生物ものちに生まれたと報告している．こうした結果は，寄生体や進化的軍拡競争は生物に特異的な現象ではなく，進化するものに普遍的な現象であることを示している (Adami 2013).

なお，Tierra のソースコードは今でも公開されており，UNIX の知識があれば自分のコンピューターに入れて実行できる．ただ，実行するにはいくつか不具合の修正が必要なようだ．有志の方がインストール方法をまとめてくれているので，興味があれば参照してほしい (https://www.bioerrorlog.work/entry/run-tierra-artificial-life).

6.4.3 Avida

Tierra は生物のように進化する仮想生物として画期的だったが，進化後に現れた仮想生物がどうやって増えているかを解析することが難しいという問題があった．その理由は，仮想生物どうしの相互作用が可能であったために，複雑な相互作用をしながら増えるものが現れたためである．たとえば，寄生型の仮想生物は他の仮想生物の持つプログラムを利用して自身を増やすことができる．さらに寄生型に寄生する仮想生物も出てくる．こうした仮想生物間の相互作用があると，ある仮想生物が増えてきたときに，それがなぜ増えられたのか理解することがとても大変になる．なにしろ適応度は周りの仮想生物の場所や数や種類に依存することになり，命令の配列だけからは決められなくなる（自然界の生物の適応度が環境や周りの生物に依存するのと同じである）．このような相互作用が許された進化は自然界に近く魅力的ではあるが，もっと単純な進化のモデルとして使いたい場合には不便である．

そこで，Tierra よりも解析が容易なデジタルオーガニズムとして，Avida が開発された．Tierra では，各仮想生物のふるまいは，試験管の中で増える原始生命体のようなイメージであり，仮想生物がお互いの命令に相互作用を許していたが，Avida は仮想生物ごとに独立しており，相互作用は基本的には許されていない．イメージとしては細菌を培養しているのに近い．基本的には仮想生物どうしの直接の相互作用は許されておらず，デフォルトのしくみでは寄生体の出現といった現象は起きない．しかし，Avida は仮想生物の中身の仕様が凝っている．各仮想生物はただ複製するだけではなく，いくつかの決められたタスクをこなすとポイントが付くようになっており，より複雑なタスクをこなすとたくさん増えられるというしくみが入っている．これは細胞の行っている代謝を模擬したものらしい．解析方法も充実しており，各デジタルオーガニズムの命令が何をやっているかも視覚的に理解できる．実行するためにソフトウェアのインストールは必要がなく，ブラウザ上で実行できるバージョンもあり，教育目的でも使われている (Avida-ed, https://avida-ed.msu.edu/)．

Avida を使った進化シミュレーションにより，これまで理論的に提唱されていた現象のいくつかが検証されている．たとえば，生態学の理論では環境中のリソースが多すぎても少なすぎても出現する種の多様性は小さくなることが知られていたが，同じ現象が Avida でも観察されている (Chow et al. 2004)．また仮想生物に寄生して増える仮想生物を導入し共進化させることで，単独進化では出てこなかった複雑な機能がでてくることが報告されている (Zaman *et al.* 2014).このように,これらの進化現象が自然界よりも圧倒的に単純なコンピュータープログラムである Avida で再現できるということは,こうした進化現象を起こすために自然界の複雑なしくみや未知のしくみは必要なく,Avida で実装されているしくみだけで十分だということを示している.Avida を使ったシミュレーションにより,上記の進化現象は十分に理解できる.Avida は進化を理解するための単純化した(とはいえ,かなり複雑であるが)モデルとしての有用性がある.

6.5 遺伝的アルゴリズム

6.5.1 遺伝的アルゴリズムとは

上で見たデジタルオーガニズムは,単純化された形ではあるが,生物のもつ複製や変異といったしくみを計算機の中で再現したものであった.これに対し,生物進化のしくみのなかで有用な部分を工学的な問題解決に用いようとしたのが遺伝的アルゴリズム (genetic algorithm, GA) である.上の節では,核酸やタンパク質の改良法として,分子進化工学を紹介したが,遺伝的アルゴリズムはその計算機バージョンだとみなせる.

遺伝的アルゴリズムは,最適化問題を解く手法の 1 つとして広く用いられている.最適化問題とは,何らかの関数について,最小値,または最大値を求める問題である.実世界におけるどんな問題も,良くしたい指標を何らかの関数(具体的な形はわからなくてもよい)で表すことができれば,最適化問題として解くことができる.簡単な最適化問題として,たとえば,近似直線(あるいは曲線でもよい)を求める問題がある.図 6.8 のようなプロットを $y = ax + b$ の直線で近似するときに,最も誤差の少ない a, b を求めるのは 1 つの最適化問題である.ただ,このくらい簡単な問題であれば厳密な解を求める式が存在するため,特に遺伝的アルゴリズムの出番はない.もっとややこしい問題で遺伝的アルゴリズムは威力を発揮する.

もう少しややこしい最適化問題の例としてナップザック問題を取り上げる.たとえば,登山をするときに使うものをナップザックに詰める場合を考える.持っていきたいものはたくさんあるが,すべてを詰めることはできない.それぞれの物にはその体積と価値が決まっている.そしてナップザックに詰められる最大の体積が決まっている(図 6.9).このとき,どれをナップザックに詰めれば合計の価値が最も高くなるだろうか? これがナップザック問題であ

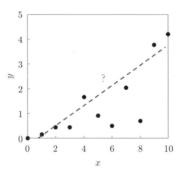

図 6.8 最適化問題の例 1: 近似直線を求める

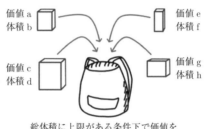

図 6.9 最適化問題の例 2: ナップザック問題

る．この問題の最適解を求める一般的な方法は見つかっておらず，たくさんの詰め方を試してみて最も良いものを探す必要がある．遺伝的アルゴリズムは，こうした試行錯誤が必要な問題に効果的であることが知られている．あとで実際にこの問題を遺伝的アルゴリズムを使って解いてみる．

　遺伝的アルゴリズムのような進化的手法がややこしい問題を解くことに有用なのは，対象の理解が不要という大きなメリットがあるからである．普通，何かを改良しようと思ったらその改良しようとするものをよく理解していることが必要である．たとえば，電子レンジを改良しようと思ったときに，電子レンジをまったく理解しないまま分解してみても，改良どころか壊してしまうに違いない．

　ところが進化的な手法では電子レンジのメカニズムをまったく理解する必要がない．進化的な手法では，ひとまず電子レンジを少し適当に変えてみて，その中で少しでもよくなったものを選び，それを基にしてさらに適当に変えてみることを繰り返す．おそらくほとんどの電子レンジは元より悪くなる．し

かし，進化的手法では膨大な数の試行錯誤をすることにより，まれに出てくる元より良くなった電子レンジを見つけ出し，電子レンジを改良することができる．この方法であれば，恐ろしく無駄は多いものの，どんな問題にでも対応することができる．この特徴は進化のしくみを使ったすべての方法に当てはまる．対象の理解が必要がないからこそ，生物は自分のことをまったく理解していなくても進化することができるし，研究者はタンパク質の機能について特に知らなくても，進化工学によりその機能を向上させることができる．

遺伝的アルゴリズムは最適化問題を解くための手法として，生物の進化のしくみを模して作られ，改良されてきた．遺伝的アルゴリズムの解析や改良の中で得られた知見は，最適化問題や進化工学に役に立つだけでなく，進化という現象の原理の理解にも役に立つ．そこで遺伝的アルゴリズムについて少し詳しく説明してみたい．

この進化に伴う膨大な無駄を省くための1つの方法がいわゆる「学習」や表現型可塑性である（第1章のコラム「適応進化には無駄が多い？」も参照）．学習により，単一個体の中で死ぬことなく試行錯誤が可能になる．世代時間が長く，したがって世代交代による選択が遅い生物で学習とそのための神経系が発達してきたのは偶然ではないと思われる．

6.5.2　遺伝的アルゴリズムの実例

遺伝的アルゴリズムの実例として，先ほど出てきたナップザック問題を解いてみる．ナップザック問題の一例として，最大体積100のナップザックに，A，B，C，D，Eという異なる体積と価値を持つ5種類の品物を詰め込んで，合計の価値をできるだけ高くする問題を考える（図6.10(a)）．このとき，各品物はたくさんあり，同じものを複数詰めてもよいこととする．

この問題を解くためのよく知られた方法として，遺伝的アルゴリズム以外に貪欲法 (greedy algorithm) というやり方がある．貪欲法では，各品物について体積当たりの価値を計算し，高い順にナップザックに入るだけ詰めていく方法である．今回の場合は，最も体積当たりの価値が高いのはDであり，次いでE，C，B，Aと続く（図6.10(a)）．この順番で入るだけ詰めていくと，Dを2つと，Cを1つ詰め込んだところで，総体積は95となり，それ以上はもう何も入らなくなる．このときの総価値は114となる．しかしながら，この答えよりも高い総価値になる組み合わせがありうる．一番高くなる組み合わせの1つは，B, B, B, D, Dであり，体積合計が99，総価値は115となる．もう1

(a) 品物の条件

品物名	体積	価値	価値／体積
A	6	5	0.83
B	7	7	1.00
C	17	20	1.18
D	39	47	1.21
E	57	68	1.19

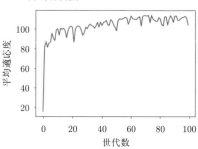

(b) 世代ごとの平均適応度
（平均総価値）

図 6.10 GA によるナップザック問題の解の探索

つは，B，C，C，E であり，体積合計が 98，総価値は 115 となる．貪欲法よりもこちらの方が総価値が高くなる理由は，各品物の体積がバラバラでかつ体積が 100 までという制限があるために，貪欲法だと使えずに余ってしまう体積ができるためである．

では，遺伝的アルゴリズムを使って，最適値を求めることができるかを確かめてみる．遺伝的アルゴリズムでは，求める答え（今回の場合であれば，ナップザックに入れる A，B，C，D，E の個数）を何らかの配列で表現にする．今回の場合であれば，それぞれの個数をそのまま並べた配列（たとえば 11000 など）を使えばよい．他の問題であっても，たとえば，整数であれば二進法の 01 の配列で表したり，実数であれば各桁の数字を並べた配列として表すことで，たいていの問題で答えを数列として表すことができる．この数列を遺伝的アルゴリズムにより進化させることになる．

今回の問題を解くために，この数列を集団サイズ（今回は 500）の数だけ用意する．このとき，各品物の個数（＝数列の各場所の値）は 0 から 3 個までランダムにばらつかせておく．このように作った初期集団について以下の手順で進化を行う．

1 集団中の各配列についてナップザックの総体積と総価値を求め，その値から適応度を決める．このときの集団の平均適応度を記録しておく．評価点は，総体積が 100 を超えたら 0，総体積が 100 以下であれば総価値の値をそのまま適応度とする．
2 適応度の値に従って，各数列を次世代にコピーする．
3 集団サイズ（今回は 500）まで数列をランダムに間引く．

4 残った配列間で一定確率（今回は 0.1）で配列を組み替える（交差）．
5 残った数列について一定確率（今回は 0.01）で配列中のどこかの数字を
ランダムに +1 もしくは −1 変化させる（変異）．
6 1〜5 を配列が変わらなくなるまで繰り返す．

　計算機を使ってこの手続きを 100 世代繰り返し，各世代のステップ 1 における集団の平均適応度をプロットしたのが図 6.10(b) である（コードは補遺を参照）．だんだん値が大きくなり，100 を超えるあたりで上げ止まっていることがわかる．100 世代後の配列を見ると最頻値が最適値である 03020 か 01201（つまりナップザックの中身は最適値である B, B, B, D, D か B, C, C, E）になっていた．これはすなわち，遺伝的アルゴリズムによって最適解が求められたことを意味している．

　遺伝的アルゴリズムの特徴は，集団を扱っていることにより，先ほどの貪欲法と比較して広い配列の探索が可能となる点にある．また，今回くらいの簡単な問題ではあまり効果はないが，交差という個体を混ぜ合わせる操作を行うことによって，別の解に近づいた配列どうしを掛け合わせて，より大域的な解を見つける可能性を高めている．ここで起きているのはまさに集団遺伝学的な進化と同じ現象である．

　ただし，貪欲法よりはましというだけで，遺伝的アルゴリズムを使えば必ず最適解にたどり着けるわけでもない．今回のシミュレーションでも，場合によっては別の解にたどり着いてしまうこともよくある．遺伝的アルゴリズムは最適解にたどり着く方法というよりも，頭で考えても解に近づけないような複雑な問題で，かつ良い解法がわからない問題を扱う場合に，よりましな解を得るために便利な方法である．

6.5.3 遺伝的アルゴリズムで見つかった知見と生物進化の関係 1： ニッチング

　遺伝的アルゴリズムは，多様性，選択，交差といった生物進化のエッセンスを取り出して問題解決に適応したものである．いわば生物進化を単純化して計算機内で再現したものだとみなすことができる．さらに遺伝的アルゴリズムはもともとは生物に倣って作られたものであるが，その有用性から生物とは独立に利用され，改良されてきた．その中で大域解を速く見つけるために重要な条件がいくつか明らかになってきた．これらの条件はおそらく生物進化にとって

も重要な条件となりうる．そこで，遺伝的アルゴリズムの研究から何が見つかってきたのか，そしてそれは生物進化とどんな関係があるのかについて，もう少し説明を加えたい．

これまでの遺伝的アルゴリズムの研究から，探索能力に重要なのは常に集団内に多様な配列を維持し続けることだとわかってきた．これはつまり，特別高い適応度を持つ個体が出現して，すぐに集団を乗っ取ってしまうような状況は良くないということである．そうした個体が集団を占めるようになれば，短期的には集団の適応度が上昇するものの，遺伝的な多様性がなくなってしまうので，次に適応度が上がった個体が生まれにくくなってしまう．適応度が低いが遺伝的には多様な系統を維持しておくことが，持続的な適応度上昇に重要である．

遺伝的アルゴリズムの研究から，多様性を維持する方法としてニッチングと呼ばれるいくつかの方法が報告されている．このニッチングという名称は，生物の餌や住処などを示すニッチからとったものであり，その手法の一部は自然界の多様性の維持のしくみと一致している．

ニッチングの1つ目は島モデルという方法である．これは，複数の独立な集団（島）で別々の遺伝的アルゴリズムを動かし，ときどき集団の一部を混ぜ合わせるという方法である．これにより過度な均一化を防いで，常に多様性を維持することができる．これは第4章で紹介したガラパゴス諸島などの異所的種分化に相当する．

2つ目のニッチング方法はシェアリングである．この方法では，配列の珍しさに重みをつけ，珍しい配列ほど，次世代に残されやすくする方法である．これにより，適応度が低いものでも生き残りやすくする．同様に，珍しさに応じて生き残りやすくなるしくみは自然界では，珍しい遺伝子を持っているほど生存や生殖が優遇され，適応度が低くても生き残るしくみに相当する．これも第4章で説明した，寄生体や捕食者による負の頻度依存選択が相当する．

ウイルスなどの寄生体や捕食者が標的としやすいのは，集団内で最も頻度の高い遺伝子型である．なぜなら，寄生体や捕食者も進化しており，集団内で頻度の低いものを標的にするより，頻度の高いものを標的にした方が子孫を多く残すことができるはずだからである．たとえばウイルスの場合，もし，宿主側にウイルスの標的タンパク質の遺伝子に変異を持つ個体がいれば，その個体はウイルスからの感染を免れることができる可能性がある．したがって，珍しい標的遺伝子を持っている宿主ほどウイルスに感染しにくく，生き延びやすくな

る．そして，ウイルスの標的遺伝子型が珍しいということは，他の多数の宿主個体とはしばらく交差していなかった可能性が高いため，他の遺伝子も珍しい可能性が高い．このような集団内での頻度が低い方が生き延びやすくなるしくみが負の頻度依存選択である．こうした負の頻度依存選択は，自然界での多様性の維持に有益に働いている可能性がある．

3つ目のニッチングの方法は制限付きトーナメントと呼ばれる方法である．この方法では，配列が似ているものの間で頻繁に交差を行い，配列が似ていないものの間での交差の頻度を減らす方法である．これにより，異なる配列は混ざる頻度が下がり，配列が均一になることを防ぐ．今のところ，この方法を行っている生物は知られていないように思われる．もし制限付きトーナメントを生物に適応すると，遺伝的に近いものどうしほど交配しやすくなるというしくみがなければならないが，生物では遺伝的に近いものどうしが交配をすると近親交配の問題がでやすくなってしまうため，採用されないのかもしれない．このしくみがあるとすれば，同じ遺伝的組成であっても近すぎず，とはいえ遠い系統と生殖しないわけでもない緩やかな生殖相手の好みとして存在するかもしれない．人間の配偶者の好みも，親戚は避けるが自分と同じような価値観を持つ人を選びがち（とはいえ，まったく違う価値観を選ばないわけでもない）というのは，制限付きトーナメントの考え方に近いのかもしれない．

6.5.4 遺伝的アルゴリズムで見つかった知見と生物進化の関係2：スキーマ

もう1つ遺伝的アルゴリズムで見つかった重要な知見として，速く適応度を上げるためにはスキーマと呼ばれるパラメータを小さくすることが有効だということがある．スキーマとは，遺伝的アルゴリズムが進んだときに複数の配列で共通して見つかるようになるモチーフのことである．たとえば図6.10の場合は，DとEの品物の数が11あるいは20（つまり配列はxxx11やxxx20）がスキーマとしてよく見つかる．これらがよく出現する理由は，xxx11やxxx20になると合計体積が，それぞれ96, 78となり，もうD, Eは入らなくなる（つまり右から2つの数字はこれ以外にありえない）からである．遺伝的アルゴリズムの研究の結果からは，この決まったモチーフが小さいほど，適応度の上昇速度が増加する，つまり速く進化することがわかっている．上記の例でのモチーフのサイズは2であるが，理想的には1文字であれば，最も進化が速くなるはずである．スキーマが1文字だということは，配

列中の各文字が独立にふるまうことを意味する．つまり，ある文字がどうであろうと他の文字が適応度に与える影響は変わらないことを意味する．各文字の影響が相加的だと言い換えることもできる．この場合，各場所は独立に良くすることができ，より良い配列を見つけやすい．これを第7章で説明する適応度地形で説明をすると，単峰性に近い適応度地形になる．一方で，各文字が独立でない場合は，ある場所の影響は別の場所の文字によって変わってしまう．この場合，適応度地形が多峰性になり，近傍に良い配列を見つけにくくなることが知られている．同様の法則は分子進化でも見つかっており，詳しくは第7章の適応度地形のところで説明する．

　遺伝的アルゴリズムで見つかったこの法則は，配列間，あるいは遺伝子間の相互作用が少ない方が進化しやすいことを意味する．もし，生物の進化しやすさが進化により向上するならば，進化により変わった方が有利な遺伝子については，配列，あるいは遺伝子間の相互作用もまた減らす方向に変化することが予想される．逆に変わると将来困ったことになりうる遺伝子は，相互作用を強くしておく傾向があるかもしれない．実際に生物でそうなっているかは，今のところはっきりしたデータはないようであるが，そのような形で遺伝子間の相互作用が規定されているとすると，将来，遺伝子間相互作用から進化的な重要性が読み取れるようになるかもしれない．

コラム：進化しやすさは進化するか

　遺伝的アルゴリズムの節では，適応度をより上げるため，つまり進化しやすくするための工夫として，多様性が維持する手法を紹介し，そのうちいくつかは自然界でも相当するものが見られることを説明した．これはつまり，自然界の生物も進化をしやすくするしくみを備えていることを意味する．しかし，そもそも，生物が進化しやすさを上げることはありうるのだろうか？つまり進化しやすさは進化するのかどうか，である．これはあまり自明ではない．なぜなら，適応進化とは，適応度の高い個体が集団を占めるようになる現象であるが，そもそもどのくらい適応度が上昇した個体が生まれるか（つまり進化しやすさ）には直接的な影響は何もないからである．表現を変えると，進化とは現世代の個体間の競争によって起こる現象であり，現世代の個体の適応度によって決まる現象である．一方で進化しやすさは次世代以降の個体の適応度に影響をする性質であるため，進化により向上しにくい性

質である.

進化しやすさの向上しにくさについて，もう少し具体的に説明してみたい．たとえば，集団内で高い適応度を持つ個体 A とそれよりは低い適応度を持つ個体 B の 2 種類の個体がいたとする．個体 A は，自分の適応度は高いものの，もう進化の袋小路にいて，その子孫からはそれ以上適応度の高い個体は出ないとする．個体 B は自分の適応度はそれほどでもないが，将来性があり，その子孫はもっと適応度が上がるものがたくさんありうるとする．この状況であっても，通常，集団を占めるのは適応度の高い個体 A であろう．自然選択は個体 B の将来性を評価してくれない．つまりこの場合，進化しやすさが進化することはない．

ただし，個体 B が集団を占めることも場合によってはありうる．たとえば，個体 A が集団を占めるのに時間がかかり，その前に個体 B の子孫から個体 A を超える適応度を持つものが出現した場合である．こうした状況は，たとえば個体 A, B が地理的に分離されていて，めったに混じり合わない場合に起きうる．こうした場合には，あたかも進化しやすさが進化することになる．

まとめると，進化とはあくまで現世代の個体間での性質（適応度）の差に基づく競争によって起こることなので，次世代に反映される性質である「進化しやすさ」には上昇する直接的なしくみはない．しかし，上で見た地理的な隔離がなされているような場合は，次世代集団の性質の競争も同時に起こる場合がありえて，この場合は進化しやすさも進化しうることになる．つまり，進化しやすさの向上は状況次第である．生物進化の長い歴史を考えると，進化しやすさが効いた状況はあったであろうから，生物は進化しやすさを進化させてきた可能性は十分にあると考えられる．

6.6 まとめ

- 生物以外に進化するものとして，これまでに自己複製分子，デジタルオーガニズムが開発されている．
- 進化のしくみは，核酸やタンパク質を人為進化させることで改良する分子進化工学や，パラメータ最適化手法である遺伝的アルゴリズムに応用されている．
- こうした生物以外の進化は，生物進化よりも単純であることから，進化の

原理や性質についての知見が得られる．

6.7 もっと詳しく学びたい人のために

【進化分子工学について】
- 伏見　譲，進化分子工学：高速分子進化によるタンパク質・核酸の開発，エヌ・ティー・エス，2013

少々専門的だが，進化工学を実際に行っている研究者の解説が読める．

【デジタルオーガニズムについて】
- Christoph Adami, Introduction to Artificial Life, Springer, 2013

デジタルオーガニズムの初期の歴史や，Avidaの開発経緯などが詳しく書かれている．

Tierraについては専門のウェブサイト (Tierra home page, https://tomray.me/tierra/) が詳しい．

【遺伝的アルゴリズムについて】
- 棟朝雅晴，遺伝的アルゴリズム：その理論と先端的手法，森北出版，2008

遺伝的アルゴリズムのしくみや，応用時に気を付けるべき点について解説されている．遺伝的アルゴリズムを冠した書籍は複数あるが，これが一番わかりやすかった．

参考文献

[1] Mills *et al.*, *PNAS*, **58**, 217-224, 1967
[2] 岡田吉美，石浜　明（編），"第3章　遺伝子としてのRNA"，講談社サイエンティフィク，1982
[3] Breaker and Joyce, *PNAS*, **91**, 6093-6097, 1994
[4] Ellinger *et al.*, *Chem Biol.*, **5**, 729-741, 1998
[5] Ichihashi *et al.*, *Nature Communications*, **4**, 1-7, 2013
[6] Mizuuchi *et al.*, *Nature Communications*, **13**, 1460, 2022
[7] Yukawa *et al.*, *Current Opinion in Systems Biology*, **34**, 100456, 2023
[8] Tuerk and Gold, *Science*, **249**, 505-510, 1990
[9] Ellington and Szostak, *Nature*, **346**, 818-822, 1990
[10] Scott and Smith, *Science*, **249**, 386-390, 1990

[11] Cwirla *et al.*, *PNAS*, **87**, 6378-6382, 1990
[12] Shaner *et al.*, *Nat Biotechnol.*, **22**, 1567-1572, 2004
[13] Nemoto *et al.*, *FEBS Lett.*, **414**, 405-408, 1997
[14] Roberts and Szostak, *PNAS*, **94**, 12297-12302, 1997
[15] Mattheakis *et al.*, *PNAS*, **91**, 9022-9026, 1994
[16] Hanes and Plückthun, *PNAS*, **94**, 4937-4942, 1997
[17] Smith, *Science*, **228**, 1315-1317, 1985
[18] Fujii *et al.*, *PNAS*, **110**, 16796-16801, 2013
[19] Tawfik and Griffiths, *Nat. Biotechnol.*, **7**, 652-656, 1998
[20] Sakatani *et al.*, *Protein Engineering, Design and Selection*, **32**, 481-487, 2019
[21] Rasmussen, *Physica D*, **42**, 111, 1990
[22] Adami, Introduction to Artificial Life, Springer, 2013
[23] Ray, An approach to the synthesis of life. In: Langton *et al.* (eds.), Artificial Life II, Santa Fe Institute Studies in the Sciences of Complexity, vol. XI, Redwood City, CA, Addison-Wesley, 371-408, 1991
[24] Chow *et al.*, *Science*, **305**, 84-86, 2004
[25] Zaman *et al.*, *PLoS Biology*, **12**, e1002023, 2014

第7章

進化を解析するための手法

7.1 本章で紹介する手法の概要

本章では，進化を理解するときによく使われる手法や概念（アライメント，系統樹，同義・非同義変異，適応度地形，計算機シミュレーション）について紹介する．これらの方法はすでに本書で少し出てきたものもあれば，初めてのものもある．本章の内容は，本書を理解するためには必ずしも必要ではないが，進化について議論をしたり，文献を読んだりする場合に必要となる知識であるため，ここで説明をしておきたい．本章は飛ばしても本書の本筋には関わらない．もし上記の方法について詳しく知りたい場合に参照してほしい．

7.2 アライメント (alignment)

7.2.1 アライメントとは何か

アライメントとはDNAやタンパク質の複数の配列を比較する際に対応する場所をそろえて並べる作業のことを指す．2つの遺伝子配列を比較して変異を検出するために必ず必要な作業である．

アライメントの重要性を示すために，図7.1に示す2本のDNA配列を比べてみる．これらのDNA配列はどちらも同じ遺伝子（βヘモグロビン）であるが，それぞれ異なる生物（マウスとヒト）から取ってきたものであるため，ある程度似ているがよく見ると違う部分がある．この違う部分がどこなのか，どのくらい違うのかを明らかにしたいとしよう．その場合，まずやらないといけないのは2つの配列のどことどこを対応させるかということである．たとえば図7.1(a)のような対応付けで比べた場合，この2つの配列を比べると，合っていない場所（ミスマッチと呼ぶ）が19か所もあり，まったく違う配列だということになってしまう．一方で図7.1(b)のような対応付けをした場合には，この2つの配列はよく似ており，6か所だけミスマッチがあることにな

(a) 例1

```
マウス  TTTCACCCCCGCTGCACAGGCTGCCT
ヒト    ATTCACCCCACCAGTGCAGGCTGCCT
```

(b) 例2

```
マウス  TTTCACCCCCGCTGCACAGGCTGCCT
ヒト    ATTCACCCCACCAGTGCAGGCTGCCT
```

図 7.1 DNA 配列のアライメントの例
上下の配列で一致していない部分に下線を引いている.

る．では，この (a) と (b) の並び方はどちらが正しいのだろうか？ 厳密にいえば，どちらが正しいということはないのだが，通常，節約原理 (parsimony) にしたがって，(b) の方がより確からしいものとみなされる．

節約原理とは，必要な仮定が少ない方が正しいとする原理である．最初にこの 2 本の DNA は異なる 2 種類生物の同じ遺伝子に由来すると書いた．これはつまり，この 2 種類の遺伝子はもともとは同じ配列であったのが，分化して変異を蓄積することで今の配列になったことを意味している．このとき，どんな変異が入ったかはわからないので，入った変異と回数を仮定する必要がある．この過程ができるだけ少ない（つまり変異の数が少ない）方が，節約原理では確からしいとみなされる．図 7.1(a) の並び方では，17 か所の違いがあることから，少なくとも 17 回の変異が必要である．これに対し，図 7.1(b) の並べ方では 6 か所の違いがあるので，6 回の変異で済む．したがって，図 7.1(b) の並べ方の方がより正しそうだと判断される．

先の例の (a), (b) はどちらが確かそうかの判断がわかりやすいが，もっとわかりにくい場合も多い．たとえば図 7.2 の場合である．再びマウスとヒトの β ヘモグロビン遺伝子の別の部分を持ってきた．配列 1 と 2 の対応付けとして (a) と (b) の 2 通りの例が示されているが，どちらも必要な仮定の数は変わらない．図 7.2(a) では矢印で示す位置にギャップ（配列が抜けているところ）があり，マウスでは A が欠失していると仮定しているが，図 7.2(b) では矢印で示す隣の位置にギャップがあり，マウスでは T が欠失しているとしている．どちらでもほかの場所の一致度は同じであり，どちらがより確からしいということはない．ギャップの原因となる欠失や挿入が起きた場合にはこのようにアライメントが一意に決められない場合もある．

また，このような欠失や挿入が起きている場合には，どのくらいギャップを許すかを慎重に判断する必要が出てくる．それは，どんなバラバラの配列であ

```
(a) 例1                ↓
   マウス ATGGTTCTT-CCATATTCCCACAGC
   ヒト   ATACCTCTTATCTTCCTCCCACAGC
(b) 例2                ↓
   マウス ATGGTTCTTC-CATATTCCCACAGC
   ヒト   ATACCTCTTATCTTCCTCCCACAGC
```

図 7.2 ギャップがある場合の DNA 配列のアライメントの例
ギャップはハイフン (-) で示す．上下の配列で一致していない部分に下線を引いている．

っても任意の数のギャップを許せば，完全に対応付けすることができてしまうからである．したがって，アライメントを行う際には，ギャップには大きなペナルティを科すことが多い．ミスマッチにも小さなペナルティを科す．そしてこのペナルティの合計値ができるだけ低いアライメントが確からしいと判断する．

7.2.2 アライメントの実際のやり方

少数の短い配列であれば手動でアライメントすることも可能だが，多くの場合は，専用のソフトウェアを使うことになる．よく使われるソフトウェアとして，Clustal W，MUSCLE，MAFFT などがある．Clustal W や MUSCLE を使うには，それぞれのソフトウェアをインストールする必要があり少々面倒である．もっと簡単には，統合的な遺伝子配列の解析ソフトウェアである MEGA (Molecular Evolutionary Genetics Analysis) をインストールする方法がある．MEGA は Koichiro Tamura, Glen Stecher, Sudhir Kumar によって開発された遺伝子配列解析のほとんどができるソフトウェアで，無料で利用できる (https://www.megasoftware.net/)．Clustal W や MUSCLE も MEGA の中で使うことができる．MEGA で特に便利なのは，遺伝子の塩基配列やタンパク質のアミノ酸配列を色分けして表示してくれる機能である．アライメント後の配列を表示すればどこが一致していないか一目でわかる（図7.3）．

多数のアライメントを行う場合には，Clustal W や MUSCLE だと極めて長い時間がかかってしまうことがある．そういった場合には MAFFT だと比較的短い時間でアライメントしてくれる場合が多い．MAFFT は MEGA には組み込まれていないものの，ソフトウェアをダウンロードして利用できる他，ウェブ上のサービスとして利用できる (https://mafft.cbrc.jp/alignment/software/)．

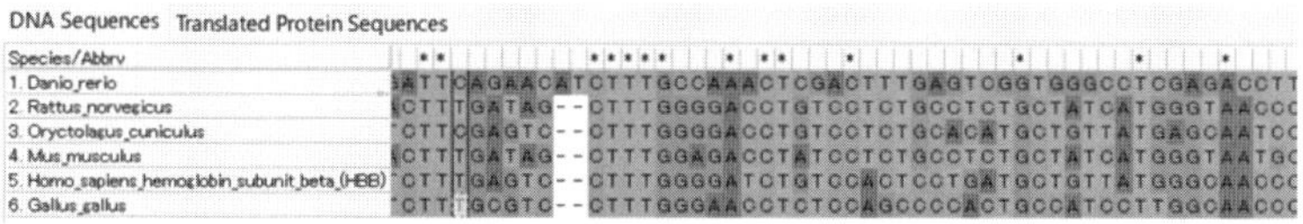

図 7.3 MEGA での DNA 配列の表示の例
モノクロだとわからないが各塩基は別の色で分けられており，見やすい．

いずれのソフトウェアを使う場合にも，ミスマッチとギャップのペナルティの値は，用いる配列の特性に合わせて適切に設定することが必要である．また，どのソフトウェアを使っても，ソフトウェアのアルゴリズムだけでは，長い配列やギャップの多い配列は満足のいくアライメントができていない場合も多い．目で配列を眺めると，もっと良い（仮定の少ない）ようなアライメントのしかたが見つかる場合も多い．そういった場合には地道に目で見て直していく必要がある．

7.3 系統樹 (phylogenetic tree)

7.3.1 系統樹とは何か

生物の進化を調べる場合に，多くの場合重要になるのは，各生物，各遺伝子の系統関係である．つまりどのくらい近縁なのか，遠縁なのかという情報である．こうした情報は多くの場合系統樹を使って表現される．

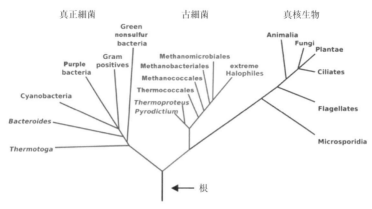

図 7.4 系統樹の例
リボソーマル RNA の配列を使って書かれた系統樹 (Woese *et al.* 1990) Wikipedia Carl Woese より一部改変．(CC-BY-SA-3.0)

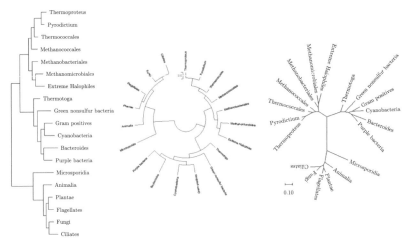

図 7.5 様々なタイプの系統樹
左の系統樹では横向きの枝の長さが遺伝的な距離を表し，縦の線の長さは任意である．中央の系統樹では中心から外周へ伸びた線の長さが遺伝的な距離を表し，円周上の長さは任意である．右の系統樹では枝の長さが遺伝的な距離を表し，枝の角度は任意である．

系統樹とは，文字通りの意味では，生物，あるいはそれ以外の進化するものについて，その祖先から子孫へつながる系統関係を表したものである．たとえば図 7.4 にはウーズらが提唱した全生物の系統樹を示す (Woese *et al.* 1990)．大元の枝（根と呼ばれる）が全生物の共通祖先生物（Last Universal Common Ancestor, LUCA と呼ばれる）を示し，そこからまず真正細菌のグループが分かれ，次いで古細菌と真核生物の祖先になるグループが分かれている．祖先の幹から様々な子孫へと分化していく様子が木の形に似ていることから系統樹と呼ばれる．DNA 配列を使って構築された系統樹で重要なのは，枝の分岐する順番と枝の長さであり，枝の角度には意味がない．たとえば，この系統樹は真正細菌の枝と古細菌-真核生物の枝を根の周りに回転させてひっくり返しても同じ意味を持つ．枝の分岐する順番が祖先の生物が分岐した順番を示し，枝の長さが分岐後に経過した時間を反映している．また，系統樹の表現方法は図 7.5 に示すように，放射状のものや横に伸びたものなど様々である．樹の形をしていないものもあるが，すべて系統樹と呼ばれる．また形態の差異に基づいて構築された系統樹には，枝の長さに意味を持たないものもある．こうした系統樹は特にクラドグラム (cladogram) と呼ばれる．これに対し，枝の長さに意味があるものはファイログラム (phylogram) と呼ぶ．

7.3.2 系統樹の根 (root)

図 7.4 に示す系統樹には根（樹の幹にあたる部分）が存在する．根とは系統樹の枝に配置された配列の共通の祖先に相当する枝である．系統樹に根をつけるためには，通常，系統樹に配置したすべての配列と遺伝的に遠く離れた配列を用いる（これを外群と呼ぶ）．外群とそれ以外の枝とが交わるところが，遺伝的に遠く離れた生物と系統樹に配置したすべての生物が分かれた分岐点となるため，そこが系統樹上の生物の共通の祖先に相当することとなる．

さて，図 7.4 は真正細菌，古細菌，真核生物のリボソームの小サブユニットの RNA（原核生物では 16S リボソーマル RNA，真核生物では 18S リボソーマル RNA）の配列で作った系統樹である．真正細菌，古細菌，真核生物という3つの生物群（ドメインと呼ばれる）は，地球上で見つかっているすべての生物を含む．したがって，これら3つのドメインに属する生物と遺伝的に遠く離れた生物は今のところ見つかっておらず，外群を設定することができないはずである．では，いったいどうやって図 7.4 の系統樹に根がつけられたのだろうか？

実は，図 7.4 の根はちょっと変わった方法でつけられている．根をつけるために必要なのは，すべての配列と遺伝的に遠く離れた配列である．それは必ずしもすべての生物と遺伝的に遠く離れた生物の配列でなくてもよい．たとえば，すべての生物の持つある遺伝子の配列を使って系統樹を描いたとする．その系統樹に根をつけるために必要なのは，すべての生物のその遺伝子と遺伝的に遠く離れた配列，つまり，すべての生物が分岐する前に，その遺伝子と分岐した他の遺伝子配列でもよい．図 7.4 で使ったリボソーマル RNA の配列では，そんな遺伝子配列は知られていないが，他の遺伝子であれば，すべての生物が分岐する前の共通祖先生物のときにはすでに2つに分岐した（つまり遺伝子重複がおきた）ものが知られている．たとえば，すべての生物は翻訳の伸長に関わる遺伝子として EF-Tu と EF-G というよく似たタンパク質の遺伝子を持っており，これらは共通祖先の出現以前に遺伝子重複して分岐したものだと考えられている．こうした原始の時代に重複して分岐した遺伝子であれば，お互いは遺伝的に遠く離れており（しかしアライメントできるくらいには相同なために），外群として使用できる．図 7.4 の根の位置はこの方法で決められた (Iwabe et al. 1989)．その結果，共通祖先生物はまず真正細菌と古細菌に分かれ，その後，古細菌が真核生物へと分岐したこと，すなわち真正細菌よりも古細菌の方が真核生物に近いと考えられるようになった．

7.3.3　系統樹の作成方法

　真の系統樹を描くには，対象とする生物や遺伝子などの系統関係の情報が必要である．つまり，どれが祖先で，どういう順番で各生物が分岐していったのかの情報である．しかし，生物では通常この情報は直接的には得られない．祖先の生物のDNA配列情報は手に入らないためである．生物を扱う場合，現在存在する生物の情報のみから系統関係を予測し，その予測に基づいて系統樹を推定する必要がある．その意味で私たちが現在知っている生物に関わる系統樹はすべて近似であり，新しい知見によってどんどん更新されるべきものである．

　系統樹の作成方法は，非加重結合法 (Unweighted Pair Group Method with Arithmetic mean, UPGMA)(Sokal and Michener 1958)，近隣結合法 (neighbor joining method) (Saitou and Nei 1987)，再節約法 (maximum parsimony method)，最尤法 (maximum likelihood method) などがある．それぞれの方法の説明は本書の範囲を超えるため，成書（斎藤成也『ゲノム進化学』共立出版，2023，Nei M. & Kumar S., Molecular Evolution and Phylogenetics. Oxford University Press, New York, 2000 等）を参考にされたい．系統樹の作成は極めて煩雑であるため，通常は，MEGAやIQ-treeなど専用のソフトウェアやプログラミング言語で使えるパッケージ（PythonのPhyloなど）を用いる．ただし，原理を知らなければソフトウェアも正しくは使えない．そこでここでは，比較的単純な手法である非加重結合法を使って簡単な系統樹を構築してみる．

　非加重結合法では，「遺伝的距離が近いものは最近分岐した」という考え方に基づいて系統樹を作る．まず枝の先に配置される生物や遺伝子など何らかの系統関係にあることが予想されるもの（Operational Taxonomy Unit, OTUと略される）の間の進化的な距離を求める．進化的距離を求めるために，上で述べたアライメントが必要になる．アライメントができると，異なる生物に由来する同じある配列とある配列がどのくらい違っているのかを決めることができる．この違いを各OTU間の遺伝的な距離とみなす．この距離を決めるときには，変異の種類による起こりやすさの違いも考慮する．たとえば，第3章で見たようにAとG，CとTの置換はそれ以外の置換よりもずっと起こりやすい．こうした起こりやすさ，起こりにくさによる重み付けをしたうえで，遺伝的距離が見積もられる．ちなみにこの変異の起きやすさ，起きにくさ重み付けのやり方として，Jukes-Cantorモデル（全部の変異確率は同じ）

や transition と transversion を別の重みにした Kimura's two parameter モデル，さらに transversion を 2 つに分けた Kimura's three parameter モデルなどがある．

以上の重み付けにより，最終的にすべての OTU のペアに対する遺伝的な距離がわかる．これが距離行列と呼ばれる（図 7.6(a) 左上）．

得られた遺伝的距離を基に以下の手順を繰り返し，距離行列を更新していくことで系統樹の枝分かれの順番と枝の長さを決めていく．

1. 最も距離の近い OTU を選んで，枝分かれをつくる．
2. 選んだ 2 つの OTU をまとめて新しい OTU をつくる．この新しい OTU を使って他の OTU の距離行列を更新する．新しい OTU との距離は，結合に使った 2 つの OTU の距離の平均値とする．

この手順をすべての OTU が枝で結ばれるまで続けると，系統樹が完成する．

図 7.6(a) の左上の距離行列について，上記の手順に従って系統樹を作成してみる．まず，最も距離の近い OTU は OTU1 と 2，あるいは OTU3 と 4 の 2 種類がある．ここではまず OTU1 と 2 を選び（結局，どちらを選んでも最後は同じ系統樹になる），OTU1 と 2 の枝分かれを作る．このとき OTU1 と OTU2 の距離は 1 なので，半分の長さである 0.5 の枝 2 本をつなぐ（図 7.6(b) 上）．次に OTU1 と 2 を合わせた OTU1-2 を新しく作って距離行列を更新する（図 7.6(a) 2 段目）．最も距離の近い OTU は OTU3 と 4 なので，同じように枝を作り，距離行列を更新する（図 7.6(a) 3 段目）．次に距離が小さいのは OTU1-2 と OTU3-4 の間の距離 3 であるため，同じように 1.5 の長さの 2 本の枝でつなぎ，距離行列を更新する（図 7.6(a) 4 段目）．最後に残った OTU1-2-3-4 と OTU5 の間の距離 6 に基づいて，この 2 つを長さ 3 の 2 本の枝でつないで系統樹が完成する．

7.3.4 系統樹作成で注意すべき点

系統樹を作成する際に注意すべき点の 1 つ目として，系統樹とはあくまでも近似だということである．距離行列のもつ情報は本来 2 次元の平面では表現できないものなのに，それを無理やり枝の長さと枝分かれのパターンに落とし込んだものが系統樹である．そのため，用いる系統樹の作成方法によっては同じ距離行列から異なる系統樹が構築されることも多々ある．系統樹を作成した後には，作った系統樹の確からしさを評価する必要がある．

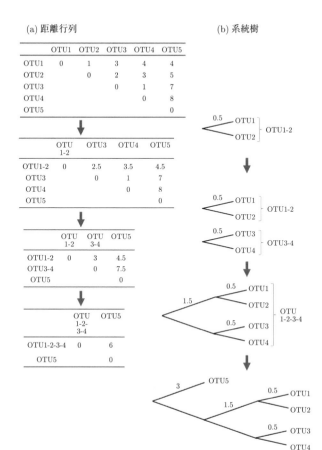

図 7.6 非加重結合法による系統樹の作成
(a) 距離行列の更新プロセス．2 つの OTU を結合させるたびに新しい枝を決めていく．(b) (a) の各距離行列から作成した系統樹．枝の長さを数字で示した．

系統樹の確からしさを調べる方法として，ブートストラップ法がある．この方法は，元の配列データをランダムに選び直した疑似データを用いて，複数の系統樹を作成し，系統樹中の各分岐について出現のしやすさを数値で表す方法である．つまり，どのデータセットでも共通して出てくる分岐は確からしいと判断される．

また，系統樹作成に用いる方法によって結果が変わる点にも，注意が必要である．上で紹介した非加重結合法は簡単で計算時間が短いという利点があるものの，すべての枝で進化速度が一定であることを仮定しており，途中で進化速

度が変わったような生物の系統樹には適さない．その場合には，進化速度一定を仮定しない近隣結合法 (Neighbor joining method) がよく使われる (Saitou and Nei 1987).

　もう1点注意すべきこととして，系統樹の構築に当たっては「遺伝的距離が近いものは最近分岐した」という強い仮定を置いていることがある．この仮定は，たとえば水平伝搬や収斂進化が起こると満たされない．水平伝搬とは，異なる生物から遺伝子がウイルス感染などを介して導入されることである．水平伝搬が起こると，本来は何の系統関係もない生物どうしの遺伝的距離が近くなってしまう．こうしたデータを含む場合，正しい系統樹を作ることができなくなる．同様に収斂進化も問題になる．収斂とは，系統的に異なる生物が同じ環境に適応した結果，同じような進化を起こすことである．ある遺伝子の機能が環境適応に必要になった場合は，同じ変異が蓄積する場合がありうる．いわゆる他人のそら似である．その場合は系統的に近くないのに遺伝的距離が近くなってしまう．この場合も正しい系統樹ではなくなる可能性がある．

　こうした場合のデータ解析法の1つは，系統樹を作らず，距離行列をそのまま解析する方法がある．もともと距離行列は多次元データであり，2次元では表現できない．系統樹解析とは，系統関係を仮定することで2次元のグラフに表現する次元削減法の1つである．一般的には，多次元データの表現方法として，主成分分析など複数の方法がある．本書では詳細には踏み込まないが，系統樹を作ることにそぐわないデータの場合，あるいは系統関係を明示する必要がない場合には，他の次元削減法を用いることができる．

7.4　同義・非同義変異率

7.4.1　同義・非同義変異とは何か

　ゲノム DNA に入る点変異は，同義変異 (synonymous substitution) と非同義変異 (nonsynonymous substitution) の2つに分類することができる．非同義変異とは，変異の入った遺伝子がタンパク質に翻訳された際に，アミノ酸の変化を起こす変異である．同義変異とは，翻訳されてもアミノ酸変異を起こさないか，そもそもタンパク質に翻訳されない領域に入った変異のことを指す．この点について，第3章の内容の一部繰り返しとなるが，もう少し詳しく説明する．

　ゲノム DNA は大きく分けて2つの領域がある．遺伝子をコードしたコード

領域とそれ以外の非コード領域である．遺伝子とは，まず RNA に転写され，その後最終的にタンパク質に翻訳されて機能する領域である（一部はタンパク質に翻訳されず RNA のまま機能するものも含まれる）．非コード領域には，周囲の遺伝子の発現を調整したり，そもそも機能が不明の配列が含まれる．普通，生物間でゲノム DNA 配列を比べるときには，コード領域で，それも生物間でよく保存された遺伝子の配列を用いる．それは非コード領域は生物間で相同性が低く，生物間で同じ領域を見つけることが難しいためである．遺伝子に導入される変異の多くは点変異と呼ばれ，ある1つの塩基を別の塩基へと変える変異である（第3章の図3.2参照）．これは置換 (substitution) とも呼ばれる．点変異によって DNA 配列は，たとえば A から G，T，C に変わる．そして遺伝子は DNA のまま機能するわけではなく，まず RNA に転写される．このときの配列は DNA の表側の鎖と同じ配列を維持する（ただし T は U となる）．その後，多くの場合はタンパク質へと翻訳される．この翻訳過程で，RNA の AGCU の配列は3つずつアミノ酸の配列へと変換される．その変換表がコドン表と呼ばれる（図3.10）．これはすべての生物についてほぼ共通している．

　このコドン表では RNA の3塩基の組（コドンと呼ぶ）に対して1つのアミノ酸が対応している．塩基は4種類であるから，3塩基の配列では合成 $4^3 =$ 64 種類の塩基配列がありうるが，アミノ酸の種類は20個である．したがって，複数のコドンが同じアミノ酸に割り当てられることになる．たとえば，コドン表の一番左上を見ると，UUU と UUC はフェニルアラニン (Phe) に UUA と UUG はロイシン (Leu) というアミノ酸に翻訳されることになる．このコドンの縮重により，ゲノム DNA の遺伝子領域に点変異が入ったとき，タンパク質のアミノ酸配列が変わる場合と変わらない場合が出てくる．アミノ酸配列が変わらないような点変異を同義変異，アミノ酸配列が変わる点変異を非同義変異と呼ぶ．

7.4.2　同義・非同義変異率からわかること

　非同義変異であれば翻訳されたあとのタンパク質のアミノ酸が変わるため，そのタンパク質の機能が変わる可能性がある．それにより個体の適応度も変わってもおかしくない．これに対し同義変異であれば，タンパク質としての配列はまったく変わらないので通常は機能も変わらず，個体の適応度も変わらない，すなわち中立変異であることが予想される．つまり，非同義変異はその有

益・有害性はわからないが，同義の場合はおそらく中立であることが期待される．したがって，ある生物の遺伝子上の同義変異と非同義変異の頻度を調べてやれば，その生物が主に適応進化を経験してきたのか，中立進化を経験してきたのかを推定することができる．

ただし，同義変異であったとしても，使うコドンが変わればタンパク質の発現量には影響しうる．また近年の研究によると同義変異であっても，コドンが変わることで翻訳スピードが変わり，それによりタンパク質の構造が変わり，その機能にも影響が出る場合もある（たとえば Lebeuf-Taylor *et al.* 2019）．したがって，同義・非同義変異率から得られる情報は，あくまで粗い推定値だと考えた方がよいと思われる．

たとえばある2種類の生物のある遺伝子を比べたときに非同義変異数を N_a，同義変異数を N_s とする．主に適応進化を経験してきた生物では，中立進化を経験してきた生物よりも，非同義変異数 N_a が大きくなるはずである．それは，適応進化の原因となった有益変異は，おそらくその多くが非同義変異だったと予想されるからである．一方で，中立変異は一定のスピードで蓄積するので（第2章参照），同義変異数 N_s には大きな影響は与えないはずである．したがって，適応進化が起こると N_a/N_s の値が大きくなることが期待される．

N_a/N_s の値はそのままでは評価しにくいので，基準となる値からの比に変更することが多い．基準として，まったく選択のかかっていないランダムな変異を与えたときの N_a/N_s を考える．これは単純には，標的とする遺伝子配列とコドン表を使えば求まる．コドン表に従って，ランダムな点変異が入った場合にどんな比率で同義変異と非同義変異が起こるのかは厳密に予想できる（ただし変異率は塩基で一定とする）．この比率を標準 N_a/N_s 値としよう．ある生物の遺伝子配列を比較したときの N_a/N_s をこの標準 N_a/N_s 値で割ったときの値が K_a/K_s と呼ばれる．

この K_a/K_s の値から，ある生物が中立進化を受けてきたのか，適応進化を受けてきたのか，あるいは負の選択を受けてきたのかを大雑把にではあるが推定することができる．K_a/K_s が1より大きければ，それはランダム変異よりも非同義変異が多いということなので，適応的な変異が生まれて集団に固定されてきたことを支持する1つの証拠となる．一方で K_a/K_s が1より小さければ，非同義変異が除かれてきたということなので，有害変異が頻繁に起きて，それが変異を受けていない個体の自然選択により集団から除かれてきたことを

示す証拠となる．この有害変異を除くような過程を負の選択と呼ぶ．そして，K_a/K_s が 1 に近ければ，それはランダムに変異を入れたときと同じ非同義変異/同義変異割合に近いということなので，中立進化をしてきたことの証拠となる．

もちろん，例外はきっと多くある．K_a/K_s が 1 だったとしても，中立進化ではなく，たまたま適応進化と同程度に負の選択も起きてどちらの効果も相殺された結果かもしれないし，あるいは適応進化に関わる変異の数が少なくて検出できなかっただけかもしれない．この指標はかなり大雑把なものだとみなすべきである．ただ，この指標は多くの遺伝子で計算ができ，こういった偶然性の影響は減らすことができる．そして，K_a/K_s は DNA 配列さえわかっていれば計算することができるため，過去にどんな進化が起きたのかを推測するための便利な方法である．

7.5 適応度地形 (fitness landscape)

7.5.1 適応度地形とは何か

適応度地形とは，進化過程をある地形における山登りに見立てたときの地形のことを指す．これまでに紹介したアライメントや系統樹とは異なり，具体的な手法ではない．進化を説明する際に便利な考え方である．進化は長い世代にわたる現象であり，かつ集団の組成が関わるためにイメージしにくいが，適応度地形という考え方を使えば少しイメージがしやすくなる．

適応度地形の考え方を用いると，ある生物集団の進化は，適応度地形上での集団の山登りに喩えることができる．この時山の高さ（z 軸）が適応度である（z 軸を正負逆転させて谷下りにしてもよい）．xy 平面は配列空間と呼ばれ，生物の進化の場合は，各場所がすべて異なるゲノム配列に対応している．隣接している場所は 1 塩基変異だけ違う配列に対応し，ゲノム配列に変異が 1 個入ると，xy 平面上を一歩動くことになる．こうして変異が入るたびに各個体の場所が変わっていく．たとえば集団中の最も頻度の高い個体を点で示すことにしてみる（図 7.7）．適応進化が起きると，点は次第に適応度地形上の最も近くにある山を登っていくことになるだろう．そして山の頂上に達したところで動かなくなるはずである．

適応度地形を用いると，いくつかの進化現象がわかりやすくなる．たとえば，2 つの異なる高さの山があった場合どちらの山に登るだろうか？ それは

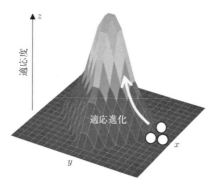

図 7.7 適応度地形の例

出発点の場所によって決まる．生物に生じる変異率は普通とても低く，平均1変異以下である．したがって，適応度地形上で生物集団は1塩基変異，すなわち1歩で達成できる最も傾きの大きな坂を登っていくことになる．もし，小さい山の近傍からスタートすれば，小さい山の頂上に登って進化は止まるだろう．一度登ってしまったら，もし数歩先にもっと高い山があったとしても，そう簡単にはたどり着けなくなる．なぜなら，一度に起こる変異はせいぜい1個だとすると，数塩基変異の先の山に登るには，一度谷へと降りなければならない．それは適応度が一度下がることを意味しており，そんな個体が現れても，すぐに自然選択により除かれてしまうからである．この現象は，進化では容易に局所的な最適解（小さい山）に陥りやすく，いったん陥ると大域的な最適解（大きな山）にたどりつきにくいことを示唆している．

7.5.2　適応度地形の実例

たとえば，第6章の図6.10で扱った遺伝的アルゴリズム (GA) でナップザック問題を解く場合で考えてみる．遺伝的アルゴリズムでこのナップザック問題を解くということを適応度地形で表現すると，5つの数字（それぞれ品物A, B, C, D, Eの数）からなる配列空間上で最も適応度（評価値）の高い山に登るということである．この配列空間上では5つのうち，どれかの数字が1だけ違う配列が隣り合っている．変異によって配列中のどれかの数字が1変わると，配列空間上の隣の点へと1歩進むことになる．遺伝的アルゴリズムを行うと，この配列空間上に散らばった配列集団が，より高い山へと1歩ずつ登っていくことになる．

この問題における最も高い適応度（評価値）を与える配列は，03020

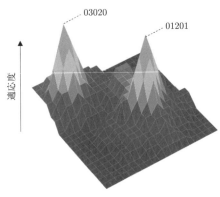

図 7.8 図 6.10 で扱ったナップザック問題の適応度地形のイメージ

(B, B, B, D, D) と 01201(B, C, C, E) であった．この2つの配列のうち，どちらかからどちらかへと変わるためには，少なくとも7回の変異が必要である．たとえば，03020 から 01201 に変わるには，B を 2 回減らし，C を 2 回増やし，D を 2 回減らし，E を 1 回増やす，合計 7 回の変異が必要となる．つまり，03020 と 01201 は配列空間上で 7 の距離だけ離れていることを意味している．この2つの配列の間に存在する配列（たとえば 02020 や 02201 など）の適応度は低いため，適応度地形上で 03020 と 01201 の間には谷が存在していることになる．したがって，この問題の適応度地形には，03020 と 01201 を頂点とする山が2つ存在し，その間は谷になっているという図 7.8 のような地形となっているはずである．

ただし，図 7.8 に示した地形はイメージ図に過ぎない．今回の配列は 5 個の数字から構成され，それぞれの数字は独立に変化しうるため，情報を落とすことなく表現するには 5 次元が必要である．しかし，図で表すことができるのはせいぜい 3 次元なので，図 7.8 は 3 次元分だけ取り出した適応度地形である．ほとんどの場合，進化で扱う配列は高次元であるため，適応度地形はただのイメージ図にならざるをえない．しかしそれでも，もともとわかりにくい進化過程をイメージでつかむことのできる便利な方法である．たとえば，図 7.8 を見れば，初期値として 03020 に近い配列から始めるか，01201 に近い配列から始めるかによって，登る山が変わることを一瞬で理解することができる．

適応度地形の考え方を使うと，適応進化が起こっても高い山に登らない場合もあることがわかる．たとえば，変異率が高く山の形状が鋭くとがっている場合である．もし，変異率が高く，集団内の個体のほとんどが何らかの変異を持

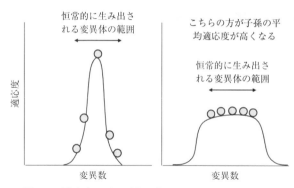

図 7.9 適応度地形の形状が進化の結果に影響を与える例

つような場合，集団は配列平面上で常にある程度広がって存在していることになる．このとき，集団の広がりよりも山の幅が狭かった場合，集団中のごく一部の個体のみ適応度が高く，それ以外は低い適応度となる．次の世代には適応度の高いごく一部の個体のみが子孫を残すだろうが，変異率が高いために，その子孫もまた山の幅よりも広がってしまう．そうなるとその集団の平均適応度は山の高さよりもずいぶん低くなるだろう．このような場合には，もっと低い山であったとしても，頂上が平べったい台地のような地形の方が平均適応度が高くなりうるだろう（図7.9）．その場合は集団はとがった山から平べったい台地の方へと移動していく可能性がある．この現象は selection of flattest と呼ばれ，変異率の高いウイロイドや RNA ウイルスで起こることが知られている (Codoñer *et al.* 2007)．これに対し，通常の最も高い適応度を持つものが選択される現象は selection of fittest と呼ばれる．

7.5.3 適応度地形を決める要因

適応度地形を使うと，適応度地形の形状やスタート地点によって，たどり着くことのできる山が変わってくることが理解できる．もし，図 7.7 のように地形に大きな山が 1 つだけである地形（富士山型地形と呼ばれる）であれば，どの場所から適応進化しても，一歩ずつ有益変異を蓄積していけば同じ頂上までたどり着けるだろう．一方でもし図 7.8 のように複数の山がある地形であれば，スタート地点によってそれぞれ違う地形に到達するだろう．こうした適応度地形の形状は何によって決まるのだろうか？

適応度地形の形状に影響を与える 1 つの要素として，変異の効果の加法性 (additivity) がある．加法性がある場合とは，2 種類の変異が入ったときの効

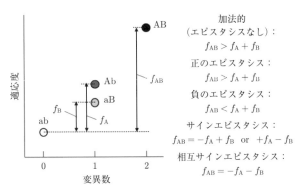

図 7.10 加法性と変異間相互作用（エピスタシス）
初期配列を ab として，有益変異 A が導入された場合が Ab，有益変異 B が導入された場合を aB，両方が導入された場合を AB とした．

果が，それぞれ単独の変異が入ったときの効果の足し算となる場合である．たとえば，ある変異 A によって適応度が 1 上がり，別の変異 B によって適応度が 0.8 上がる場合を考える．この場合，変異 A, B の両方を持つものの適応度はどのくらい上がるだろうか？　加法性が成り立つ場合は $1 + 0.8 = 1.8$ だけ上がる．一方で加法性が成り立たない場合とは，A と B の 2 つの変異を持つものの適応度の上昇は両者の効果を足したもの (1.8) を超えてしまったり，満たなかったりする場合である．超えてしまう場合を正の変異間相互作用（正のエピスタシス）があるという．満たない場合を変異間相互作用（負のエピスタシス）があるという（図 7.10）．エピスタシスとは遺伝子変異間の相互作用のことであり，加法性が成り立っているときはお互いに独立，成り立たないときは変異間に何かしらの相互作用があることを意味する．また，A と B と 2 種類の変異のいずれかの効果の符号 (sign，つまり + か −) が，単独で入るときと 2 つまとめて入るときで変わる場合を特にサインエピスタシス (sign epistasis)，両方の変異の効果の符号が変わる場合を特に相互サインエピスタシス (reciprocal sign epistasis) と呼ぶ．

　すべての有益変異について加法性が成り立っていれば，適応度地形はなめらかな富士山型となる．それは，加法性が成り立っている場合，有益変異はどんな順番で入っても必ず毎回適応度を上げるからである．したがって，変異の導入の順番によらず，最終的には必ずすべての有益変異を獲得して単一の頂上にたどり着くことができる．

　一方で有益変異に加法性が成り立たなくなる（つまりなんらかのエピスタ

シスが存在する）と，適応度地形はなめらかでなくなっていく．特に負のエピスタシスが多くの変異で起こる場合の適応度地形はガタガタした多峰性 (rugged) になることが知られている (Poelwijk *et al.* 2011). その理由は，負のエピスタシスがあると，初期配列にとって有益変異であった変異が，導入順によっては有害変異となってしまうからである．これはつまり，山登りの道順によっては上り坂（有益変異）だったところが下り坂（有害変異）になることを意味している．したがって，適応度地形はガタガタすることになる．

多峰性のある適応度地形では，最も高い山にたどり着くことは困難である．その前に最も近くにあるもっと低い山の頂上に登った時点で進化は止まってしまうからである．繰り返しになるが，通常の単純な適応進化のしくみでは，いったん谷を降りることは難しい．それは，もし変異によって適応度が下がったりしたら，そのような変異体は自然選択により除かれてしまうからである．したがって，一度何らかの山の頂上にたどり着いたら，たとえもっと高い他の山があったとしても，そこにたどり着くことは難しくなる．

2つの変異の影響が相加的であるか，そうでないかは，変異が入るタンパク質への効果によって決まりうる．たとえば，ある酵素の活性が適応度を決めている場合に，タンパク質の構造を安定化するような（熱運動でほどけにくくするなどの）変異は適応度を上げるだろう．安定化が適応度に貢献する間は，そうした変異の効果は相加的になる．しかし，あまりに安定になってしまうと，酵素反応に必要な構造変化も起きにくくなり，むしろ適応度を下げることが考えられる．この場合には，負の相乗効果が現れるはずである．実際に植物のウイルスに生じた53通りの変異のペアについて調べたところ，相加性が60%程度，相互サインエピスタシスが22%程度見つかっている (Elena and Lalić 2013). したがって，タンパク質の適応地形は多峰性になっていると考えられている．

7.5.4　適応度地形という概念の限界

適応度地形は進化のダイナミクスを説明する際には便利だが，実際の進化現象をいろいろ単純化した概念であることには気を付ける必要がある．まず，前述のように生物のゲノム配列あるいは進化工学で進化させるタンパク質などの配列はすべて多次元であり，配列空間という3次元の空間では表現しきれない．たとえば，有益変異が完全に相加的なタンパク質の適応度地形は，図7.7のような富士山型になるはずである．しかし，これは適応的な変異が入っ

た後の配列の表現しやすい一部を抜き出したものだと解釈すべきである．実際の適応度地形はこんな姿ではない．なぜなら，1つの平均的なタンパク質の遺伝子配列は 2 kbp ほどであり，1 塩基変異（1 歩で動ける場所）の種類は $2 \times 3k = 6000$ 種類ある．第 5 章で見たようにそのうち何割かは活性を大きく落とす．この活性が適応度だとすれば，ある点の周辺には適応度地形では表現されていない無数の谷が広がっていることになる．

では この 6000 種類の適応度をすべて適応度地形上で描写すれば正しい適応度地形になるかというとそうでもない．なぜならこの 6000 種類の配列はお互いに等距離（2 変異分）離れているはずであり，それは 3 次元では表せないからである（どうしても離れて配置される点と近くに配置される点が出てしまう）．結局，図 7.7 や図 7.8 に示す適応度地形は，想像上のものでしかない．

また，多くの場合，適応度地形は自然界の地形のように不動の物ではない．タンパク質の進化工学などで厳密に一定の環境で実験が行える場合であれば，適応度地形は一定のものとみなしていいだろうが，生物を使った進化実験や，自然界での進化であれば適応度地形が一定ではなく，環境変化や生物どうしの相互作用によって大きく変わりうる．実際の適応度地形は，時間とともに変化していくものである．地形というよりは，むしろ海の海面がうねっている状況に近いのかもしれない．そのため，適応度地形 (fitness landscape) ではなく，適応度海景 (fitness seascape) と表現すべきだという意見もある (Mustonen and Lässig 2009)．

7.6 計算機シミュレーション

7.6.1 計算機シミュレーションとは何か

すでに本書では多数の計算機シミュレーションを紹介してきたが，計算機シミュレーションは進化の理解や研究のための強力なツールとなる．進化とはある一定の手続き（変異と自然選択，あるいは遺伝的浮動）が繰り返されたときに起こる現象であり，決まった手続きを繰り返すのはまさに計算機シミュレーションが得意とするところである．特に遺伝的浮動が影響を及ぼす状況（変異体の数が少ない，集団サイズが小さいなど）では，直感でどうなるかわからない場合も多い．こうした場合には，頭で考えるだけではなくシミュレーションしてみることが効果的である．

なお，用語の使い方について補足説明をする．計算機シミュレーションと

は，実世界での現象を模擬するために行うすべての計算のことを指す．特にシミュレーション中に乱数を使う過程があり，結果が毎回同じにならない場合は，モンテカルロシミュレーション（モンテカルロ法）と呼ばれる．この名称の由来は，偶然性が発揮されることからカジノで有名な地名にちなんだということらしい．本書で扱った確率性を含むシミュレーションは，すべてモンテカルロシミュレーションである．

7.6.2 計算機シミュレーションの方法

計算機シミュレーションを行うには自分でプログラミングコードを書かなければならないが，用いるプログラミング言語はなんでもよい．本書ではPythonを用いたが，これは単に現在使用者が多く，文献や便利なパッケージ（よく使うプログラムをまとめたもの）が豊富だからである．研究を行うときには，他の言語を使ってもまったく構わない．たとえば結果を論文で報告する場合にも，最近はコードの公開を求められることもあるが，使用言語は自由である．そもそも言語によって結果が異なるような現象には意味がない．

7.6.3 数理モデルの選び方

計算機シミュレーションを行うためには，現象を計算機が扱えるように数理モデル化することが必要である．ただ，数理モデル化には無数のやり方が存在する．たとえば第1章で扱った適応進化のモデルには，最初に使ったただ増えるだけのモデルから，環境収容力を加えたり確率性を含んだ離散的なモデルまで様々なモデルがあった．さらに，それでもなお，まだ表現できていない現象もたくさんある．たとえば，栄養の種類によって増殖速度は違うだろうし，細胞濃度が高くなれば細胞間で相互作用し出すこともあるだろう．これらの効果は上記のどのモデルにも入っていない．こうした効果もモデルに導入すべきだろうか？　結局，私たちはどこまでモデルを精緻化すべきなのだろうか？

この質問の答えは，扱う問題によって異なるというほかない．そもそも数理モデル，数理ではないモデルを問わず，モデルとは複雑な現象を単純なルールで理解するための近似である．私たちがモデルを使って理解したいと思う現象はすべからく複雑なはずである．なぜなら単純な現象ならモデル化する必要もなく理解できてしまうからである．人間の頭で複雑な現象を理解するには，不要な部分を切り落として，重要だと思うところだけを抽出するほかない．その抽出方法がモデルである．モデルにはその現象にとって重要だと思う効果の

みが表現されている．たとえば，適応進化の最初のモデル（式 (1.1), 式 (1.2)）では，株 A，株 B が異なる速度で増殖するという効果のみが表現されている．この効果のみで説明できる現象であれば，このシンプルなモデルを用いるべきである．次のモデルで導入した環境収容力（式 (1.7), 式 (1.8)）は，現象の説明に必要でないならば導入する必要はない．モデルを使う場合は，現象のすべてを説明する必要はない．大事なエッセンスだけを説明できれば十分である．その意味で，離散性や確率性が影響しない現象に離散モデルを使う必要はない．シミュレーションの解釈が難しくなるだけである．モデルを複雑にしていくと，どれが現象を説明するための本質なのかが見えにくくなっていく．現象の理解のためのモデルは，現象を説明するための必要最低限であるべきである．必要最低限の要素を知ることこそ，現象をモデル化する意義の 1 つである．そして必要最低限であるために，すべてのモデルには有効範囲が存在することは注意すべきである．

7.7 もっと学びたい人のために

【アライメントや系統樹作成について】
- 斎藤成也，ゲノム進化学，共立出版，2023

アライメントの原理，本書では説明していない系統樹作成のための他のアルゴリズムなど，ゲノム DNA 配列解析に重要な内容が網羅されている．

参考文献

[1] Woese *et al.*, *PNAS*, **87**, 4576-4579, 1990
[2] Iwabe *et al.*, *PNAS*, **86**, 9355-9359, 1989
[3] Sokal and Michener, *University of Kansas Science Bulletin.*, **38**, 1409-1438, 1958.
[4] Saitou and Nei, *Mol. Biol. Evol.*, **4**, 406-425, 1987
[5] Lebeuf-Taylor *et al.*, *eLife*, **8**, e45952, 2019
[6] Codoñer *et al.*, *PLOS Pathogens*, **2**, e136, 2007
[7] Poelwijk *et al.*, *Journal of Theoretical Biology*, **272**, 141-144, 2011
[8] Elena and Lalić, *Plant Pathol*, **62**, 10-18, 2013
[9] Mustonen and Lässig, *Trends Genet.*, **25**, 111-119, 2009

終章

生物進化に残る謎

1　本章で扱う謎

　本書は進化という現象の原理とそれが引き起こす結果の基礎的な部分を扱ってきた．しかし，基礎的だと思われることでも未だわかっていないことも多い．本書の最後に未だ進化に残る謎をいくつか提示したい．ここで取り上げる謎は以下の5つである．
- 小進化の繰り返しで大進化は起こるのか？
- 生物の進化の結果は必然か，偶然か？
- 進化は予測できるのか？
- 今の生物の進化と原始生物の進化は同じなのか？
- 生物のように進化するものは作れるか？

2　小進化の繰り返しで大進化は起こるのか？

　今ではもうないだろうが，何十年か前は「進化論は実証できないからまともな科学ではない」という批判がよくあったという．もちろん，この考えは正しくない．ゲノムの進化やタンパク質や核酸などの分子の適応進化，中立進化は，大腸菌などの微生物を使った進化実験や試験管内での進化工学によって実証されている．しかしながら，大進化については未だ実証されているとはいいがたいのも事実である．大進化とは，あまりはっきりと定義されていない言葉であるが，多くの場合は，1) 種分化を伴うような進化，2) 形態変化を伴うような進化，3) 光合成獲得や陸上への進出といった大きな影響のある新機能の獲得，4) 選択の単位を変える major transition in evolution (MTE) を起こす進化，の4種類を含んでいるように思われる．
　1) の種分化については，小進化の結果起こるという証拠は多くある．生殖隔離を判断基準とした種分化であれば，ショウジョウバエでは変異が蓄積し

遺伝的な距離が大きくなるほど，生殖隔離の程度も大きくなる（生殖成功率が低下する）ことが知られており，すでに完全な生殖隔離が起きたものも多く見つかっている (Coyne and Orr 1997)．細菌の場合であれば，16S rRNA の相同性が 98.7% 未満になれば別の種だとみなされることから，小進化（少数の変異の蓄積）の結果起こることは自明であろう．ただし，16S rRNA への変異は 5000 万年で 1% 程度しか入らないので，別種が出てくるには，およそ 5500 万年かかる計算になる (Ochman et al. 1999)．

　2) の形態変化を伴うような進化についても，少数の変異で十分に起こりうることから，小進化の延長線上で起きることが示唆されている．たとえば，発生段階で体の作り方を決める Hox 遺伝子の変異や発現パターンが変化すると，翅が 2 つになったり，顔から足が生えたり，ショウジョウバエの形態に大きな影響を与えることが知られている（たとえば序章図 4）．もし，こうした変化が適応度を上げるような環境が存在したならば，翅が 2 つになったショウジョウバエが進化するかもしれない．実際にこれをやっているのが，農作物や犬や猫など愛玩動物の品種改良であろう．すべての犬はオオカミを原種としており，オオカミの亜種として分類されているが，体長 20 cm ほどのチワワなど，すでにオオカミとはかけ離れた形態を持つ犬種が生み出されている．

　問題は，3) の新しい機能獲得や，4) 選択の単位を変えるような進化である．現状で進化実験によりもともとは存在していなかった新しい機能が生まれたことは，筆者の知る限り報告されていない．大腸菌の長期の進化実験では，新しくクエン酸を栄養とする機能が獲得されたが，これはもともと存在していたが特定の状況でしか働かなかった遺伝子が常時働くようになったことによるもので，新しい機能が獲得されたわけではない (Blount et al. 2008)．タンパク質の進化でも，既存の機能を向上させることはできるが，そもそも存在しない機能を誕生させることはできない．

　そもそも自然選択とは，既存のしくみのチューニングが得意で，まったく新しいものを生み出すようなしくみではない．それは自然選択では，一時的にでも適応度を下げることを好まないからである．まったく新規なしくみが適応度を上げることは考えにくい．新しいタンパク質を作れば，その分，コストはかかるからである．複数タンパクが必要な複雑なしくみであればなおさらである．それより，既存のしくみの無駄をなくしてチューニングをする方が，一時的にでも適応度を下げることなく，適応度を上げることができる．自然選択は保守的になる傾向を持っているように思われる．

このような自然選択の保守性を乗り越えて新機能が生まれるにはどうしたらいいのだろうか？　新機能が生み出すしくみの1つとして，遺伝子重複が提唱されている (Ohno 1970). 重複した遺伝子の片方は，もとの機能を維持する必要はなくなり，新しい機能に使うことができる．では，たとえば遺伝子を重複させた大腸菌を進化させれば新しい機能を獲得するだろうか？　おそらく，そんな簡単ではないだろう．遺伝子が重複して片方が不要になれば，新機能を獲得するよりも，ほとんどの場合は，すぐに終止コドンや欠失などナンセンス変異（タンパク質の機能を損なう変異）が入ってしまい，まともなタンパク質として働かなくなるだろう．新機能を獲得するには，ナンセンス変異が入る前に有益な変異を獲得しなければならない．ゲノムの倍加も同様である．さらにゲノムが倍加した株のデメリットとして，元株よりもDNA複製に2倍の時間がかかることになる．多くの場合，もとの二倍体には増殖速度でかなわないだろう．ゲノムを倍化させた個体が生まれたとき，その周りには，まず間違いなく，ゲノムを倍化させなかった個体が多数いるだろうから，それらとの競争が生じる．ゲノム倍化の2倍のコストを上回るような利益を上げる新機能を獲得しなければ，ゲノムの倍加した生物は競争に負けてしまうだろう．

　階層性を上げる進化である major transition in evolution (MTE) も同様の難しさを抱えている．MTEではもともと独立に増えていたものが協力し，共同体を形成して大きな塊として増えるようになる．協力関係により，1種類で増えていたときよりも効率的に増えられるようになるが，そこには協力のコストが生じる．協力のコストを払わない利己的なものが出現すると協力関係は容易に崩壊する．利己的なものが生まれる前に，協力を強化し適応度を十分に高めることができないと階層性の上がった生物は生まれえない．

　新機能の生まれにくさ，MTEの起きにくさは，結局のところ確率の低さなのだと思われる．理論的に起きる条件はいずれもわかっていて起きえないことではないが，あまりに可能性が低そうで今のところ実証できていないということだろう．ただ，個人的には，この可能性を上げる工夫はまだする余地があるように思う．1つには，増殖の速さだけではない多様な戦略が生き残るようなしくみの導入である．要するに生物間相互作用にある環境での進化実験である．相互作用のない環境で進化実験をすると，最も速く増えるものが選択される．この環境では，少しでも増殖速度を減らすものは自然選択により排除されてしまい，一時的にコストのかかる新機能が出る余地はないだろう．これを防ぐためには，増殖が遅くても生き残る戦略を許すことである．第4章で紹介

したように，ニッチの違いや，生物間相互作用，空間構造など多様性を維持するしくみがあれば増殖が遅い種でも生き残りやすくなるかもしれない．

　もう1つのありうる工夫は，生物を用いないことである．生物はすでに40億年も進化してしまっていて，さらなる進化が起きにくく，あるいは見にくくなっている可能性がある．第6章のコラムで紹介したように，進化しやすさもまた進化しうる．原始的な生物では許されていた進化は，今の生物ではもう起きなくなっている可能性がある．たとえば，大腸菌は様々な遺伝子を持っていて，特定の環境にだけ使うことがある．先の例で出てきたクエン酸利用の経路もそうである．つまり，すでに多くのツールを持っている．こうした生物は，新しい機能ではなく，すでに持っている機能を使うだろう．すでに十分に進化してしまっていて，新機能を生み出す余地がなくなっている可能性がある．これに対して，過去の生物はもっと出来が悪かったために，もっと進化する能力が高かったのかもしれない．もしこの考えが正しいとすると，生物ではなく，まだ進化をそれほど経験していない分子システムを使うと，生物ではもう起きないが過去に起きていた新機能の誕生やMTEを観察できるかもしれない．

3　生物の進化の結果は必然か，偶然か？

　生物進化における謎の1つとして，その必然性と偶然性 (contingency) がある．進化の源はDNAへの変異であり，変異は基本的にランダムに起こるため，進化のはじまりは偶然によって支配されている．しかし，第3章で説明したように，変異によって起こる効果にはある程度の偏りがあり，まったくのランダムではない．特に有益変異の頻度は低いために，複数回の独立進化を行ったとしても，いつも同じ有益変異が固定されるということは十分ありうる．その場合は，進化が必然によって支配されていることになるかもしれない．

　もう一度，生物進化をはじめからやり直したら，もう一度同じ進化が起こるのだろうか？　同じようにDNA，RNA，タンパク質を使う原核細胞が生まれ，細胞内共生により真核生物が生まれ，多細胞生物が生まれ，脊椎動物，哺乳類，ヒトが生まれるだろうか？　こうした長い時間のかかる進化について，やり直すことはきっと無理だろう．しかし，もっと短い時間の進化を何度も繰り返すことは，微生物など世代時間の短い生物を使えば可能である．

　これまでにいくつかの微生物（大腸菌，酵母，藻類など）を使って，並行し

た実験室内進化実験が行われてきた．その結果から，これら微生物の適応進化の共通した傾向として，適応度の上昇の仕方や生じる表現型は，複数回の実験でいつも似ていることがわかってきた．しかし，その適応度上昇や表現型変化をもたらす変異については，複数回の実験でばらばらであることが多いようだ (Blount et al. 2018)．この結果は，つまり，生物進化において，ある環境において適応度を上げる表現型は限られていて必然性が高いが，その表現型を達成する遺伝型（変異）は多数あり偶然性が高いということを示唆している．もしこれが，生物進化の一般的な性質であるならば，もう一度進化をはじめからやり直した場合，見た目（表現型）は同じような生物が再び進化してくるが，その生物がもつ遺伝子（遺伝型）は今の生物とは似ても似つかぬものになるのかもしれない．

ただし，上記の進化実験においても，表現型の変化はいつも同じというわけでもなく，ときどき他とは違う表現型が現れることもある．たとえば，大腸菌の長期進化実験の結果からは，12回の独立進化実験のうち，1回だけで上でも紹介したクエン酸を栄養源として使えるようになるという表現型が進化したことが報告されている (Blount et al. 2008)．さらなる解析の結果，このクエン酸を使うための変異が有益になるには，前の方の世代で別の変異（こちらはわずかに有益）が入る必要があるのだが，この変異は，ほとんどの実験で他のもっと有益な変異との競争に負けて固定されにくいようだ (Leon et al. 2018)．こうした珍しい変異を前提とした表現型が生まれるかどうかは，偶然によるところが大きいだろう．

また，上記の進化実験結果は，単一の生物を一定の環境で短い時間だけ進化させた場合の結果に基づいている．もっと長く進化させれば表現型も変わってくる可能性もある．大腸菌の進化実験の場合でも，もっと長く進化させれば，すべての実験でクエン酸を使えるようになるかもしれない．そうなれば，時間がかかるだけで，やはり現れる表現型は必然ということになろう．さらに，上記の進化実験は，試験管内という環境条件が一定になるようにコントロールされている．自然界ではまったく同じ環境というのはありえず，最初から生物進化をやり直しても全然違う表現型になるかもしれない．特に複数の生物種が相互作用を始めると，環境自体を生物が変えることになる（たとえば同じ資源を取り合えば，資源の量が他の生物によって影響を受けることになる）．そうして変動する環境で進化した生物がさらに環境へと影響を与える．このような相互作用が繰り返されると，たとえ同じ生物進化をやり直したとしても，同じ環

境は二度と出現しないかもしれない．そうなれば，やり直した後の進化では，表現型もまったく違う生物が出現するかもしれない．

　結局のところ，特に長期の進化における生物進化の偶然性と必然性については，もう一度生物進化を最初から起こした例がなければ，何もわからないのではないかと考える．将来，別の惑星で進化した生物が見つかることを期待したい．

4　進化は予測できるのか？

　上の節で紹介したように，微生物を使った進化実験の結果からは，同じ環境で進化を繰り返すと同じような表現型が進化することが報告されている．つまり，一度観察した進化について，同じ環境を用意できれば同じ進化が起こることが予想できる．しかし，まったく初めての環境に置かれた生物がどんな表現型になるのか，さらにはどの遺伝子のどの部分に変異が入るのかを予想することはできないだろうか？　もしこのような予想ができれば，進化の理解のみならず，感染症予防にも役に立つ．たとえば，新型コロナウイルスやインフルエンザウイルスについて，次に出現する変異体の予測ができれば，あらかじめワクチンを準備しておくことができるだろう．

　進化の予測，具体的にはどの遺伝子のどの変異が次に集団に固定されるかを予測するには，変異から適応度を予測することが必要である．第3章で説明したように，進化の出発点はランダムな変異である．このうち適応進化によって集団に固定されるのは，適応度を最も上げる変異である．したがって，各変異が適応度にどんな影響を及ぼすのかがわかれば，どの変異が固定されるのかが予想できるはずである．多くの遺伝子領域において，変異はまずその遺伝子がコードしているタンパク質の配列を変え，それによってタンパク質の折りたたまれ方が変わり，その構造に基づいてタンパク質の機能が変わる．そしてその機能の変化によって，そのタンパク質を持つ細胞や個体の表現型と適応度が変わることになる．

　まず予測しないといけないのは，変異が入ったときにタンパク質の構造がどう変わるかである．現状ではまだ正確な予測ができていないものの，配列からの構造予測は機械学習の発展により年々精度が向上しており，近い将来には信頼に足るものができそうである．

　そして次に予測しないといけないのは，タンパク質の構造がわかったときに

タンパク質の機能（分子の結合能や酵素活性）がどう変わるかである．これは現状でまだほとんど予測ができていないが，結局のところ，タンパク質の構造予測の問題であり，時間が経てば解決する問題のように思われる．

そのあとに必要になるのは，タンパク質の機能が変わったときに，細胞や個体の表現型と適応度がどう変わるかである．これは現状で，抗生物質耐性などのわかりやすい例を除いて，ほとんど予測できていない．原核生物のような単純な細胞であっても，そのなかには数千種類のタンパク質と遺伝子が相互作用するネットワークが形成されており，そのうち1つの機能が変わったときに全体にどんな影響があるかを予想することは現状では不可能である．しかも，どの変異が固定されるかを予想するには，最も適応度を上げる変異を予測する必要があり，そのためには各変異が表現型をどの程度変えるかについてまで定量的に予測が必要となる．現状で，そのような予測精度のあるモデルはできていない．また，将来的に，動的に変動する数千の遺伝子発現を予測することができるのかは確信を持てない．しかし，ウイルスのような遺伝子数の少ない（最少のものでは3-4個しかない）ものであれば，十分にできる可能性がある．

以上のように，進化の予測，具体的には次にどの遺伝子のどの部分に変異が入るのかを予測するには，まだ多くの困難があるものの，不可能ではない．そのためには，タンパク質と細胞，個体のさらなる理解，すなわちタンパク質科学や分子生物学，細胞生物学，一般的な生物学の更なる進展が必要であろう．

5 今の生物の進化と原始生物の進化は同じなのか？

地球における生物進化についての私たちの知識は，わりと最近に起きた進化に限られており，昔の原始的な生物の進化の様子は実のところほとんどわかっていない．その理由の1つは，過去の生物のDNA配列がわからないことにある．染色体DNA配列を読むことができるのは，現在生きている生物か，せいぜい100万年前までの骨などが残っている生物に限られる．それ以前の生物については，化石として形態の情報は得られるものの，DNA配列や遺伝子の情報はまったく得られない．

また，過去の生物のDNA配列を知るための別のアプローチとして，現存生物のDNA配列の共通性を使って，その推定がされている．しかし，この方法で全生物の共通祖先生物 (last universal common ancestor, LUCA と呼

ばれる）の遺伝子セットを推定することはできるものの，共通祖先生物（おそらく単細胞生物）がいったいどうやって進化してきたのかは何もわからない．LUCA の段階ですでに重要な細胞内の分子機構（DNA，複製，転写，翻訳，細胞膜，代謝，細胞壁）は今と同じものを持っていたはずで，ほぼ現在の原核生物と見分けがつかないくらい精巧な生物であったと推定されている (Moody 2024)．つまり，細胞レベルでの進化はすでに共通祖先生物の段階でほとんど終了していて，私たちが知っている生物進化はそのあとに起きた（もしかしたらマイナーな）ことだけである．このことを，中立進化を提唱した木村は著書のなかで「生命が依存している分子機構のすばらしい機能は正のダーウィン淘汰の産物に違いない．しかしながら，ヘモグロビン，チトクロモーム c, tRNA などといった，今，われわれが研究している大部分の分子ははるか太古にその本質的設計図を完成させてしまったものであり，その後の変化はほとんどが同じ主題についての変奏曲にたとえられる」と書いている（木村 1986）．

　長い時間の進化を経てきた生物と，原始の生命体のように進化を始めたばかりのころの原始生命体の進化で起きることは同じだろうか？　タンパク質の進化では，進化が進むほど有益な変化が少なくなり，また変異当たりの適応度上昇も小さくなることが知られている（収穫逓減, diminishing return と呼ばれる）．これは適応進化が進めば進むほど，有益変異を消費していくからである．これは，少なくとも細胞内の分子機構については，現存生命はすべてもう進化の余地はなく，適応度地形の頂上付近をうろうろしているだけなのかもしれない．そして，私たちが分子の進化について知っていることは，こうした頂上付近で起こる現象だけなのかもしれない．

　もしそうだとすると，山のふもとから頂上へ登る過程は，大きく異なるルールで進化が起こることも考えられる．たとえば，現在のタンパク質では有益変異はまれで，しかもすぐに有益なものが見つからなくなり，進化は遅くなっていくが，原始の分子であれば，多数の有益変異が同時に存在し，diminishing return など起こらず，あっという間に進化するのかもしれない．あるいは現在の生物では，変異はほとんど固定されず，そうそう種分化が起こることはないが（たとえば大腸菌を 30 年継代しても，ゲノムは 0.01% しか変わらない），原始生命であれば，変異率も高く，ゲノムも小さかったであろうから，あっという間に多種類へと分岐していったかもしれない．あるいは，現存生物では生物間の独立性が高く，生物どうしの融合などはまれ（細胞内共生くらい）だが，原始生命では細胞膜もなかったかもしれないので，原始生物間での相互作

用（たとえば融合や分離）は激しく起きていたかもしれない．このように原始生命は，現存生命よりもずっと進化の自由度は高かった可能性がある．もしそうだとすると，実は原始の自己複製体から生命へと進化するのには，そんなに時間がかからなかった可能性もある．

LUCAは42億年ほど前に地球上に誕生したという推定もある (Moody 2024)．地球が誕生したのが約46億年前で，海ができたのが約44億年前だということを考えると約2億年ほどで現在の生物が持つほとんどの細胞機能が完成されたことになる．そしてその後の42億年間は（少なくとも細胞内の分子機構については）マイナーチェンジしかしてこなかったことを考えると，最初の2億年間の進化イベントはその後の進化イベントとは質的にまったく異なることが起きていたのかもしれない．

こうした原始の進化を理解するには，進化をあまり経験していない自己複製体を作って進化させてみる他はないだろう．実際に，第6章で紹介した自己複製RNAの進化システムでは，今まで生物を使った実験では見られなかった進化現象（多様性や相互依存複製）が，より短い時間で観察されている．また一部ではあるがRNAの融合も検出されるようになっている (Ueda *et al.* 2023)．こうした，人工的な分子複製システムの進化実験により，現存生物とは違うダイナミックな進化が見えるかもしれない．

6　生物のように進化するものは作れるか？

物理学者のリチャード・ファインマンが残した言葉に "If I cannot create, I do not understand." というものがある．意訳すると，「作れないものは理解できない．本当に理解できたものならば，作れるはず」ということになるだろうか．つまり，もし私たちが生物の進化を完全に理解できたなら，生物と同じ進化を試験管や計算機の中で再現できてもよいことになる．もちろん，作れることは理解できたことを示す1つの基準であって，理解してもいろいろな制約によって作れないものはありうる．たとえば，太陽の成り立ちを完全に理解したとしても，同じサイズの太陽を作ることは難しいだろう．同じように生物進化においても，進化のしくみをすっかり理解したとしても，何億年もかかる過程をそのまま再現することは難しいだろう．しかし，完全に生物進化と同じでなくても，その片鱗であったり，ダイジェスト版のように短くしたものは作れてもいいように思う．もし，生物進化の一部でも，試験管内，あるいは計算

機のなかで再現できたならば，私たちが生物進化の原理を把握できたことの強い証拠となるだろうし，もし再現できていないことがあれば，私たちの知識に何が足りないのかを知るための有用なツールとなるはずである．

　第6章で紹介したように，計算機の中で生物進化の再現を試みたものとして，Tierra や Avida がある．どちらも適応進化を（報告されてはいないがきっと中立進化も）起こすことができる．第6章で紹介したように，Tierra については，寄生体の出現や共進化，多種共存など，自然界で起こる進化現象を再現することができている．Avida についても，環境中の資源の量に依存した多様化や，複雑な機能の出現などが再現されている．同じく第6章で紹介した試験管内の自己複製 DNA や RNA の進化においても，有益変異の蓄積による適応進化が観察されている．すなわち，人工的な系においても，変異によりバリエーションと自然選択による選択という進化の基本的な過程は再現できている．

　しかし，Tierra や Avida の進化，あるいは試験管内の自己複製 RNA や DNA の進化が，地球上の生物進化と一見して大きく異なるところがある．それは進化の持続性である．Tierra，Avida，自己複製 RNA，DNA の適応進化は，すべて持続しない．最初のころは集団の平均適応度は急速に上がっていくが，その上がる速度は次第に小さくなっていき，ほぼ止まってしまう．待っていれば，再び急激に上がり出すということは，著者の知る限り報告されたことがない．適応進化は進化開始時が最も速く，その後はどんどん遅くなっていくだけである．これは適応度地形で説明をすると，一番近くの山に登ってしまって，それ以上高い山が見つからない状況に相当する．この現象は，上の章で少し紹介した収穫逓減 (diminishing return) という名前で知られており，タンパク質の人為進化で通常みられるパターンである (Tokuriki *et al.* 2012)．また，このパターンは人工物に限った話ではなく，大腸菌を試験管内で長期にわたって継代し，進化させた実験でも同様であることが知られている (Barrick *et al.* 2009)．

　一方で自然界の生物の進化は止まっているようには見えず，どんどん新しい種が生まれているように見える．たとえば，鳥類は約1億5000万年前に生まれた新参者の生物群である．つまり40億年前に生物が誕生してから，38.5億年もの間進化を続けてきたにもかかわらず，そのあとでまだ新しい生物群が進化できたということになる．同様にして生物進化の歴史では，乾燥耐性を獲得して地上に進出したり，眼を獲得して視覚を使うようになったり，骨を獲

得して運動性能が上がったり，光合成能を獲得して光からエネルギーを得られるようになったり，いままでの生物の生き方を変えるような進化がときどき起こる．もし，人工物でこうした"大きな"進化が起こるとすると，たとえば，Tierra の中の仮想生物がインターネットを介して勝手に他の計算機に進出したり，自己複製 RNA が実験者の皮膚の上で増えられるようになったりすることに相当するかもしれない．しかし，今のところそのような劇的な進化は人工物では観察されたことがなく，すぐに進化は頭打ちになってしまう．

このような人工物での進化はすぐに頭打ちになるのに，自然界の生物はそうならないように見えるという問題は open-ended evolution の謎として知られている．Open-ended evolution とは，あらかじめ決まった終着点のない進化のことを意味する．終着点 (end) が開けている (open) ということである．人工物の進化では，終着点が決まっている．Avida や Tierra では仮想生物が使えるコードは決まっており，その組み合わせのなかで最も高い適応度になるコードが終着点である．自己複製 RNA や DNA の進化についても，組み合わせが多いだけで終着点が決まっているのかもしれない．終着点に近づけば近づくほど，有益な変異はなくなっていって進化は遅くなる．しかし，自然界の生物の進化では，終着点が決まっていないように見える．生物はどんどん多様化していくし，今までにいなかった新しい生物群も生まれてくる．こうした豊かな進化現象が生まれるしくみが open-ended evolution の謎である．

この謎の答えはまだ得られていないが，答えの 1 つとして生物間相互作用による共進化の重要性が指摘されている．たとえば，ある生物単独では進化がとまってしまうとしても，その生物に寄生して増えるもの（たとえばウイルス）がいれば，お互いがお互いに適応進化をすることになる．そうすれば，たとえ宿主が寄生体への耐性を進化させても，次に寄生体がそれをかいくぐるしくみを進化させるだろう．そうして進化は止まることなく続くことができる．このような進化のいたちごっこは進化的軍拡競争と呼ばれる．実際に，私たちの自己複製 RNA の実験では，進化的軍拡競争により，進化は少なくともいまのところ止まらなくなることがわかっている (Yukawa *et al.* 2023)．ただし，進化的な軍拡競争で進化が止まらなくなったとしても，同じパターンの繰り返しに陥る可能性がある．つまり，軍拡競争が進んだ結果，大本の宿主や寄生体が再び有利な条件になってしまえば，同じパターンの進化がずっと繰り返されることになる．それも open-ended な進化とはいえない．

Open-ended evolution を達成するためのもう 1 つのありうる答えとして，

進化するものの自由度の高さがあるかもしれない．Tierra や Avida では，各仮想生物のゲノムは数十のコマンドの組み合わせでできている．そのコマンドの組み合わせでできないことは，どうやったって仮想生物にはできない．したがって，仮想生物が計算機内で際限なく広がって計算機を動かなくしたり，インターネットを介して他の計算機に侵入したりはできない（それが可能なコマンドは安全のために入っていない）．一方で生物はもっと自由である．生物は遺伝子の産物であるタンパク質にできることであればなんでもできる．特定の分子だけ認識したり，繊維状になったり，モーターも作って力を生み出すことができる．水中で起こるたいていの化学反応は触媒でき，膜を作る分子や殻となる分子も作ることができる．光や磁場や重力を検出したりもできる．この自由度の高さが生物の open-ended evolution を可能にしているのかもしれない．

最後に紹介する open-ended evolution を達成するためのありうる答えは時間である．地球の生物進化は今まで 40 億年をかけて行われてきた．これに対し，実験室で行われた進化は分子でせいぜい数年，大腸菌で 30 年程度である．この短さで同じ現象を観察しようとするのが無理な可能性がある．しかし，希望を捨てる必要はないように思う．open-ended evolution を起こすには，なにも，今までの生物進化を全部再現する必要はない．進化が止まらない（あるいは止まっていたものが再開する）ことを示し，さらに新しい機能が生まれてくることを示せばよい．タンパク質や核酸が新しい機能を持つのには，おそらく数個の変異で十分である．たとえば，第 4 章で紹介したリボザイムの例（図 4.13）では 3 変異で新しいリボザイム活性を獲得しうる．自己複製分子の進化実験では最大で 81 個の変異が蓄積しており (Mizuuchi *et al.* 2022)，新機能は十分に生まれる可能性がある．また計算機や試験管内の進化実験では，自然界の生物よりもずっと 1 世代が短い．よい計算機を使えば，Tierra や Avida の 1 世代は 1 秒に満たない．分子の自己複製システムでも，1 世代はせいぜい数分である．この短さであれば，1 年間の進化実験で，18 万-300 万世代の進化を達成できる．たとえばヒトとチンパンジーが分岐してからまた約 700 万年しか経っておらず，これは世代時間を 20 年とすると，せいぜい 35 万世代である．つまり，ヒトとチンパンジーの違いくらいの進化は十分に期待していいはずである．すなわち，適切な材料と方法さえ選ぶことができれば，自分の目の前で open-ended evolution を起こすことは十分に可能だと思われる．

7　おわりに

　本章では，筆者が特に重要だと思っていてかつまだ全然わかっていない謎について述べた．こうしてみると，進化とは原理は単純なのに，まだわからないことばかりに思われる．進化にまつわる謎は，生物だけを研究していてもわからないし，分子や計算機を扱っているだけでもわからない．複数の学問領域を使ったアプローチが必要だと考える．筆者は死ぬまでにぜひともこの章で挙げた謎が解けてほしいと思い研究をしているが，とても1人でできることではないので，多くの熱意ある研究者が興味を持ってくれることを期待している．それが本書を書いた理由である．

参考文献

[1] Coyne and Orr, *Evolution*, **51**, 295-303, 1997
[2] Ochman *et al.*, *PNAS*, **96**, 12638-12643, 1999
[3] Blount *et al.*, *PNAS*, **105**, 7899-7906, 2008
[4] Ohno, Evolution by gene duplication, Springer-Verlag. S, 1970
[5] Porter *et al*, *Proc. R. Soc. B*, **279**, 3-14, 2012
[6] Blount *et al.*, *Science*, **362**, 6415, 2018
[7] Leon *et al.*, *PLOS Genetics*, **14**, e1007348, 2018
[8] Edmund and Moody, *Nat Ecol Evol*, **8**, 1573-1574, 2024
[9] 木村資生，分子進化の中立説，紀伊國屋書店，1986
[10] Ueda *et al.*, *PLOS Genetics*, **19**, e1010471, 2023
[11] Tokuriki *et al.*, *Nat Commun.*, **3**, 1257, 2012
[12] Barrick *et al.*, *Nature*, **461**, 1243, 2009
[13] Yukawa *et al.*, *Current Opinion in Systems Biology*, **34**, 100456, 2023
[14] Moody *et al.*, *Nat eco evol*, **8**, 1654-1666, 2024
[15] Mizuuchi *et al.*, *Nat Commun.*, **13**, 1460, 2022

補遺

本書で用いた計算機シミュレーションを行うためのプログラムはすべて東京大学出版会のウェブサイト (https://www.utp.or.jp/book/b10124142.html) および，著者の研究室のウェブサイト (https://webpark2056.sakura.ne.jp/iroiro.html) に置いてあるので自由に使ってほしい．

S1　一倍体集団における新規遺伝子型の固定確率（1.2.5 項の補足）

集団中に新たな遺伝子型が出現したとき，どれくらいの確率でその遺伝子型が固定されるであろうか？　あるいはどのくらいの世代数の後に固定されるであろうか？　以降の節では，Wright-Fisher モデルに基づいてこの問いに答える．現実の集団は Wright-Fisher モデルに厳密には従わない．しかし，現実の集団の進化を考えるときも，固定確率や時間の集団サイズや適応度への依存の仕方は Wright-Fisher モデルに基づいた結果を参考にすることができる．また，導出を理解することで，具体的な集団の進化を考える際に，その結果を適切に用いることができる．ここでは，大学初年次程度までの数学しか使わない代わりに数学的な厳密性は追求しない．より厳密な議論を求める読者は，最後に参考として挙げた集団遺伝学の教科書 (Ewens 2004) を参照されたい．

集団サイズ N の集団に 2 つの遺伝子型 A と a があるとする．それぞれ，次世代に残す子孫の数の期待値である適応度を $1+s$ と 1，時間 $T=0$ における頻度を p と $1-p$ とおく．このとき，集団中に固定するのが A である確率 $u(p)$ を求めたい．

まず，ある時間で頻度 p であった A が t 世代の間に固定する確率 $u_t(p)$ を考える（あとで $t \to \infty$ にする）．このとき，$T=0$ から単位時間が経過したあと（つまり $T=1$）から，さらに t 世代経た $T=t+1$ までに A が固定する確率 $u_{t+1}(p)$ を考えると，これは $u_t(p)$ を使って，次のように書ける．

$$u_{t+1}(p) = \sum_{\Delta p} P(p_{t+1} = p + \Delta p \mid p_t = p) u_t(p + \Delta p) = \mathrm{E}_{\Delta p}\{u_t(p + \Delta p)\}.$$

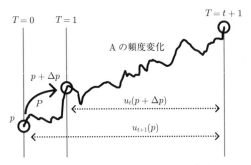

図1 固定時間 $u_t(p)$ とその期待値との間の等式のイメージ

ただし，$P(p_{t+1} = p + \Delta p \mid p_t = p)$ は単位時間のうちに p から $p + \Delta p$ に A の頻度が遷移する確率，$\mathrm{E}_{\Delta p}\{\cdot\}$ は単位時間の間に p から $p + \Delta p$ に変化する確率分布の下での期待値である．ここでは単位時間を 1 回の Wright-Fisher 世代，つまり適応度に応じて個体数が増え，重複ありで次世代の個体を選ぶまでの時間と考える．

等式を直感的に説明する（図1）．左辺 $u_{t+1}(p)$ は，$T = 1$ までに頻度を様々な $p + \Delta p$ に変化させた上で，$T = t + 1$ までに A が固定する確率とみなせる．これは，$T = 0$ から $T = 1$ までに p から $p + \Delta p$ に頻度が遷移する確率 $P(\cdot)$ と $T = 1$ から $T = t + 1$ までの時間 t の間に固定する確率 $u_t(p + \Delta p)$ をかけあわせることで求まるはずである．

知りたいのは，$t \to \infty$ までの固定確率 $\lim_{t \to \infty} u_t(p) =: u(p)$ である．十分に時間が経った後，ほぼ確実に集団は一方の遺伝子型で固定され，$u_t(p)$ は t に依存しなくなるはずである．つまり，$\lim_{t \to \infty} u_{t+1}(p) = \lim_{t \to \infty} u_t(p) = u(p)$ となる．そこで最初の式の両辺について $t \to \infty$ の極限をとると，$\lim_{t \to \infty} u_{t+1}(p) = \lim_{t \to \infty} \mathrm{E}_{\Delta p}\{u_t(p + \Delta p)\}$ となり，次の関係式が成り立つ．

$$u(p) = \mathrm{E}_{\Delta p}\{u(p + \Delta p)\}.$$

右辺を p についてテイラー展開すると，以下の関係式を得る．

$$u(p) = u(p) + u'(p)\mathrm{E}_{\Delta p}\{\Delta p\} + \frac{1}{2}u''(p)\mathrm{E}_{\Delta p}\{(\Delta p)^2\} + \cdots$$

ただし，$u'(p)$ は $u(p)$ の p に関する微分を表す．2 次までの展開で打ち切ると次のように書ける．

$$u'(p)\mathrm{E}_{\Delta p}\{\Delta p\} + \frac{1}{2}u''(p)\mathrm{E}_{\Delta p}\{(\Delta p)^2\} \simeq 0.$$

これ以上高次の項は，ここでは求めないが N^{-1} に関する高次の項であるため，十分に大きな N に対して無視できる．

このような一見特殊な方法で微分方程式を導いたのは，この式が確率過程論におけるコルモゴロフの後退方程式に対応することが背景にある．木村らは，この式のように，物理的な拡散過程を記述するのと同じ微分方程式を用いて，多くの関係式を導き出した．こうした導出法は一般に拡散理論と呼ばれている．

この式の左辺は 2 つの期待値（$\mathrm{E}_{\Delta p}\{\Delta p\}$ と $\mathrm{E}_{\Delta p}\{(\Delta p)^2\}$）からなる．この 2 つの期待値を計算する．集団の平均適応度が $\bar{s} = p(1+s) + (1-p) \cdot 1 = 1 + sp$ であることを使うと，第一項の $E_{\Delta p}\{\Delta p\}$ は，次のように近似できる．

$$\mathrm{E}_{\Delta p}\{\Delta p\} = \frac{p(1+s)}{\bar{s}} - p = \frac{sp(1-p)}{1+sp} \simeq sp(1-p) \quad (s \ll 1).$$

最後に s が十分に小さく，分母が 1 に近いとした．

次に第二項の期待値 $\mathrm{E}_{\Delta p}\{(\Delta p)^2\}$ を求める．分散に関する関係式 $\mathrm{V}(X) = \mathrm{E}\{X^2\} - (\mathrm{E}\{X\})^2$ より，$\mathrm{E}_{\Delta p}\{(\Delta p)^2\}$ は次のように書ける．

$$\begin{aligned}\mathrm{E}_{\Delta p}\{(\Delta p)^2\} &= \mathrm{V}(\Delta p) + (E_{\Delta p}\{\Delta p\})^2 \\ &\simeq \mathrm{V}(\Delta p) \quad (\text{if } (\mathrm{E}_{\Delta p}\{\Delta p\})^2 \ll \mathrm{V}(\Delta p)).\end{aligned}$$

この式において，$\mathrm{E}_{\Delta p}\{\Delta p\} = sp(1-p)$ であったことから，s が小さいとき，$(\mathrm{E}_{\Delta p}\{\Delta p\})^2$ は小さく，$\mathrm{E}_{\Delta p}\{(\Delta p)^2\} \simeq \mathrm{V}(\Delta p)$ となることが期待される．そこで，次に分散を求めてみる．Wright-Fisher モデルにおいて，次世代の分布は現世代の適応度と頻度の積の二項分布で決まる．たとえば，次世代に i 個体の遺伝子型 A がいる確率 p_i は次のように表せる．

$$p_i = {}_N\mathrm{C}_i \left\{ p \cdot \frac{1+s}{\bar{s}} \right\}^i \left\{ (1-p) \cdot \frac{1}{\bar{s}} \right\}^{N-i} \simeq {}_N\mathrm{C}_i p^i (1-p)^{N-i} \quad (s \ll 1).$$

ここから，次世代の個体数の分散を $\mathrm{V}(i)$ とすると，それは確率 p，試行回数 N の二項分布の分散であることがわかる．つまり $\mathrm{V}(i) = Np(1-p)$ である．独立事象の分散の性質 $\mathrm{V}(aX) = a^2\mathrm{V}(X)$ を使うと欲しい分散が求まる．

$$V(\Delta p) = V\left(\frac{i}{N} - E_{\Delta p}\{p\}\right)$$
$$= \frac{V(i)}{N^2}$$
$$= \frac{p(1-p)}{N} \quad (ただし\ s \ll 1).$$

これが $(E_{\Delta p}\{\Delta p\})^2$ より十分に大きい条件とは,

$$V(\Delta p) \gg (E_{\Delta p}\{\Delta p\})^2$$
$$\frac{p(1-p)}{N} \gg (sp(1-p))^2$$
$$\frac{1}{N} \gg s^2 > s^2 p(1-p) \quad (ただし\ s \ll 1).$$

となる. つまり, $s \ll 1/\sqrt{N}$ であれば, 任意の p で $V(\Delta p) \gg (E_{\Delta p}\{\Delta p\})^2$ となり, $E_{\Delta p}\{(\Delta p)^2\}$ は分散に近似できることがわかった.

以上により, 微分方程式は次のように近似できる.

$$u'(p)E_{\Delta p}\{\Delta p\} + \frac{1}{2}u''(p)V(\Delta p) \simeq 0 \quad (s \ll 1/\sqrt{N}).$$

この式の直感的な意味は, どちらの遺伝子型が固定するかが, 適応度に応じた決定論的な変化 $E(\Delta p)$ と, 遺伝的浮動による確率的な変化 $V(\Delta p)$ のバランスによって決まるということである.

期待値と分散を代入すると, $p(1-p)$ が消去できる. $f(p) = u'(p)$ として, 次の微分方程式を得る.

$$2Nsf(p) + f'(p) = 0.$$

これは, 変数分離法で解ける.

$$\frac{\mathrm{d}f}{f} = -2Ns\mathrm{d}p$$
$$\log f(p) = -2Nsp + C_0 \quad (C_0:積分定数)$$
$$f(p) = C_1 e^{-2Nsp} \quad (C_1:積分定数).$$

両辺 p で積分すると,

$$u(p) = C_1 \int^p e^{-2Nsx}\,\mathrm{d}x + C_2 = C_1 \frac{1-e^{-2Nsp}}{2Ns} + C_2 \quad (C_2:積分定数).$$

最後に，$u(0) = 0, u(1) = 1$ を使うと，$C_1 = 2Ns/(1 - e^{-2Ns})$, $C_2 = 0$ であることがわかる．
以上で遺伝子型 A が固定する確率を求めることができた．

$$u(p) \simeq \frac{1 - e^{-2Nsp}}{1 - e^{-2Ns}} \quad \left(s \ll \frac{1}{\sqrt{N}}\right). \tag{1}$$

とくに，A が新たに出現した有益変異である場合が重要である．つまり $p = 1/N$ のときの確率である．

$$\begin{aligned} u(1/N) &\simeq \frac{1 - e^{-2s}}{1 - e^{-2Ns}} \\ &\simeq \begin{cases} 2s & (s \ll 1 \ll Ns) \\ N^{-1} & (Ns \ll 1). \end{cases} \end{aligned} \tag{2}$$

これにより，固定確率の定性的なふるまいがわかる．たとえば，$Ns \gg 1$ のとき，分母が無視でき，N 依存性が失われ，固定確率は s に比例する．一方で，$Ns \ll 1$ のとき，N の値の変化が重要となる．前者は選択の効果が大きい場合，後者は遺伝的浮動の効果が大きい場合に相当し，集団遺伝学では Ns が選択圧の強さを表す指標として使われる．

なお，相対的適応度を $(1, 1-s')$ とする場合についても同様の議論から同じ式が導出できる．s' の方を使うことが一般的である．ただ，$s \ll 1$ さえ満たしていれば，s' と s はほぼ同じであり，どちらを使っても定性的な議論には問題ない．

参考文献

[1] Gillespie, Population genetics: a concise guide. JHU Press, 2004
[2] Kimura, *Genetics*, **47**(6), 713-719, 1962
[3] Ewens, Mathematical population genetics 1: Theoretical introduction. Springer Science & Business Media. chs. 4, 5., 2004

S2　一倍体集団における中立変異の固定時間——その1（2.4.3項の補足）

　集団サイズ N の集団において，中立な遺伝子型 A が固定する時間 T_N の期待値を求めたい．ここでは，初等的な計算で求まる合祖理論(coalescent theory)を用いたやや大雑把な導出を紹介する．前節と同様の議論からも求めることができるが，その議論を理解するのにはやや微分方程式への慣れが必要である．興味のある読者は，次節を参照されたい．この節では A が 1 個体のみの集団からの固定時間に限定して求めるが，そこでは，任意の初期頻度からの固定時間を求める．

　Wright-Fisher モデルにおいて集団中に新たに出現した中立な遺伝子型 A が集団中に広がる過程を図に示した（図2）．合祖理論は，現在時間から遡って，現在時刻の複数個体が共通の祖先を持つまでの時間や確率に着目する方法である．ここでは，A が固定した時間から遡って，現存する N 個体すべてが共通の祖先を持つまでの時間を求めることを通じて，固定時間 T_N の期待値を求める．

　まず，n 個体の進化の系譜をたどったときに，少なくとも1組の個体に共通祖先が見つかるまでに遡らなければいけない時間の期待値 $\mathrm{E}\{t_n\}$ を考える．Wright-Fisher モデルにおいて，親は毎世代重複ありでランダムに選ばれることを思い出そう．図の左下の 2 個体のように 1 世代前に 2 個体が共通祖先を持つ確率は，ある個体の親がもう一方の個体の親でもある確率，つまり $1/N$ である．逆に共通の親を持たない確率は $1 - 1/N$ である．同様に，ある時点において，集団中から任意の n 個体を選んだときに，いずれも直前の世代に共通祖先を持たない確率（つまりすべての個体が別の親から生まれた確率）を $P(n)$ とすると，

$$P(n) = \left(1 - \frac{1}{N}\right)\left(1 - \frac{2}{N}\right)\cdots\left(1 - \frac{n-1}{N}\right) = \prod_{i=1}^{n-1}\left(1 - \frac{i}{N}\right)$$

である．この式は，N が十分大きいとき，N^{-2} 以下の項を無視して，次のように近似できる．

$$P(n) \simeq 1 - \frac{n(n-1)}{2N} \quad (n \ll N).$$

　逆に言うと，n 個体を選んだときに，前の世代に共通祖先を持つ組が存在す

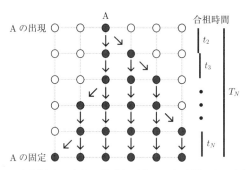

図 2 A が集団中に広がる様子と固定された時間からの合祖時間

る確率は次のように表せる.
$$P^c(n) = 1 - P(n) \simeq \frac{n(n-1)}{2N} \quad (n \ll N).$$
ちょうど Nt 世代に共通祖先が見つかる確率 $P\{t_n = Nt\}$ は,
$$\begin{aligned}
P\{t_n = Nt\} &= P(n)^{Nt} P^c(n) \\
&\simeq \left(1 - \frac{n(n-1)}{2N}\right)^{Nt} P^c(n) \\
&\simeq \exp\left(-\frac{n(n-1)}{2}t\right) P^c(n) \quad (\because N \text{は十分大きい}) \\
&= \exp\left(-P^c(n)Nt\right) P^c(n).
\end{aligned}$$

これは,指数分布である.$P\{t = x\} = \lambda \exp(-\lambda x)$ となる指数分布の期待値は $1/\lambda$ であるから,期待値が次のように求まる.
$$\mathrm{E}\{t_n\} = \frac{1}{P^c(n)} = \frac{2N}{n(n-1)}.$$

さて,今求めたいのは,N 個体の集団中で新たに出現した中立変異が固定するまでの時間である.これは,固定した時間から遡って,N 個体の子孫すべてが共通祖先を持つまでの時間の期待値である.まず n 個体すべての共通祖先が見つかる時間の期待値 $\mathrm{E}\{T_n\}$ を求める.これは,n 個体から一組ずつ共通祖先を見つけていくときの時間の和,すなわち,$i = n$ から $i = 2$ までの $\mathrm{E}\{t_i\}$ の和であるから,次のように求まる.

$$\mathrm{E}\{T_n\} = \sum_{i=2}^{n} \mathrm{E}\{t_i\} = \sum_{i=2}^{n} \frac{2N}{i(i-1)} = 2N \sum_{i=2}^{n} \left(\frac{1}{i-1} - \frac{1}{i}\right) = 2N\left(1 - \frac{1}{n}\right)$$
$(n \ll N)$.

ここで，最初に $n \ll N$ と仮定したものの，$n = N$ としてしまえば，固定時間 T_N の期待値が求まる．

$$\mathrm{E}\{T_N\} = 2N\left(1 - \frac{1}{N}\right) = 2N - 2. \tag{3}$$

図ではすべての $\mathrm{E}\{t_i\}$ を同じ長さで描いたが，実際は，$\mathrm{E}\{T_2\} = \mathrm{E}\{t_2\} = N$ であることからわかるように，固定までにかかった時間のほとんどは n が小さいときの和が占める．そのため，式 (3) において，$n \ll N$ を満たさない大きな n も含めて和を取ったが，その影響は無視できるほど小さい．実際，次節での拡散理論を使った固定時間の期待値と一致する．

また，同様に固定時間の標準偏差も求めることができる．ここでは割愛するが，指数分布の分散が λ^{-2} となることを使えば，十分大きい N について，$\mathrm{V}\{T_N\} \simeq (8 \cdot \frac{\pi^2}{6} - 12)N^2 \simeq 1.16N^2$，つまり，$\mathrm{SD}\{T_N\} \simeq 1.08N$ 程度の大きな標準偏差があることがわかる．固定時間は系統樹の根元にたどるまでの時間である．以上の結果から，現在の集団内の配列の比較からは $\mathrm{E}\{T_N\} + 2\mathrm{SD}\{T_N\} = 4.2N$ 世代程度より前の祖先について推定するのが難しいという示唆が得られる．詳細は，分子系統学の教科書を参照されたい．

参考文献

[1] Kingman, *Journal of Applied Probability*, **19**(A), 27-43, 1982
[2] Gillespie, *Population genetics: a concise guide*. JHU Press. pp. 38-42, 1998
[3] Yang, *Molecular Evolution: A Statistical Approach*. Oxford University Press. 308-315, 2014

S3　一倍体集団における中立変異の固定時間——その2（2.4.3項の補足）

　変異の固定確率 $u(p)$ を求めたときと同様の議論を用いて，Wright-Fisher モデルに従う集団サイズ N の集団における，中立な遺伝子型Aが固定する時間の期待値を求める．初期頻度を p としたとき，固定時間の期待値を $T(p)$ とする．前節では，$T(1/N)$ のみを求めたが，ここでは，任意の p について $T(p)$ を求める．

　まず，変異の固定確率 $u(p)$ を求めたときと同様に，$T(p)$ を期待値を使って表し直し，そこから微分方程式を導く．世代 t における頻度を p_t とおく．世代 t で i 個体が遺伝子型Aであったとき，その後の固定にかかる時間の期待値 $T(i/N)$ は，次の世代 $t+1$ で j 個体が遺伝子型Aになる確率と，そのようになった後の固定時間の期待値 $T(j/N)$ を使って，次のように表すことができる．

$$T(i/N) = \sum_{j=0}^{N} P(p_{t+1} = j/N \mid p_t = i/N \wedge p_\infty = 1) T(j/N) + 1$$

$$= \mathrm{E}_{\Delta p \mid A} \{T(j/N)\} + 1.$$

つまり，$T(i/N)$ は1世代かけて i 個体から j 個体に遺伝子型Aを持つ個体の数が変化した上で $T(j/N)$ をかけて固定される時間とみなすことができる．ただし，ここではAがいずれ固定する条件下，つまり $p_\infty = 1$ の条件下での条件付き確率を取ったことに注意する．$\Delta p := p_{t+1} - p_t$ として，この条件付き確率の下での期待値を $\mathrm{E}_{\Delta p \mid A}$ とおいた．

　$u(p)$ の導出と同様に，p でのテイラー展開を考える．

$$T(p) = \mathrm{E}_{\Delta p \mid A}\{T(p + \Delta p)\} + 1$$

$$= \mathrm{E}_{\Delta p \mid A}\{T(p) + \Delta p T'(p) + \frac{1}{2}(\Delta p)^2 T''(p) + \cdots\} + 1$$

$$= T(p) + \mathrm{E}_{\Delta p \mid A}\{\Delta p\} T'(p) + \frac{1}{2} \mathrm{E}_{\Delta p \mid A}\{(\Delta p)^2\} T''(p) + \cdots + 1$$

$$\simeq T(p) + \mathrm{E}_{\Delta p \mid A}\{\Delta p\} T'(p) + \frac{1}{2} \mathrm{V}_{\Delta p \mid A}(\Delta p) T''(p) + \cdots + 1$$

$$(\text{if } (\mathrm{E}_{\Delta p \mid A}\{\Delta p\})^2 \ll \mathrm{V}_{\Delta p \mid A}(\Delta p)).$$

最後の近似は $u(p)$ の導出と同様，分散の定義からきている．

つぎに，期待値 $\mathrm{E}_{\Delta p|A}\{\Delta p\}$ と分散 $\mathrm{V}_{\Delta p|A}(\Delta p)$ を求めたい．$u(p)$ の導出のときの遷移確率 $P(p \to p+\Delta p)$ であれば，いまは中立変異を考えているので，確率 $p=i/j$，試行回数 N の二項分布に従う．つまり，

$$P(p_{t+1}=j/N|p_t=i/N) = {}_N\mathrm{C}_j (i/N)^j (1-i/N)^{N-j}$$

である．しかし，今は $p_\infty=1$ の条件下での確率を考えなければならない．これは一見複雑そうに感じるが，これから示すように直感的な理解が可能な式として表せる．

条件付きの遷移確率と上の二項分布の関係を理解するために，次のように変形する．見やすさのために，$I: p_t=i/N$，$J: p_{t+1}=j/N$，$A: p_\infty=1$ とした．

$$\begin{aligned}
P(p_{t+1}{=}j/N|p_t{=}i/N \wedge p_\infty{=}1) &= P(J|I\wedge A) \\
&= \frac{P(J\wedge I\wedge A)}{P(I\wedge A)} \quad (\because 条件付き確率の定義) \\
&= \frac{P(J\wedge I\wedge A)}{P(J\wedge I)}\frac{P(J\wedge I)}{P(I)}\frac{P(I)}{P(I\wedge A)} \\
&= P(A|J\wedge I)P(J|I)/P(A|I) \\
&= P(A|J)P(J|I)/P(A|I) \quad (\because p_{t+1} が決まれば，p_\infty は p_t によらない) \\
&= P(p_{t+1}{=}j/N|p_t{=}i/N)\ u(j/N)/u(i/N).
\end{aligned}$$

ここで，初期状態で i 個体が遺伝子型 A であるときに A が最終的に固定する確率 $u(i/N)$ がでてくる．これは，式 (1) で求めた確率である．$p=i/N$ を代入して，

$$u(i/N) = \frac{1-e^{-2si}}{1-e^{-2sN}} \xrightarrow{s \to 0} \frac{i}{N} \quad (\because e^{-x} \xrightarrow{x\to 0} 1-x)$$

である．

以上で，条件付きの遷移確率が求まる．

$$\begin{aligned}
P(p_{t+1}=j/N|p_t=i/N \wedge p_\infty=1) &= \left[{}_N\mathrm{C}_j(i/N)^j(1-i/N)^{N-j}\right]\frac{j}{N}\bigg/\frac{i}{N} \\
&= {}_{N-1}\mathrm{C}_{j-1}\left(\frac{i}{N}\right)^{j-1}\left(1-\frac{i}{N}\right)^{N-j} \\
&\quad \left(\because {}_N\mathrm{C}_j := \frac{N!}{j!(N-j)!}\right).
\end{aligned}$$

これは，次のように解釈できる．次世代に遺伝子型 A が j 個体選ばれることを考えるわけだが，$p_\infty = 1$ であるので，A を絶滅させてはいけない．この式は，A がいずれ固定する条件下で次世代に j 個体選ばれる確率（左辺）と，まずは 1 個体の A は確保した上で残りの $N-1$ 個体の中から $j-1$ 個体が選ばれる確率（右辺）とが等しいことを表している．

これで期待値と分散を求める準備が整った．まず，期待値は，
$$\mathrm{E}_{\Delta p|A}\{\Delta p\} = \left(1 + \frac{i}{N}(N-1)\right)/N - \frac{i}{N} = \frac{1 - i/N}{N} = \frac{1-p}{N}$$
と求まる．1 つ目の等式のカッコ内の項は，絶滅しないように確保した 1 個体と，残りの $N-1$ 個体直前の世代での頻度 $p = i/N$ に従って選んだときの平均個体数である．分散については $u(p)$ を求めたのと同様に考えると，
$$\mathrm{V}_{\Delta p|A}(\Delta p) = \frac{p(1-p)}{N-1} \simeq \frac{p(1-p)}{N}$$
を得る．ただし，今は N 個体ではなく，実質 $N-1$ 個体から選ぶのに相当する分散である．そのため $N-1$ が出てくるが，十分に大きい N に対しては N として近似できる．$u(p)$ の導出と同じ議論から $N \gg 1$ であれば，$(\mathrm{E}_{\Delta p|A}\{\Delta p\})^2 \ll \mathrm{V}_{\Delta p|A}(\Delta p)$ という近似が正当化される．

これを代入して，次の微分方程式を得る．
$$T(p) = T(p) + \frac{1-p}{N}T'(p) + \frac{1}{2}\frac{p(1-p)}{N}T''(p) + \cdots + 1$$
$$\therefore \quad (1-p)T'(p) + \frac{1}{2}p(1-p)T''(p) \simeq -N \quad (N \gg 1).$$

ここで，無視した項は $\mathrm{E}(\Delta p^3)$ などの高次の項である．N^{-2} 以下のオーダーであり，十分大きい N に対して無視できる．

この微分方程式は定数変化法で解ける．定数変化法はまず右辺を 0 とみなした簡略化した微分方程式の解を求め，その積分定数を関数だとみなして解き直して積分を求める解法である．まず，右辺を 0 とし，微分方程式の両辺を $(1-p)$ で割り，$T'(p)$ を $a(p)$ とおいて簡略化した次の微分方程式を解く．

$$a(p) + \frac{p}{2}\frac{\mathrm{d}a}{\mathrm{d}p} = 0$$

$$-2\frac{\mathrm{d}p}{p} = \frac{\mathrm{d}a}{a}$$

$$\log a = -2\log p + C_1 \quad (C_1 : \text{積分定数})$$

$$a(p) = C_2 p^{-2} \quad (C_2 : \text{積分定数}).$$

つぎに，積分定数であった C_2 を関数 $C(p)$ とみなして元の微分方程式を解く．つまり $T'(p) = b(p) = C(p)p^{-2}$ とおいて，$C(p)$ を求める．

$$(1-p)C(p)p^{-2} + \frac{1}{2}p(1-p)\{C(p)p^{-2}\}' = -N$$

$$\frac{(1-p)C'(p)}{2p} = -N$$

$$\mathrm{d}C = -2N\frac{p}{1-p}\mathrm{d}p$$

$$C(p) = 2N\left(p + \log(1-p)\right) + C_3$$

$$(C_3 : \text{積分定数}).$$

よって，積分して，$T(p)$ は次のように求まる．

$$\begin{aligned}
T(p) &= \int^p b(x)\,\mathrm{d}x \\
&= \int^p C(x)x^{-2}\,\mathrm{d}x \\
&= 2N\int^p \left(x^{-1} + x^{-2}\log(1-x) + C_3 x^{-2}\right)\mathrm{d}x \\
&= 2N\left\{\log p - \frac{\log(1-p)}{p} - \int^p \frac{\{\log(1-x)\}'}{x}\mathrm{d}x - C_3 p^{-1}\right\} + C_4
\end{aligned}$$

（∵ 部分積分）

$$= 2N\left\{\log p - \frac{\log(1-p)}{p} - \int^p \left(\frac{1}{x} + \frac{1}{1-x}\right)\mathrm{d}x - C_3 p^{-1}\right\} + C_4$$

（∵ 部分分数分解）

$$= 2N\left(-p^{-1}(1-p)\log(1-p) - C_3 p^{-1}\right) + C_4$$

最後に積分定数を求める．まず，

$$T(1) = \lim_{p\to 1} T(p) = -2NC_3 + C_4 = 0 \quad (\because x\log x \xrightarrow{x\to 0} 0)$$

である．また，p が小さかったとしても，固定される時間が無限にかかるとは考えにくい．そこで，$\lim_{p \to 0} T(p)$ が有限であることを要請する．

$$-p^{-1}(1-p)\log(1-p) \xrightarrow{p \to 0} 1 \quad (\because -\frac{\log(1-p)}{p} \xrightarrow{p \to 0} 1)$$

であることから，

$$T(0) < \infty \Rightarrow C_3 = 0$$

である必要がある．よって，$C_4 = 0$ であり，すべての積分定数が消える．

以上より，固定時間の期待値の解は次のように求まった．

$$T(p) = -2Np^{-1}(1-p)\log(1-p) \quad (N \gg 1). \tag{4}$$

とくに，

$$T(1/N) \simeq 2N - 2 \quad (\because \log(1-x) \simeq -x \text{ if } |x| \ll 1) \tag{5}$$

$$T(1/2) = 2N\log 2 \simeq 1.4N \tag{6}$$

$$T(1 - 1/N) \simeq 2\log N \tag{7}$$

である．$T(1/N)$ は前節で求めた結果と一致する．

参考文献

[1] Kimura and Ohta, *Genetics*, **61**(3), 763-771, 1969
[2] Ewens, Mathematical population genetics 1: Theoretical introduction. Springer Science & Business Media. 92-94, 2004

S4 一倍体集団における有益変異の固定時間

次に適応度に差がある場合，とくに有益変異が固定する時間を求める．集団サイズ N の集団に，2つの遺伝子型 A と a があり，それぞれの適応度を $1+s$ と 1，時間 $T = 0$ における頻度を p と $1-p$ とする．拡散理論を使った一般的な近似解は次のように複雑な式であまり理解の助けにならない (Ewens 2004, p.169).

$$t(p) = N\left\{\int_0^p t^*(x;p)\,\mathrm{d}x + \int_p^1 t^*(x;p)\,\mathrm{d}x\right\}.$$

ただし，$\alpha = 2Ns$ として，

$$t^*(x;p) = \begin{cases} \frac{2e^{-\alpha x}\left\{1-e^{-\alpha(1-p)}\right\}(e^{\alpha x}-1)^2}{\alpha x(1-x)(1-e^{-\alpha})(e^{\alpha p}-1)} & (0 \le x \le p) \\ \frac{2(e^{\alpha x}-1)\left\{e^{\alpha(1-x)}-1\right\}}{\alpha x(1-x)(e^{\alpha}-1)} & (p \le x \le 1) \end{cases}.$$

ここでは $1 \ll Ns$，つまり遺伝的浮動の効果が自然選択に比べてほぼ無視できると仮定して，導出する．

遺伝子型 A の時間 t における頻度を p_t とする．十分小さい $s\Delta t$ において，Δt 後の頻度は，次のように変化する．

$$p_{t+\Delta t} = \frac{p_t \cdot e^{s\Delta t}}{p_t \cdot e^{s\Delta t} + (1-p_t) \cdot 1} \simeq \frac{p_t \cdot (1+s\Delta t)}{1+sp_t\Delta t},$$

$$\therefore \Delta p = p_{t+\Delta t} - p_t \simeq s\Delta t \cdot \frac{p_t(1-p_t)}{1+s\Delta t \cdot p_t\Delta t} \simeq s\Delta t p_t(1-p_t)$$

$$\frac{\Delta p}{\Delta t} \simeq sp_t(1-p_t) \quad (s\Delta t \ll 1).$$

ここで，$\Delta t \to 0$ として，微分方程式を立てる．

$$\frac{\mathrm{d}p}{\mathrm{d}t} = sp(1-p). \tag{8}$$

これはロジスティック方程式である．頻度の変化率が適応度と頻度の分散とに比例することがわかる．

この方程式の解は，次のように解ける．

$$\frac{\mathrm{d}p}{p(1-p)} = s\mathrm{d}t.$$

$$\therefore \log\left(\frac{p}{1-p}\right) = st + C \quad (C: \text{積分定数}).$$

ここで，初期値を p_0 とすると，

$$C = \log\left(\frac{p_0}{1-p_0}\right).$$

ここで知りたいのは時間であるから t について解くと，

$$t = s^{-1}\log\left(\frac{p}{1-p} \cdot \frac{1-p_0}{p_0}\right) \quad (1 \ll Ns). \tag{9}$$

ところが，ここで $p=1$ となる時間を求めるために $p=1$ と代入して t を求めると，右辺が発散してしまう．原因は，式 (8) の微分方程式において，$p \simeq 1$ では右辺が 0 になり，自然選択が働かないためである．このことから，$p \simeq 1$ 付近では，浮動が支配的であると考えられる．

そこで，固定時間 $\bar{t}$ を $p=1/N$ から $p=1-1/N$ までの時間 $\bar{t}_s$ (選択) と残りの $\bar{t}_d$ (浮動) に分けて考える．

まず，$\bar{t}_s$ について考える．これは $p_0=1/N, p=1-1/N$ を式 (9) に代入して求まる．

$$\bar{t}_s = s^{-1} \log \left(\frac{1-1/N}{1/N} \frac{1-1/N}{1/N} \right) = 2s^{-1} \log(N-1) \simeq 2s^{-1} \log N \quad (1 \ll N). \tag{10}$$

一方で，$\bar{t}_d$ は非常に短い．浮動を考えるので，A が中立変異であると仮定する．すでに集団中の $N-1$ 個体を占める中立変異が固定するのに要する時間の期待値は，前節の式 (7) から，$\bar{t}_d = T(1-1/N) \simeq 2 \log N$ である．

以上より，有益変異が固定する時間は，適応度差 s に反比例し，$\log N$ のオーダーで増加することがわかった．

$$\bar{t} \simeq \bar{t}_s + \bar{t}_d \simeq 2(s^{-1}+1) \log N \quad (1 \ll N, Ns) \tag{11}$$

$$\simeq 2s^{-1} \log N \quad (s \ll 1 \ll Ns). \tag{12}$$

このように N のオーダーの時間がかかる中立変異と比べ，有益変異は素早く固定されうる．

ここでの議論は A と a を逆にしても成立する．これは，一見直感に反するが，有害変異の固定時間が中立変異と比べて長くなるどころか，むしろ有益変異同様に短くなるということである．原因は，導出の過程で遺伝型が固定されることを仮定したことにある．適応度 $1-s$ の有害変異において，$1 \ll Ns$ より，$u(1/N) = \frac{e^{2s}-1}{e^{2Ns}-1} \simeq 0$ であり，$p=1/N$ から固定されることはほぼありえない．しかし，まれに遺伝的浮動によって固定されうる．その場合，自然選択に打ち勝つだけ速く頻度を増加させていた必要があり，有益変異と同様，短い時間で固定される．

参考文献

[1] Crow and Kimura, An introduction to population genetics theory. Harper & Row, 190-193, 1970
[2] Maruyama and Kimura, *Evolution*, **28**(1), 161-163, 1974
[3] Ewens, Mathematical population genetics 1: Theoretical introduction. Springer Science & Business Media. 169, 2004

S5　プライス方程式の導出

　表現型と適応度の異なる個体を含む集団において，特定の表現型（形質）の集団平均は世代を経るにつれてどのように変化していくだろうか？ これを表すのがプライス方程式である．ここではプライス方程式の導出を行う．

　ある生物集団を考える．集団内の個体はたとえば遺伝型の違いによりいくつかのタイプ i ($i=1,2,3,\ldots$) に分けられるとしよう．タイプ i の頻度を p_i，タイプ i の持つ量的形質（形質の中でも数字で表されるもの，たとえば体重や協力性の強さなど）を x_i，適応度（次世代に残す子孫の数）を w_i とする．このとき，集団全体の形質の平均値 $\bar{x}$ が 1 世代後にどう変わるかを求めたい．

　まず，集団の個体数を N として，1 世代後のタイプ i の個体数が $w_i N p_i$，総個体数は $\Sigma_i w_i N p_i$ になることから，1 世代後の集団中のタイプ i の頻度 p'_i は，次のように表せる．

$$p'_i = \frac{w_i N p_i}{\Sigma_i w_i N p_i} = \frac{w_i p_i}{\bar{w}} \quad \text{（集団の平均適応度: } \bar{w} = \Sigma_i w_i p_i \text{）}.$$

　次に 1 世代後のタイプ i の形質 x_i の変化を考える．今，タイプの違いを遺伝型の違いだと考えると，基本的には 1 世代後でも同じ遺伝型を持つ個体の形質は変わらないだろう．つまり，1 世代後のタイプ i の形質を x'_i とすると，$x'_i = x_i$ となる．しかし，もう少し違うケースとして，自然選択以外の効果，たとえば環境が変化することによって同じ遺伝型でも形質が変わるケースも考慮しておきたい．こうした環境変化など自然選択以外による世代当たりの形質の変化量を Δx_i とおくと，1 世代後の形質は $x'_i = x_i + \Delta x_i$ と書ける．このとき，次世代の集団の平均形質 $\bar{x}'$ は，次のように表せる．

$$\bar{x}' = \sum_i p'_i x'_i$$
$$= \sum_i \frac{w_i p_i}{\bar{w}} (x_i + \Delta x_i)$$
$$= \sum_i p_i x_i (w_i/\bar{w}) + \sum_i p_i (w_i/\bar{w}) \Delta x_i.$$

以上から最初に求めたかった 1 世代後の集団の平均形質の変化 $\Delta \bar{x}$（上で使った Δx_i とは違うものなので注意）は次のように書ける．

$$\Delta \bar{x} = \bar{x}' - \bar{x} \tag{13}$$
$$= \left\{ \sum_i p_i x_i w_i/\bar{w} + \sum_i p_i (w_i/\bar{w}) \Delta x_i \right\} - \sum_i p_i x_i \tag{14}$$
$$= \sum_i p_i x_i (w_i/\bar{w} - 1) + \sum_i p_i (w_i/\bar{w}) \Delta x_i \tag{15}$$
$$= \bar{w}^{-1} \left(\mathrm{Cov}(x, w) + \mathrm{E}[\Delta x w] \right). \tag{16}$$

これがプライス方程式である．ただし，それぞれの項の記号は次を意味する．

$$\text{共分散:} \quad \mathrm{Cov}(x, w) = \sum_i p_i (x_i - \bar{x})(w_i - \bar{w})$$
$$\text{期待値:} \quad \mathrm{E}[\Delta x w] = \sum_i p_i \Delta x_i w_i.$$

共分散は，x と w が同じ向きにばらつくときに大きくなる量で，一般に，

$$r_{xw} = \frac{\mathrm{Cov}(x, w)}{\sqrt{\mathrm{V}(x) \mathrm{V}(w)}} \quad (\mathrm{V} : \text{分散})$$

のように 2 つの変数 x, w の相関関係の強さを示す相関係数 r_{xw} と比例する量である．なお上式の最後の変形で，共分散について一般に次が成り立つことを用いた．

$$\mathrm{Cov}(x, w) = \sum_i p_i (x_i - \bar{x})(w_i - \bar{w}) = \sum_i p_i x_i (w_i - \bar{w}) - \bar{x} \sum_i p_i (w_i - \bar{w})$$
$$= \sum_i p_i x_i (w_i - \bar{w}). \tag{17}$$

プライス方程式は，形質の進化を理解するための基本的な式である．第一項は，ある量的形質を強く持つタイプほど適応度が高いとき，その形質が強くな

る方向に集団が変化するということを示している．また，第二項は，あるタイプの平均形質が自然選択以外の方法で変化するとき，次世代におけるその変化度合いは，そのタイプの適応度が高いほど大きくなることを示している．

言葉にすると当たり前であるが，このように進化の要因を自然選択とそれ以外に分けることで，進化のメカニズムが理解しやすくなる．なお，プライス方程式における量的形質 x を適応度 w で置き換えると 1.6 節で紹介したフィッシャーの自然選択の基本定理が出てくる．

S6　ハミルトン則のプライス方程式による表現

血縁選択のもとでは，協力関係が進化する条件はハミルトン則 ($r > c/b$) で与えられる．ここでは，ハミルトン則がプライス方程式から自然と導かれることを示す．また，血縁度 r が，回帰係数という量として厳密に定義できることを示す．

ここで協力度合いの異なる個体を含む集団を考える．各個体の適応度を w とし，各個体の量的形質として協力度合い x を扱う．この x とは，個体の協力性を数値で表したもので，たとえば本文中で使った協力的な個体 C であれば 1，非協力的な個体 D であれば 0 をとるものである．ある個体の適応度 w は，その個体の協力度合い x とその個体自身を含めその個体と相互作用する個体の平均的な協力度合い $\bar{X}$ の 2 つの要因で決まるとする．このとき，ある個体の適応度は，他個体の協力によってその個体の適応度が上がる度合い (b) と，その個体が協力することのコスト ($-c$) を使って次のように表せる．ただし，w_0 は協力関係に依存しない基準となる適応度である．

$$w = w_0 + b\bar{X} - cx. \tag{18}$$

ここで各個体の協力度合いは，完全に遺伝し，環境変化など自然選択以外の効果では変わらない場合を考える（すなわちプライス方程式の第二項の $\Delta x = 0$）．プライス方程式（式 (16)）の w に上式を代入すると，次のように共分散を 2 つの項に分けることができる．

$$\bar{w}\Delta\bar{x} = \mathrm{Cov}(x,w) = b\mathrm{Cov}(x,\bar{X}) - c\mathrm{V}(x) > 0 \quad (\because\ \mathrm{Cov}(x,x) = \mathrm{V}(x))$$

ここで，

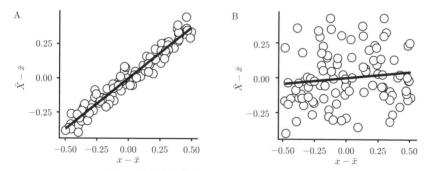

図 3 血縁度を定義づける回帰係数のイメージ

各点は集団からランダムに選んだ個体に対応する.横軸は選んだ個体の協力度 (x) の集団平均 ($\bar{x}$) からの差.縦軸はその個体と相互作用する個体の協力度の平均 ($\bar{X}$) の集団平均からの差を示す.回帰係数は散布点に最もよく合う直線の傾きである.相関係数との関係を強調するため,2 つの図での分散を揃えた.A のように,個体の協力度が高いときにその個体と相互作用する個体の平均適応度が高くなる関係が見られることを血縁度が高いという.

とおくと,

$$r := \frac{\mathrm{Cov}(x, \bar{X})}{\mathrm{V}(x)} \tag{19}$$

$$r > \frac{c}{b} \tag{20}$$

というよく知られたハミルトン則が得られる.

この r の定義の右辺は,x に対する $\bar{X}$ の回帰係数 ($\beta_{\bar{X},x}$) と呼ばれる量に一致する(詳細は統計の教科書などを参照されたい).回帰係数とは,下の変形からわかるように相関係数 $r_{x\bar{X}}$(血縁度と同じ r という文字だが,別物なので注意)と比例する量であり,$\bar{X}$ と x の関係の強さ,とくに x が変化したときに平均的にどれほど $\bar{X}$ が変化するかを示す量である(図 3).

$$\beta_{\bar{X},x} = \frac{\mathrm{Cov}(x, \bar{X})}{\mathrm{V}(x)} = r_{x\bar{X}} \cdot \sqrt{\frac{\mathrm{V}(\bar{X})}{\mathrm{V}(x)}}.$$

無作為に相互作用が起きている集団であれば,$\mathrm{V}(\bar{X}) = \mathrm{V}(x)$ であり,血縁度は相関係数そのものである.

このように,プライス方程式を変形してハミルトン則を導出すると血縁度を厳密に定義できる.この定義によれば,血縁度とは単に血縁関係が近いことを意味するのではなく,ある個体とその個体と相互作用する個体間で協力度など

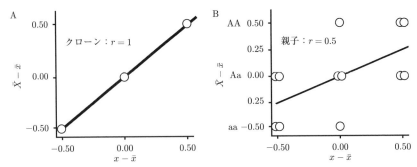

図 4 単純な仮定の下では，血縁関係の強さ（文字通りの血縁度）と回帰係数の意味での血縁度は一致する．協力遺伝子 A には対立遺伝子 A と a があり，協力度が $x_{AA} = 1$, $x_{Aa} = 0.5$, $x_{aa} = 0$ であるとする．また，集団中の A と a は同じ頻度だと仮定し，平均協力度は $\bar{x} = 0.5$ であると仮定する．A. クローンでは傾きが 1 になる．B. 一方，親子では傾きが 0.5 になる．ただし，B では親 1 個体から子供 4 個体が生まれるときに期待される子孫遺伝子型の数だけ点を打った．

の形質がどれほど相関しているかを示す量である．

このプライス方程式から出てくる回帰係数としての血縁度と，文字通り血縁関係の近さから求める血縁度は単純な状況下では一致する．たとえば，ある二倍体生物がいて，その協力度が両親から受け継ぐ x の平均で決まるとする．また，次世代が受け継ぐ遺伝子は，親集団の頻度に比例してランダムに選ばれるとする．このとき，血縁関係が近いほど（つまり文字通りの血縁度が高いほど）同じ遺伝子を持っている可能性が高くなるため，相互作用する相手が自分と同じ協力性を持っている程度（つまり回帰係数としての血縁度）も高くなると期待できる．具体的な例を挙げると，一卵性双生児のような完全に遺伝子を共有するクローン（つまり文字通りの血縁度が 1）では，$\bar{X} = x$ であるから，回帰係数としての血縁度は $r = \frac{\mathrm{Cov}(x,\bar{X})}{\mathrm{V}(x)} = \mathrm{V}(x)/\mathrm{V}(x) = 1$ である．また，親子（文字通りの血縁度は 1/2）を考えると，$\bar{X} = (x + \bar{x})/2$ であるから，回帰係数としての血縁度は $r = \frac{\mathrm{Cov}(x,(x+\bar{X})/2)}{\mathrm{V}(x)} = \mathrm{V}(x)/2\mathrm{V}(x) = 1/2$ である（図 4）．

以上のように，血縁選択とは，個体を単位とした進化の条件を示すプライス方程式における協力形質 x と適応度 w の共分散を，直接的なコストと集団を介した間接的な利益に分解する枠組みである．そして，血縁関係を示す量だった血縁度 r は，プライス方程式を変形して出てくる回帰係数として厳密に定義し直すことができる．

S7　グループ選択についての補足

グループ選択のプライス方程式による表現

ここでは血縁選択と同様に，グループ選択によって協力性が維持される条件もプライス方程式を使って表現できることを紹介する．このことは，進化を駆動する分散を切り分ける手法である点で，血縁選択とグループ選択が同質であることを示している．また，この形式的な同質性のみならず，条件次第では，どちらの視点に立っても同じ協力関係の進化条件が導けることを示す．

ここで複数のグループに分かれている生物の集団を考える．各個体は協力度合いを示す量的形質 x と適応度 w を持つ．各個体がどのグループに属するかはラベル i で表現し，各グループ内の個体は協力度合いに応じて j で表す異なるタイプに分類する．すなわちグループ i に属するタイプ j の個体の協力度合いは x_{ij}，適応度は w_{ij} と表す．

まず，ある1つのグループを1つの集団とみなして，グループ内での選択についてプライス方程式を当てはめる．プライス方程式とは，1世代後の量的形質の平均変化量 $\Delta \bar{x}$ を以下のように x と w の共分散と自然選択以外による形質の変化 Δx と w の積の平均値で表すものであった．

$$\Delta \bar{x} = \bar{w}^{-1}(\mathrm{Cov}(x, w) + \mathrm{E}[\Delta x w]).$$

グループ i 内の個体の平均協力度を $\bar{x}_i$，平均適応度を $\bar{w}_i$ とし，また，自然選択以外による形質の変化はないものとし（つまり，$\Delta x = 0$）2項目は無視すると，1世代後でのこのグループ内の平均協力度の変化（$\Delta \bar{x}_i$）はプライス方程式から次のように表せる．

$$\Delta \bar{x}_i = \bar{w}_i^{-1} \mathrm{Cov}(x_i, w_i).$$

さらに，グループ i のタイプ j の個体の協力度と適応度のグループ内平均からの差をそれぞれ $\Delta_g x_{ij} = x_{ij} - \bar{x}_i$，$\Delta_g w_{ij} = w_{ij} - \bar{w}_i$ とする．世代間の差を表す Δ と区別し，グループ平均からの差であることを強調するため，g を添え字につけた．共分散の性質から（式 (17)），上式は次のように書き換えることができる．

$$\Delta \bar{x}_i = \bar{w}_i^{-1} \mathrm{Cov}(\Delta_g x_i, \Delta_g w_i).$$

次にグループを1つの個体と見立てて，グループ間での選択にプライス方程式をあてはめる．つまり，下記のようにプライス方程式の右辺第一項は，各グループの平均形質 $\bar{x}$ と平均適応度 $\bar{w}$ の共分散となり，グループ間選択を表現する．右辺第二項の Δx には，「グループ間の自然選択」以外の影響として，先ほど求めたグループ内選択の結果 $\Delta \bar{x}_i$ を代入し（こちらも自然選択の結果ではあるものの，今考えているグループ間自然選択ではないため第二項にいれるべきものである），グループ内選択を表現する．

$$\Delta \bar{x} = \bar{w}^{-1} \left(\mathrm{Cov}(\bar{x}, \bar{w}) + \mathrm{E}[\mathrm{Cov}(\Delta_g x, \Delta_g w)] \right) > 0 \tag{21}$$

ただし，今はグループを個体とみなしているので，第二項の期待値はグループの相対的な大きさ p_i によって重み付けされた平均である．x が協力的な形質だとすると，この $\Delta \bar{x}$ が 0 より大きくなることが，グループ選択によって協力性が維持される条件である．

この意味をわかりやすくするためにもう少し変形してみる．$\beta_{XY} = \mathrm{Cov}(X, Y)/\mathrm{V}(Y)$ であることを使って上式を変形すると，

$$\Delta \bar{x} \bar{w} = \mathrm{Cov}(\bar{x}, \bar{w}) + \mathrm{E}[\mathrm{Cov}(\Delta_g x, \Delta_g w)] = \beta_{\bar{w}, \bar{x}} \mathrm{V}(\bar{x}) + \mathrm{E}[\beta_{\Delta_g w, \Delta_g x} \mathrm{V}(\Delta_g x)] > 0$$

を得る．ここで $\beta_{\Delta_g w, \Delta_g x}$ が定数だとすると（実際に後でこれが $-c$ となる場合を扱う），

$$\beta_{\bar{w}, \bar{x}} \mathrm{V}(\bar{x}) + \beta_{\Delta_g w, \Delta_g x} \mathrm{E}[\mathrm{V}(\Delta_g x)] > 0 \tag{22}$$

を得る．さらに両辺を $\mathrm{E}[\mathrm{V}(\Delta_g x)] \beta_{\bar{w}, \bar{x}}$ で割ると，

$$\frac{\mathrm{V}(\bar{x})}{\mathrm{E}[\mathrm{V}(\Delta_g x)]} > \frac{-\beta_{\Delta_g w, \Delta_g x}}{\beta_{\bar{w}, \bar{x}}} \quad (\text{ただし，} \mathrm{E}[\mathrm{V}(\Delta_g x)] \neq 0)$$

である．

この式は次のように解釈できる．

$$\frac{\text{グループ間の選択の強さ}}{\text{グループ内の選択の強さ}} > \frac{\text{協力的な個体がグループ内の選択で不利になる度合い}}{\text{協力的な個体が多いグループの適応度が他のグループに比べて上がる度合い}}$$

左辺の分散が選択の強さを表すのは，プライス方程式を思い出すとわかる．なぜなら，プライス方程式において，自然選択の効果のみに着目すると，$\bar{w} \Delta x = \mathrm{Cov}(x, w) + 0 = \beta_{w, x} \mathrm{V}(x)$ であり，分散の大きさと世代当たりの自

然選択による形質の変化の大きさは比例するからである．上式の左辺の解釈としては，分子であるグループ選択の強さが大きく，分母であるグループ内の選択の強さが小さいほど協力が維持されやすいということになる．一方で右辺の分子は，グループ内での個体の協力性と適応度との回帰係数にマイナス記号をつけたものである．この回帰係数はたいてい負の値をとる．つまり，協力性の高い個体ほど，協力のコストを払うのでグループ内では適応度が低い傾向にある．これを解釈すると，協力のコストが小さいほど協力が維持されやすくなることを意味する．また，右辺の分母は，各グループの平均協力度と適応度との回帰係数であり，協力的な個体が集まったグループで適応度の上昇が大きいほど協力が維持されやすいことを意味している．

S8　グループ選択から血縁選択と同じ協力進化の条件を導く

実は，2つの回帰係数 $\beta_{\bar{w},\bar{x}}$ と $\beta_{\Delta_g w, \Delta_g x}$ は，単純な仮定の下，血縁選択で導入した協力の利得 b とコスト c を使って表すことができる．そうしたとき，グループ選択の条件式（式 (22)）が，ハミルトン則（式 (20)）と同じ条件を導くことを示す．

血縁選択でも仮定したように（式 (18)），個体の適応度 w_{ij} がグループ内の平均協力度 $\bar{x}$ とその個体の協力度 x の2つの要因で決まるとすると，次のように書ける．

$$w_{ij} = w_0 + b\bar{x}_i - cx_{ij}.$$

ただし，w_0 は協力関係に依存しない基準となる適応度である．次にこの式を使って，グループ i の適応度の平均値 $\bar{w}_i$ を求める．グループ i に属するタイプ j の個体の頻度を p_{ij} とし，すべてのグループを含めた全個体数に対するグループ i に属する個体の比率を p_i とする（つまり $\Sigma_j p_{ij} = p_i$）と，グループ i の適応度の平均値は以下のようになる．

$$\bar{w}_i = \Sigma_j \frac{p_{ij}}{p_i} w_{ij} = w_0 + b\bar{x}_i - c\sum_j \frac{p_{ij}}{p_i} x_{ij}$$

$$\therefore \quad \bar{w}_i = w_0 + (b-c)\bar{x}_i.$$

ここで，式 (22) に出てくるグループ間の回帰係数について，$\beta_{\bar{w},\bar{x}} = \mathrm{Cov}(\bar{w},\bar{x})/\mathrm{V}(\bar{x})$ の共分散の $\bar{w}$ に上式の $\bar{w}_i$ を代入すると，

$$\beta_{\bar{w},\bar{x}} = \frac{\mathrm{Cov}(\bar{w},\bar{x})}{\mathrm{V}(\bar{x})} = b - c$$

と求まる．ただし，$\mathrm{Cov}(w_0, \bar{x}) = 0$ であることを用いた．

次にグループ内の回帰係数を計算する．$\beta_{\Delta_g w, \Delta_g x} = \mathrm{Cov}(\Delta_g w, \Delta_g x)/\mathrm{V}(\Delta_g x)$ の共分散の $\Delta_g w$ に $\Delta_g w_{ij} = w_{ij} - \bar{w}_i = -c x_{ij}$ を代入すると，

$$\beta_{\Delta_g w, \Delta_g x} = -c\frac{\mathrm{V}(\Delta_g x)}{\mathrm{V}(\Delta_g x)} = -c$$

を得る．

求まった回帰係数を，元のグループ選択の条件式（式 (22)）に代入すると，

$$\beta_{\bar{w},\bar{x}}\mathrm{V}(\bar{x}) + \beta_{\Delta_g w, \Delta_g x}\mathrm{E}[\mathrm{V}(\Delta_g x)] = (b-c)\mathrm{V}(\bar{x}) - c\mathrm{E}[\mathrm{V}(\Delta_g x)]$$
$$= b\mathrm{V}(\bar{x}) - c(\mathrm{V}(\bar{x}) + \mathrm{E}[\mathrm{V}(\Delta_g x)]) > 0$$

である．ここで，

$$\begin{aligned}
\mathrm{E}[\mathrm{V}(\Delta_g x)] &= \sum_i p_i \mathrm{V}(\Delta_g x_i) \\
&= \sum_i p_i \sum_j \frac{p_{ij}}{p_i}(x_{ij} - \bar{x}_i)^2 \\
&= \sum_{ij} p_{ij}(x_{ij} - \bar{x}_i)^2 \\
&= \sum_{ij} p_{ij}\left((x_{ij} - \bar{x}) - (\bar{x}_i - \bar{x})\right)^2 \\
&= \mathrm{V}(x) - 2\sum_{ij} p_{ij}(x_{ij} - \bar{x})(\bar{x}_i - \bar{x}) + \mathrm{V}(\bar{x}) \\
&= \mathrm{V}(x) - 2\sum_i p_i(\bar{x}_i - \bar{x})^2 + \mathrm{V}(\bar{x}) \\
&= \mathrm{V}(x) - \mathrm{V}(\bar{x})
\end{aligned}$$

であるから，両辺を $b\mathrm{V}(x)$ で割ることで，以下の式を得る．

$$\frac{\mathrm{V}(\bar{x})}{\mathrm{V}(x)} > \frac{c}{b}. \tag{23}$$

これがグループ選択が起こるときに協力性が維持される条件となる．右辺の解釈としては，協力のコスト c が小さく，協力の利益 b が大きいと協力が維持されやすいということである．左辺の解釈としては，分子はグループ間の協力性の分散であり，分母は個体間の協力性の分散であることから，つまり，個体

どうしの協力性のばらつきよりも，グループ間でのばらつきが大きい方が協力性が維持されやすくなるということである．たとえば，同じ協力性を持つ個体は同じグループに集まっていた方が，協力性が維持されやすいことになる．

また上記の式はハミルトン則 $r > c/b$ と同じ形をしている．つまりグループ選択において，左辺の分散の比が血縁度に相当する量だということになる．これを確かめるために，実際に血縁度を計算してみる．ただし，ここで計算するのは血縁関係に基づく文字通りの血縁度ではなく，回帰係数で定義された血縁度である．

血縁度の定義は $r = \beta_{\bar{x},x} = \mathrm{Cov}(\bar{x},x)/\mathrm{V}(x)$ であった．共分散が

$$\begin{aligned}\mathrm{Cov}(\bar{x},x) &= \Sigma_{ij} p_{ij}(\bar{x}_i - \bar{x})(x_{ij} - \bar{x}) \\ &= \Sigma_i (\bar{x}_i - \bar{x}) \Sigma_j p_{ij}(x_{ij} - \bar{x}) \\ &= \Sigma_i p_i (\bar{x}_i - \bar{x})^2 = \mathrm{V}(\bar{x})\end{aligned}$$

であることから，たしかに集団にグループ構造があるときの血縁度は次のようになる．

$$r = \frac{\mathrm{V}(\bar{x})}{\mathrm{V}(x)}.$$

つまり，グループ構造が存在するときの血縁度 r は，形質（協力度）の分散全体に占めるグループ間の分散の割合と捉えることができる．

以上の議論でわかるのは，適応度が式 (18) の形で表せるとき，血縁選択（ただし血縁度を回帰係数から求める場合）とグループ選択は同じ協力性の維持の条件を予測することである．そのため，両者は同じ進化現象を異なる視点から理解する方法だとする見方もある．

参考文献

[1] Frank, The inductive theory of natural selection: summary and synthesis, 2016 https://doi.org/10.48550/arXiv.1412.1285v2
[2] Queller, *The American Naturalist*, **139**(3), 540-558, 1992
[3] Leigh Jr., *Journal of evolutionary biology*, **23**(1), 6-19, 2010
[4] Bowles and Gintis（著），竹澤正哲，大槻 久，高橋伸幸，稲葉美里，波多野礼佳（訳）．協力する種：制度と心の共進化，NTT 出版，2017

索　引

[あ行]

赤の女王ダイナミクス　53
アライメント　196
異所的種分化　113, 116, 190
　——の例　118
イソギンチャク　162
遺伝型 (genotype)　82, 84
遺伝子　84
　——重複　93, 201, 220
　——の組み換え　48
　——ファミリー　93
　——プール　5
遺伝的アルゴリズム　168, 185
遺伝的同化 (genetic assimilation)　105
遺伝的な性質の変化　4
遺伝的浮動　16, 40, 60
インデル (indel)　88
インフルエンザウイルス　74
エピジェネティックな遺伝　106
エピジェネティックな変化　105
エピスタシス　60, 212
塩基　84
オイラー数　28
オプシン　93

[か行]

外群　201
解析的に解く　27
ガウゼの競争排除則　123
化学進化　182
拡散理論　233
学習　57, 187
獲得形質の遺伝　105
加法性 (additivity)　49, 211
間接互恵性　147, 150

寄生 (parasitism)　124, 161
期待値　55
ギャップ　197
旧世界ザルの毛づくろい　150
共進化　173
共通祖先生物 (last universal common ancestor, LUCA)　223
共分散 (covariance, Cov)　55
協力 (cooperation)　144
　——を維持するためのしくみ　147
近隣結合法 (Neighbor joining method)　205
空間構造　120, 134, 150
区画化　173
クマノミ　162
組み換え (recombination)　82
クラドグラム (cladogram)　200
グループ選択 (group selection)　148, 156, 174, 251
群選択　156, 158
群淘汰　158
蛍光タンパク質　177
計算機シミュレーション　38, 214
系統樹 (phylogenetic tree)　199
血縁選択 (kin selection)　148, 152, 248
血縁度　152
欠失 (deletion)　88, 89
欠損変異 (deletion)　82
ゲノム　83
　——倍加　219
ゲーム理論　159
減数分裂　94
交差 (相同組み換え)　92, 94, 180
校正機構　85
合祖理論　236
個体の死滅　35

257

個体の表現型　101
固定　46
　　——確率　231
古典的な群選択　158
コード領域　205
コドン表　206

[さ行]

最終的に固定される確率　43
最適化問題　185
細胞内共生　144
サイレント変異　97
サインエピスタシス　212
差分方程式（漸化式）　36
シェアリング　190
紫外線　90
時間微分方程式　25, 26
シグリッド　119
自己複製 DNA　226
自己複製 RNA　162, 170, 226
自己複製分子　170
指数関数　28
自然選択　14, 23
子孫を残す確率　39
島モデル　190
シミュレーション　34
社会性　144
シャッフリング PCR　180
収穫逓減 (diminishing return)　52, 224, 226
囚人のジレンマ　159
集団遺伝学的な進化　11
　　——の定義　3-6
集団サイズ (N)　41, 46, 49, 63, 67, 71
収斂進化　205
出芽酵母　104
種の定義　114
種分化　113
小進化　7, 217
人為選択　14, 23
進化が起こるための条件　17
進化ゲーム理論　159
進化しやすさ　191

進化速度　55
進化的軍拡競争　52, 183, 227
進化の原理　13
進化の素過程　7
進化の定義　10
進化分子工学　174
真社会性　155
水平伝搬　205
水疱性口内炎ウイルス　104
酔歩 (ランダムウォーク)　63
数値解　33
数値的に解く　27
数理モデル化　24, 215
スキーマ　191
性　94
制限付きトーナメント　191
生殖隔離　113
正のエピスタシス　212
生物学的な進化　2, 11
　　——の定義　2, 3, 5, 6
生物間相互作用　120, 124
生物ではないが進化するもの　17
節約原理 (parsimony)　197
選択係数（淘汰係数）　61
選択と淘汰　15
相互サインエピスタシス　212
相同組み換え (homologous recombination)　92
挿入 (insertion)　88, 89
　　——変異 (insertion)　82
相利共生（mutualism）　161
　　——関係　161
ゾウリムシ　123

[た行]

退化　11
大進化　7, 144, 217
対数軸　30
ダーウィン進化　23
ダーウィンフィンチ　102, 119
脱アミノ化 (deamination)　91
脱プリン化 (depurination)　90
多峰性　192, 213

多様化　111
多様性　111
単位　29
タンパク質の進化工学　176
タンパク質レベルでの表現型　100
単峰性　192
置換 (substitution)　83, 206
チスイコウモリ　150
チーター (cheater)　147
中立進化　16, 60
　　——速度　65
中立ネットワーク (neutral network)　79
中立変異の固定確率　65
中立変異率　67
直接互恵性　147, 148
地理的な隔離　118
定数　27
適応　16
適応進化　15, 23, 169
　　——の速度　45
適応度　15, 84
　　——効果分布 (distribution of fitness effect, DFE)　100
　　——地形　192, 208, 224
　　——のバリエーション　82
デジタルオーガニズム　181
デジタルオーガニズム Tierra　173
転移因子 (transposable element)　93
点変異 (point mutation, 塩基置換) 82, 84, 206
同義・非同義変異率　206
同義変異 (synonymous mutation) 75, 95, 205
同所的種分化　113, 120
トコジラミ　162
トランジション (transition)　85
トランスバージョン (transversion)　85
トレードオフ　129, 135
貪欲法 (greedy algorithm)　187

[な行]

長い時間スケールでの中立進化速度　67
長い時間スケールの適応進化速度　47

ナップザック問題　185
ナンセンス変異　219
日常的な意味での進化　2, 8
日常的な進化　11
ニッチ　120
　　——の違い　120
ニッチング　190
二名法　113
根　201
ネイピア数　28, 278
ネットワーク互恵性　147, 151
ネットワーク図　151

[は行]

配偶子　94
ハチ目（膜翅目）の社会性　155
発がん性物質　90
パッチ　134
ハミルトン則　153, 248
バリエーションの創出　14
半倍数性　155
半倍数体　155
非コード領域　206
ヒストン　74
微生物の薬剤耐性　103
非相同組み換え (nonhomologous recombination)　92
必然性と偶然性 (contingency)　220
ヒッチハイク効果　170
非同義変異 (nonsynonymous mutation) 74, 95, 204
微分方程式　26
表現型 (phenotype)　82, 84, 100
　　——可塑性 (plasticity)　57, 187
　　——と遺伝型の対応付け　177
標準コドン表　95
ピリミジン　85
　　——二量体　90
ファイログラム (phylogram)　200
ファージディスプレイ　178
フィッシャーの自然選択の基本定理 (Fisher's fundamental theorem of natural selection)　55, 248

フィブリノペプチド 74
複雑性の進化 142
複製反応系 168
富士山型 212
ブートストラップ法 204
不妊カースト 155
負のエピスタシス 212
負の頻度依存選択 132, 190
プライス方程式 55, 246
プランクトンのパラドックス 120
プリン 85
フレーム 88
プログラミング言語 215
分業 (division of labor) 144
分散 55
分子進化の中立説 61, 77
分子時計 72
分子複製システム 172
ヘモグロビン 73
変異 (mutation) 82, 84
変異DNAライブラリ 177
変異RNAライブラリ 176
変異原 89
変異率 74
変数 27
片利共生 (commensalism) 161
包括適応度 (inclusive fitness) 153
放射線 90
捕食 124
ボールドウィン効果 58
ボルバキア 162
翻訳共役型のRNA複製システム 172

[ま行]

マイマイガ 130
マルチレベル選択 159
短い時間スケールでの中立進化速度 66
短い時間スケールの適応進化速度 46
ミスマッチ 196
ミュラープロット 31
無細胞翻訳系 172
メチル化 91
モデル 45

モリマイマイ 131
モンテカルロシミュレーション（モンテカルロ法） 215

[や行]

有益変異 46
　——の固定確率 41
　——の最終的な固定確率 u 49
　——の出現頻度 48
　——の出現率 p 49
有効集団サイズ 53, 69
有性生殖 94
有胎盤類 118
有袋類 118
ユビキチン 100
読み枠 (reading frame) 88

[ら行]

ライブラリ 180
離散性 32
離散的なモデル 36
利他性 161
利得行列 160
リボザイム 78
リボソームディスプレイ 178
量的形質 (quantitative trait) 55, 102
ロジスティック方程式 33
ロトカ・ヴォルテラ (Lotka-Volterra) 方程式 127

[欧文]

Avida 184, 226
carrying capacity 33
clonal interference 48
Clustal W 198
Core world 182
DNA 83
Error-prone PCR 85
in vitro compartment 178
MAFFT 198
MTE (major transitions in evolution) 144, 217, 219
MEGA 198

M. HaeIII メチルトランスフェラーゼ　100
mRNA ディスプレイ　178
MUSCLE　198
mutation signature　87
mutation spectrum　87
myostatin　101
open-ended evolution の謎　227
Operational Taxonomy Unit, OUT　202
PCR (polymerase chain reaction)　180, 181
QTL (quantitative trait locus)　103
RNA の進化工学　175
RNA ワールド　142
selection of fittest　211
selection of flattest　211
selective sweep　31
SELEX (Systematic Evolution of Ligands by Exponential enrichment) 法　176
TEM β-ラクタマーゼ　100
Tierra　182, 226
well-mixed　151
Wright-Fisher モデル　42

著者略歴

市橋伯一
東京大学大学院総合文化研究科・先進科学研究機構・生物普遍性研究機構 教授
2006 年 東京大学大学院薬学系研究科博士課程修了／2006 年 科学技術振興機構博士研究員／2008 年 大阪大学大学院情報科学研究科特任助教／2010 年 科学技術振興機構博士研究員／2013 年 大阪大学大学院情報科学研究科准教授／2019 年より現職／専門分野は進化合成生物学
主要著書：『増えるものたちの進化生物学』（ちくまプリマー新書，2023），『協力と裏切りの生命進化史』（光文社新書，2019）など．

金井雄樹
東京大学大学院総合文化研究科・先進科学研究機構 特任助教
2019 年 東京大学教養学部統合自然科学科数理自然科学コース卒業／2024 年 東京大学大学院理学系研究科博士課程修了／2024 年より現職／専門分野は実験室進化，合成生物学．

進化の原理と基礎
　計算機シミュレーションで理解する進化の物理

2025 年 3 月 25 日　初　版

［検印廃止］

著　者　市橋伯一・金井雄樹

発行所　一般財団法人　東京大学出版会

代表者　中島隆博

153-0041　東京都目黒区駒場 4-5-29
電話 03-6407-1069　Fax 03-6407-1991
振替 00160-6-59964

印刷所　大日本法令印刷株式会社
製本所　誠製本株式会社

Ⓒ2025 Norikazu Ichihashi and Yuki Kanai
ISBN 978-4-13-062628-6　Printed in Japan

JCOPY〈出版者著作権管理機構　委託出版物〉
本書の無断複写は著作権法上での例外を除き禁じられています．複写される場合は，そのつど事前に，出版者著作権管理機構（電話 03-5244-5088，FAX 03-5244-5089, e-mail: info@jcopy.or.jp）の許諾を得てください．

大野克嗣
非線形な世界　　　　　　　　　　　　　　　　　　　A5 判/304 頁/3,800 円

金子邦彦
生命とは何か　第 2 版　複雑系生命科学へ　　　　　　A5 判/464 頁/3,800 円

金子邦彦
普遍生物学　物理に宿る生命，生命の紡ぐ物理　　　　A5 判/322 頁/3,600 円

金子邦彦・澤井　哲・高木拓明・古澤　力
細胞の理論生物学　ダイナミクスの視点から　　　　　A5 判/352 頁/3,800 円

ジョン・C・エイビス著・西田　睦・武藤文人監訳
生物系統地理学　種の進化を探る　　　　　　　　　　B5 判/320 頁/7,600 円

河辺俊雄
人類進化概論　地球環境の変化とエコ人類学　　　　　A5 判/204 頁/2,200 円

長谷川寿一・長谷川眞理子・大槻　久
進化と人間行動　第 2 版　　　　　　　　　　　　　　A5 判/344 頁/2,500 円

佐藤　淳
進化生物学　DNA で学ぶ哺乳類の多様性　　　　　　A5 判/176 頁/2,800 円

ここに表示された価格は本体価格です．御購入の
際には消費税が加算されますので御了承下さい．